DATA SCIENCE

データサイエンス大系

多変量解析

著／松井秀俊

学術図書出版社

本書のサポートサイト

https://www.gakujutsu.co.jp/text/isbn978-4-7806-0707-9/

本書のサポート情報や正誤情報を掲載します.

■ 本書に登場するソフトウェアのバージョンやURLなどの情報は変更されている可能性があります．あらかじめご了承ください.

■ 本書に記載されている会社名および製品名は各社の商標または登録商標です.

本シリーズの刊行にあたって

大量かつ多様なデータが溢れるビッグデータの時代となり，データを処理し分析するためのデータサイエンスの重要性が注目されている．文部科学省も 2016 年に「数理及びデータサイエンス教育の強化に関する懇談会」を設置し，私自身もメンバーとして懇談会に加わって大学における数理及びデータサイエンス教育について議論した．懇談会の議論の結果は 2016 年 12 月の報告書「大学の数理・データサイエンス教育強化方策について」にまとめられたが，その報告書ではデータサイエンスの重要性について以下のように述べている．

> *今後，世界ではますますデータを利活用した新産業創出や企業の経営力・競争力強化がなされることが予想され，データの有する価値を見極めて効果的に活用することが企業の可能性を広げる一方で，重要なデータを見逃した結果として企業存続に関わる問題となる可能性もある．*
>
> *例えば，データから新たな顧客ニーズを読み取って商品を開発することや，データを踏まえて効率的な資源配分や経営判断をするなど，データと現実のビジネスをつなげられる人材をマスとして育成し，社会に輩出することが，我が国の国際競争力の強化・活性化という観点からも重要である．*

そして大学教育において，以下のような数理・データサイエンス教育方針をあげている．

- 文系理系を問わず，全学的な数理・データサイエンス教育を実施
- 医療，金融，法律などのさまざまな学問分野へ応用展開し，社会的課題解決や新たな価値創出を実現
- 実践的な教育内容・方法の採用
- 企業から提供された実データなどのケース教材の活用

- グループワークを取り入れたPBLや実務家による講義などの実践的な教育方法の採用
- 標準カリキュラム・教材の作成を実施し，全国の大学へ展開・普及

ここであげられたような方針を実現するためには，文系理系を問わずすべての大学生がデータサイエンスのリテラシーを向上し，データサイエンスの手法をさまざまな分野で活用できるために役立つ教科書が求められている．このたび学術図書出版社より刊行される運びとなった「データサイエンス大系」シリーズは，まさにそのような需要にこたえるための教科書シリーズとして企画されたものである．

本シリーズが全国の大学生に読まれることを期待する．

監修　竹村 彰通

まえがき

分析機器や計算機の発展に伴って，さまざまな分野，場面においてさまざまな形式のデータが計測されるようになってきた．これらを活用することで，新たな事実の発見や業務の効率化などへつなげられる可能性がある．データサイエンスは，データから価値のある情報を抽出し，それをビジネスや研究における意思決定に活用するためのプロセスからなる分野である．データから価値を引き出すためには，次のような複数のプロセスが必要となる．まずデータの分析目的を明確にし，その目的に見合った分析手法を調査する．次に，その手法を適用するために必要なデータを収集する．そして，計算機を利用して分析を行い，得られる結果を解釈することで，データに内在する傾向を明らかにし，それを価値につなげていく．本書ではこのデータを分析するための方法の一種である，多変量解析について紹介する．

多変量解析は，多変量データの分析を通して，その特徴や関係性を捉えたり，新たに観測されるデータを予測するための統計的分析手法およびその理論からなる．ここで，一言で「分析」といっても，その方法は分析するデータの形式や，分析を通して知りたいことなどによって多岐にわたる．これらの方法がそれぞれ，どのような目的で，どのようなデータに対して用いることができるのか，そして得られた結果が何を意味するのかを把握することが，データ分析者にとって求められる能力である．読者がデータを分析する場面に直面したとき，自らの力で分析目的に適う多変量解析手法を選択でき，それを実際に計算機を利用して実行し，得られた分析結果から適切な解釈を得られるようになることが，本書の目的である．加えて，これからデータを取得する予定の方が，本書による学習を通じて，どのように計画を立ててデータを収集，あるいは整理すれば分析しやすくなるか，その考え方を醸成することも狙いの１つである．

本書は，滋賀大学データサイエンス学部2年生を対象に開講されている「多変量解析入門」および，4年生を対象に開講されている「データサイエンス特論」の講義内容をもとに執筆したものである．本書の読者として想定している対象は，統計学や機械学習を専攻している学生だけでなく，さまざまな専門分野において，データ分析を必要としているすべての学生である．さらに，企業や自治体などでデータの分析業務に携わる可能性のある方も対象にしている．

本書の各章では，多変量解析のための方法について紹介しており，それぞれがどのようなデータに対してどのような目的で用いられるかについて解説している．また，データの分析には，計算機による処理が不可欠である．本書では，統計解析ソフト「R」[1]により多変量解析手法を実行するプログラムと，その実行結果の見方を解説する．さらに，各多変量解析手法の数学的背景についても説明する．数学的背景は，大学初年次の解析学，線形代数学，統計学の知識を前提としている．多変量解析の手法と計算機による実行，そして数学的背景について，読者は必要な箇所を読み進めればよい．特に，数学的詳細については大学初年次の数学の知識を前提としているため，初めて多変量解析を学ぶ読者ははじめは読み飛ばしても構わない．ただし，分析結果がなぜこのようになるのか，計算機による分析でエラーが発生した際の原因が何かを知るには，数学的理解が助けになるので，この部分についてもいずれは読んでほしい．本書のサポートページ[2]に，本書に掲載しているRのソースコードや演習用データ，章末問題の解説を掲載している．

最後に本書の執筆にあたり，滋賀大学データサイエンス学部の笛田薫教授からは多大なサポートをいただいた．九州大学マス・フォア・インダストリ研究所の廣瀬慧教授からは，因子分析の章に対して貴重なコメントをいただいた．また，研究室の学生には執筆のサポートおよび確認をしていただいた．学術図書出版社の貝沼稔夫氏には非常に丁寧に校正をしていただき，本書の完成へ多大なる貢献をいただいた．ここに感謝を申し上げる．

2023年3月

松井 秀俊

[1] https://www.r-project.org/

[2] https://www.gakujutsu.co.jp/text/isbn978-4-7806-0707-9/

目　次

第 1 章 はじめに

本章では序章として，多変量解析とはどのようなデータに対して，どのような目的で用いられるものなのかについて説明する．多変量解析の方法や目的は多種多様であり，これらのすべてを 1 冊の本で網羅することは難しい．本章では，本書で述べる多変量解析手法の大まかなカテゴリとその概要について述べる．

1.1 多変量データ

はじめに，多変量データとはどのようなものかについて，あるクラスの学生 30 人に対する身体測定の記録を例に説明する．この 30 人に対して，身長の数値が得られたとしよう．これは，統計学の視点で見ると，身長という 1 つの特徴に関するサンプルサイズ 30 のデータとなる．このような，1 つの特徴について複数の観測値が得られたデータを 1 変量データという．統計学では，データはランダムに変動する確率変数の実現値とみなすことが多い．本書では，身長や血液型など，それぞれの特徴に対応する確率変数のことを**変量** (variate)，あるいは変数，**特徴量** (feature) とよび，これらをあまり区別せずに用いる．

1 変量データに対する分析としては，平均値や中央値といった代表値や分散，四分位点を計算することでデータの傾向を定量化したり，ヒストグラムや箱ひげ図を作成することでデータの傾向を可視化したりする方法が用いられる．1 変量データでも特に，毎日の最高気温の推移といった，経時的な変化を示したデータは，時系列データとよばれる．本書では扱わないが，時系列データの特徴を明らかにし，将来の時点の値を予測するために，時系列解析とよばれる方法が用いられる．

次に，クラスの30人に対して身長と体重を計測したとしよう．これは，身長と体重という2つの変量に関して観測値を得たサンプルサイズ30のデータで，2変量データとよばれる．2変量データに対しては，各変量に対して上で述べた1変量データ分析を行うことに加えて，変量間の関係を共分散や相関係数で定量化することが考えられる．2変量間の関係を数式で表したい場合は，回帰分析が用いられる．また，散布図を用いて全体像を可視化することもできる．

さらに変量を増やして，身長，体重だけでなく性別，血液型といったように，3つ以上の変量が同時に観測されたとしよう．このようなデータに対して，いずれか1つ，または2つの変量の組に対して，それぞれ平均や分散，共分散を求めるなど，1変量や2変量のデータに対する分析を用いることもできる．しかし，それだけではデータ全体の特徴を捉えるのに十分とはいえず，重要な傾向や関係性を見落としてしまう可能性がある．また，ヒストグラムや箱ひげ図，散布図をそのまま用いただけでは，やはりデータの全体像を捉えることは困難である．このような，1つの個体に対して3種類以上の観測値をもつデータは，一般に**多変量データ** (multivariate data) とよばれる．**多変量解析** (multivariate analysis) はその名のとおり，多変量データを対象とした分析方法とその理論を総称した統計学の一分野である．

1.2　変数の種類

データにはさまざまな種類のものがある．たとえば，表1.1のような，表形式でまとめられたようなデータが考えられるだろう．表1.1は，それぞれの変数が異なる尺度によって計測されたデータから構成されており，多変量解析手法などを適用する際には工夫が必要である．そこで本節では，データのさまざまな尺度について紹介する．

1.2.1　変数の尺度

計測により得られるデータは，次の4種類の尺度に分類される．

表 1.1　さまざまな尺度からなる多変量データの例

学籍番号	氏名	性別	血液型	身長
1001	彦根 太郎	男	O	172.3
1002	大津 花子	女	A	160.2
1003	近江 二郎	男	B	175.0
⋮	⋮	⋮	⋮	⋮

比例尺度 (ratio scale)

数値どうしの差や比に意味があるもの.

例：身長，速度，価格

間隔尺度 (interval scale)

数値どうしの差に意味はあるが，比に意味はないもの.

例：温度（摂氏），西暦

順序尺度 (ordinal scale)

数値どうしの順序に意味はあるが，その差に意味はないもの.

例：順位，科目の成績（優，良，可など）

名義尺度 (nominal scale)

順序や間隔に意味はなく，属するカテゴリを表すもの.

例：性別，血液型，学籍番号

比例尺度の一種である価格は，たとえば 1,000 円が 2,000 円になることで「価格が 2 倍になった」というように，比率を評価することができる．一方で間隔尺度の一種である気温は，たとえば 20 ℃が 40 ℃になった場合，「気温が 20 ℃上昇した」とはいうが「気温が 2 倍になった」とはいわない．このように，間隔尺度は，比率で数値どうしを比較できない.

順序尺度と名義尺度は，数値でなかったり，数値であったとしても数字どおりの意味をもたないことがある．たとえば，名義尺度である学籍番号を数値としてそのまま多変量解析手法に適用しても，意味のある結果は得られないだろう．そのため，4.1 節で述べるように，分析を行う前に，上記で示した名義尺度の性質が反映されるような数値に変換する必要がある．多変量解析をはじめとしたデータ分析では，これから分析しようとしているデータが上記のいずれの種類に属するか判断し，それに応じて適切な前処理を行うことが重要である．なお，近年では画像，文章，音声などのマルチメディアデータの分析にも注目が集まっている．これらのデジタルデータも数値の列として表現され，分析される．

1.2.2　量的変数と質的変数

前項で紹介した尺度とは別に，データに対応する変数は量的変数と質的変数に分類される．変数のうち，数値として意味をもつものは**量的変数** (quantitative variable) とよばれる．量的変数はさらに，離散変数と連続変数の2種類に分けられる．離散変数はリンゴの数のように，1個，2個と数え上げができる変数のことをいう．また，連続変数は身長やスマートフォンのデータ通信量などのように，とりうる値が連続的な（もしくは，連続的とみなしても支障がない）変数のことである．

また，血液型や学籍番号のように，数値でない変数や，数値であったとしても数字どおりの意味をもたない変数は**質的変数** (qualitative variable) とよばれる．質的変数に対応するデータはそのまま多変量解析を使って分析することができないため，あらかじめ何らかの方法で分析できる形に変換する必要がある．その方法については，4.1節を参照されたい．

1.3　多変量データの表し方

1.3.1　多変量データの表記

本書では，変量を表す確率変数を大文字のアルファベットで表し，変量に対する観測値（実現値）を小文字で表す．たとえば，変量 X に対する観測値を x のように表す，また，サンプルサイズ n の観測値が得られたときは，添え字を加えて $x_1, \ldots, x_n$ のように表す．あるいは，添え字をまとめて x_i $(i = 1, \ldots, n)$ とも表す．たとえば30人のクラスにおける数学の試験得点のデータは，$n = 30$ で，

$$x_1 = 85,\ x_2 = 70, \ldots,\ x_{30} = 90$$

のようになる．

続いて，多変量データの場合を考えよう．ここでは，数学の得点，国語の得点，といった変量が p 個与えられたとする．このとき，各変量を $X_1, X_2, \ldots, X_p$ と表す．これらの変量についてそれぞれ，n 個の観測が得られたとする．このと

き，j 番目の変量における i 番目の観測値を，x_{ij} $(i = 1, \ldots, n,\ j = 1, \ldots, p)$ と表す．すなわち，表 1.2 のような対応になる．

表 1.2　多変量データの表記．左から順に 1 変量，2 変量，p 変量の場合．

観測番号	変数番号 1
1	x_1
2	x_2
$\vdots$	$\vdots$
n	x_n

観測番号	変数番号 1	2
1	x_{11}	x_{12}
2	x_{21}	x_{22}
$\vdots$	$\vdots$	$\vdots$
n	x_{n1}	x_{n2}

観測番号	変数番号 1	2	$\cdots$	p
1	x_{11}	x_{12}	$\cdots$	x_{1p}
2	x_{21}	x_{22}	$\cdots$	x_{2p}
$\vdots$	$\vdots$	$\vdots$	$\ddots$	$\vdots$
n	x_{n1}	x_{n2}	$\cdots$	x_{np}

多変量データの傾向を，1 つのグラフで表現することは容易ではない．1 つの方法として，図 1.1 のように，すべての変数のペアに対する散布図を並べて描画するものがある．この図は**散布図行列** (scatterplot matrix) とよばれるもので，多変量データの大まかな傾向を掴むうえでは便利である．たとえば，ごく一部の観測値が他よりも大きく外れたもの（外れ値，異常値）を見つけやすい．しかし，散布図行列だけでは，2 つの変量のペアの相関関係を見ることはできても，多変量データ全体の特徴を捉えることは難しい．特に，変数の数が多くなると，散布図行列から傾向を掴むことは困難になる．

1.3.2　多変量データの統計量

多変量データにおいて，第 j 変数のデータに対する**標本平均** (sample mean) $\bar{x}_j$，**標本分散** (sample variance) ${s_j}^2$ はそれぞれ次で与えられる．

$$\bar{x}_j = \frac{1}{n}\sum_{i=1}^{n} x_{ij}, \quad {s_j}^2 = \frac{1}{n}\sum_{i=1}^{n}(x_{ij} - \bar{x}_j)^2.$$

また，第 j 変数と第 k 変数のデータに対する**標本共分散** (sample covariance) s_{jk} は，次で与えられる．

$$s_{jk} = \frac{1}{n}\sum_{i=1}^{n}(x_{ij} - \bar{x}_j)(x_{ik} - \bar{x}_k).$$

標本共分散 s_{jk} は，$j = k$ のときは標本分散 ${s_j}^2$ に一致する．つまり，$s_{jj} = {s_j}^2$ である．また，$s_{jk} = s_{kj}$ が成り立つ．なお，標本分散や標本共分散について，n で割る代わりに $n-1$ で割ったものを扱うこともあるため，注意が必要であ

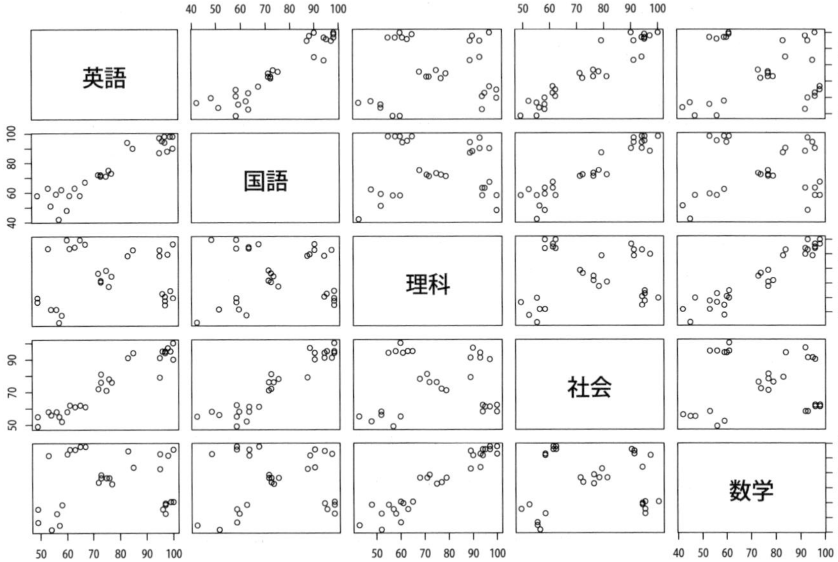

図 1.1　散布図行列の例．ここでは，30人に対する5科目の試験についての架空のデータを用いた．

る[1)]．続いて，第 j 変数と第 k 変数の**相関係数** (correlation coefficient) r_{jk} は，標本分散と標本共分散を用いて次で与えられる．

$$r_{jk} = \frac{s_{jk}}{\sqrt{{s_j}^2 {s_k}^2}}.$$

$j = k$ のときは，$r_{jj} = 1$ となる．

多変量解析では，これらの値をベクトルや行列でまとめて扱うことが多い．たとえば，標本平均をすべての変数について並べた p 次元ベクトルを

$$\bar{\boldsymbol{x}} = (\bar{x}_1, \ldots, \bar{x}_p)^\top$$

で表す．ただし，$^\top$ はベクトルや行列の転置を表す．本書では，ベクトルを列ベクトルとして扱う．つまり，p 次元ベクトルは $p \times 1$ 行列とみなす．また，標

1) R に標準で搭載されている，標本分散を計算する関数 `var` や標本共分散を計算する関数 `cov` は，n ではなく $n-1$ で割った値が出力される．

本共分散 s_{jk} を (j,k) 要素にもつ $p \times p$ 行列

$$S = \begin{pmatrix} s_{11} & s_{12} & \cdots & s_{1p} \\ s_{21} & s_{22} & \cdots & s_{2p} \\ \vdots & \vdots & \ddots & \vdots \\ s_{p1} & s_{p2} & \cdots & s_{pp} \end{pmatrix}$$

は，**標本分散共分散行列** (sample variance-covariance matrix) とよばれる．標本分散共分散行列は特に，5 章で述べる判別分析や 9 章で述べる主成分分析での計算で重要な役割をもつ．さらに，第 j 変数と第 k 変数の相関係数 r_{jk} を (j,k) 要素にもつ $p \times p$ 行列

$$R = \begin{pmatrix} 1 & r_{12} & \cdots & r_{1p} \\ r_{21} & 1 & \cdots & r_{2p} \\ \vdots & \vdots & \ddots & \vdots \\ r_{p1} & r_{p2} & \cdots & 1 \end{pmatrix}$$

は，**相関行列** (correlation matrix) あるいは相関係数行列とよばれる．相関行列の要素を見ることで，互いに相関の強い，または弱い変数の組合せを見つけることができる．

1.3.3 標準化

多変量データの各変数は，多種多様なデータであることが多く，数値の単位もスケールも異なる場合がある．たとえば，身長 [cm] と体重 [kg] の 2 変量データは，平均や分散のスケールが互いに異なるだろう．そのようなデータに対しては，スケールの違いにより比較が困難になったり，分析に悪影響を及ぼす可能性がある．

そのような場合は，各変数に対して次のように**標準化** (standardization) を行う．

$$z_{ij} = \frac{x_{ij} - \bar{x}_j}{\sqrt{{s_j}^2}}.$$

そして，元の観測データ x_{ij} の代わりに，標準化された値 z_{ij} を用いる．これにより，すべての変数に対して標本平均が 0，標本分散が 1 となるため，すべての変数に対して同じスケールで分析ができるようになる．ただし，標準化を行う

ことで元のデータのスケールという情報は失われるため，注意が必要である．

1.4　多変量解析の目的

データを分析する流れの一例を，図1.2に示す．本書で扱うテーマは，この図のうち「多変量解析手法の選択」，「多変量解析手法の実行」，「分析結果の考察」のパートに関連している．観測されたデータがどのような形式で与えられているか，また，どのような目的で分析を行うかに応じて，用いるべき適切な多変量解析手法は異なる．そしてそれがどの手法であるかは，人間による判断が必要である．したがって，データを分析するための方法にはどのようなものがあるか，そしてそれらがどのような形式のデータに対して適用でき，どのような結果をもたらすかについて，幅広い知識を身に着けておくことが重要となる．本書で述べるいくつかの多変量解析の方法はそれぞれ，次のようなデータ分析の目的で用いられる．

回帰分析

ある1日の最高気温とアイスクリームの売り上げ，製品製造における温度の設計値と製品の不良率のように，「影響を与えている変数」と「影響を受けている変数」の2種類の変数を考える．このとき，これらの関係を回帰モデルという数式を使って表現する方法は，回帰分析とよばれる．これにより，2種類の変数がどのような形で関連しているかを明らかにしたり，新たに観測されたデータを予測したりできる．たとえば，材料科学の分野では，望ましい性質をもつ新たな材料を開発するうえで，どの原料の組合せが適切であるかを，これまでに蓄積されたデータをもとに見出すために，回帰分析が応用されている．回帰モデルは，データの種類や構造に応じてさまざまな種類のものがあるが，本書ではこれらのうち線形単回帰モデル，線形重回帰モデル，ロジスティック回帰モデルを紹介する．

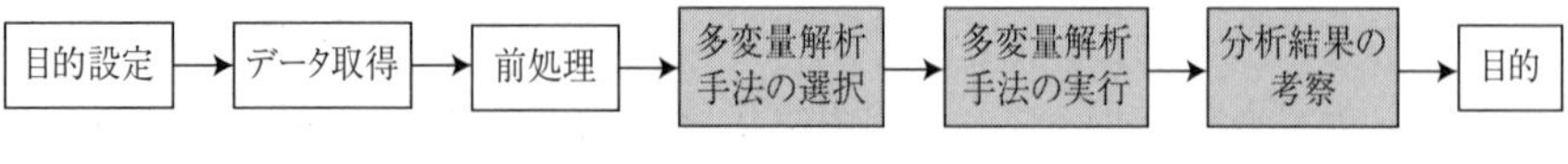

図1.2　データ分析の流れ（一例）

判別分析

判別分析はたとえば，製品の寸法に応じて良品，不良品を判定するためのルールをつくったり，顧客の属性から，各顧客が債務不履行に陥るか否かを予測するルールをつくったりしたいといった場合に用いられる分析手法である．判別分析は，これらの例のように，さまざまな属性をもつデータが2つ，またはそれ以上の種類のカテゴリによってラベル付けされているときに，それらを分類する規則を構築するための方法である．判別分析を実行することで，異なるカテゴリを分類するルールを構築したり，新たに観測されたデータがどのグループに属するかを予測したりできる．分類問題に対するアプローチとして，本書ではフィッシャーの判別分析を紹介する．また，同じく本書で説明するサポートベクターマシンや決定木も，分類問題のためのアプローチであるが，回帰にも適用できる．加えて，前述のロジスティック回帰モデルは，回帰だけでなく分類にも用いることができる．

クラスター分析

クラスター分析は，データを互いの近さに応じて「仲間分け」するための方法である．クラスタリング，またはグルーピングともよぶ．たとえば，よく購入する商品のジャンルから客層をグループ分けし，グループに応じてマーケティング戦略を変更するといった場面で用いられる．また，ある地域に点在する駐車場を，時間ごとの利用率のパターンでクラスタリングすることで，各グループで適切なサービスを策定することもできる．クラスター分析は判別分析とは異なり，データにラベルがない場合に用いられるもので，新たにラベル付けを行うための方法とみなすこともできる．

主成分分析

多変量データは一般的に，変量の多さからそのままではデータ全体の傾向を捉えることが困難である．そこで，データをより少ない数の別の変量に変換する方法が考えられている．たとえば，各店舗の売り上げを，全商品の合計金額という1つの指標で評価することがこれに対応する．しかし，情報をできるだけ保持した状態でデータを少ない変量で表現する（圧縮する）ための方法は，合計を求めるだけとは限らない．情報の圧縮方法を工夫することで，各店舗で特有な売り上げのパターンが浮かび上がるかもしれない．そのための方法の 1 つである主成分分析について紹介する．この他にも，多次元尺度構成法も，データをより少ない変量に変換するための方法である．

因子分析

5 科目のテストの得点は，「理系の能力」や「文系の能力」といった，データとしては観測されることのない項目（これを潜在変数という）を要因として観測されているものと想定することもできる．因子分析は，このような想定の下で，観測されることのない要因を推定し定量化するための方法である．また，因子分析や回帰分析のためのモデルを包含したより一般的なモデルとして，構造方程式モデルがある．

なお，近年の人工知能分野では，**機械学習** (machine learning) とよばれる技術が重要な役割を果たしている．機械学習は，データを分析する方法を含むことから，統計学と密接な関係がある．統計学と機械学習は，元来は別々に発展してきたものであるが，共通点も多く，特に本書で述べる多変量解析手法の多くは機械学習手法とも捉えられている．そのため両者に明確な線引きはない．

1.5 教師あり学習と教師なし学習

データを分析するための統計・機械学習的手法は非常に多岐にわたる．これらの手法はいくつかの形態に大別されている．本書で紹介する多変量解析手法は，大きく分けて教師あり学習と教師なし学習とよばれる 2 種類のタイプに分類される．本節では教師あり学習と教師なし学習の特徴と，これらの違いについて説明する．なお，本節については，2 章以降の具体的な方法をある程度学んだ後で改めて読むことでより理解が深まると思われるため，はじめは読み飛ばしても構わない．

1.5.1 教師あり学習

教師あり学習 (supervised learning) は，ある変数群と，それらに応じて傾向が定まる別の変数との関係をデータからルール化する学習形態である．ここでは前者を**入力変数** (input variable)，後者を**出力変数** (output variable) とよぶ．このことを抽象的な数式で表現すると，X を入力変数，Y を出力変数としたとき，教師あり学習では次の式でこれらの関係を表現する．

$$Y = f(X)$$

ここで，f は X と Y との関係を規定するルールであり，**モデル** (model) または**学習器** (learner) とよばれる．教師あり学習では，このモデル f の形をデータなどから決めることが，目的の1つとなる．また，データに基づいてモデル f を決定することを，**推定** (estimation) または学習という．教師あり学習では，入力変数と出力変数との関係を適切に表現するためのモデルを推定することで，入力変数と出力変数との関係を明らかにしたり，新たに観測された入力変数のデータから，対応する出力変数の値を予測することが目的となる．教師あり学習の事例としては，たとえば次が挙げられる．

- エンジン製造における設計値（入力変数）と，排ガス量（出力変数）との関係を明らかにしたい
- 店舗におけるジャンル別の商品の入荷量（入力変数）から，売り上げ（出力変数）を予測したい
- 健康診断の結果（入力変数）から，患者が病気か否か（出力変数）を判定したい
- 企業が公開する諸表のデータ（入力変数）から，不正か否か（出力変数）を予測したい

本書で扱う多変量解析手法としては，回帰分析や判別分析，サポートベクターマシン，決定木が教師あり学習に対応する．

1.5.2　教師なし学習

入力と出力に対応する2種類の変数を扱う教師あり学習に対して，入力に対応する変数群のみから，その特徴や傾向を浮かび上がらせ，そこから知見を得るための学習を**教師なし学習** (unsupervised learning) という．本書では教師なし学習の手法として，クラスター分析，主成分分析，因子分析などを扱う．

1.5.3　学習データとテストデータ

教師あり学習では，入力と出力の関係を表すモデルの推定に用いるデータと，モデルの推定には用いずに，推定されたモデルの性能をテストするために用い

られるデータという2種類の区別があることも特徴の1つである．前者のデータは**学習データ** (training data)，後者のデータは**テストデータ** (test data) とよばれる．

では，なぜ2種類のデータが必要なのだろうか．教師あり学習では，モデルに対して入力変数のデータを代入することで得られる**予測値** (predicted value) が，出力変数のデータに近くなるようにモデルの推定を行う．そうであれば，学習データの入力データを代入して得られる予測値が，対応する出力データに近ければ近いほどよいモデルと思われるかもしれないが，実はそうとは限らないのである．

一般的に，多変量解析や機械学習における手法では，そのモデルを複雑にすればするほど，いくらでも学習データに対して精度よく予測することができ，当てはまりの誤差を0にすることができる．しかし，そのようなモデルは，あくまで学習データに対する当てはまりがよいだけであり，モデルの推定に用いていないテストデータに対しては一般的に当てはまりが悪くなることが知られている．この現象は過適合とよばれている．過適合の詳細については，3章で述べる．これは，たとえるならば学生が模試で出題された問題の解答を丸暗記しただけの状態で，本番の入試を受験するようなものである．これでは模試とまったく同じ問題は解けても，入試問題は解けないだろう．実際には，新たに直面する入試問題にも柔軟に対応できる汎用的な能力が必要となる．

教師あり学習では，学習データだけではなく，テストデータに対しても当てはまりのよいモデルがよいモデルであるとされ，これが，出力変数と入力変数の関係を適切に表したモデルであると考えられる．そのため，テストデータに対する当てはまりのよさが，教師あり学習におけるモデルのよさを測る1つの指標であるといえる．テストデータに対しても当てはまりがよいモデルの能力のことを，**汎化能力** (generalization ability) という．

しかし，テストデータは実際の場面では，将来観測される予定のデータに対応することが多く，モデルの推定に用いることができない．そのため，汎化能力の高いモデルを推定するための方策として，学習データの一部を分離し，学習データとしては用いずに擬似的にテストデータとして扱い，そのデータの当てはまりがよいモデルを採用するという方法がある．このようなデータを**検証データ** (validation data) といい，これを用いるなどしてモデルのよさを検証する手順を**モデル評価** (model evaluation) という．検証データをモデル評価に用いることで，テストデータに対しても当てはまりのよいモデルが得られると期待できる．検証データに基づくモデルの検証方法については，付録 A.1 で述べる．

1.5.4　教師あり学習と教師なし学習の違い

これまでに述べたとおり，教師あり学習では入力と出力に対応するデータの組を用いた．これに対して，教師なし学習では出力に対応する変数が用いられない．また，教師あり学習ではモデルのよさの指標としてテストデータへの当てはまりを挙げたが，教師なし学習では学習データやテストデータの概念が存在しない．さらに，当てはまりのよさに対応する指標もないため，モデルのよさを評価することが一般的に難しい．そのこともあり，教師なし学習では分析結果に正解がない場合が多く，それを分析者自身が考察し解釈を導き出す必要がある．図 1.3 に，教師あり学習と教師なし学習それぞれにおけるデータの構成の違いを図でまとめている．なお，近年の統計・機械学習手法では，教師あり学習と教師なし学習以外にも，半教師あり学習や強化学習とよばれる学習形態も発展しているが，本書ではこれらについては扱わない．

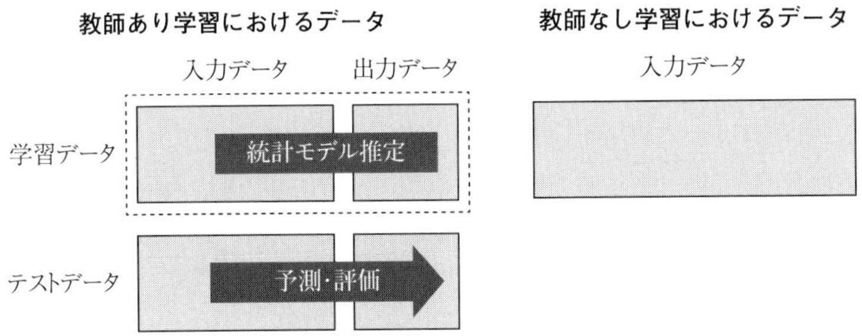

図 1.3　教師あり学習と教師なし学習のデータ構成の違い

1.6　本書の構成

本書は，主として各章で1つの多変量解析手法について紹介する．それぞれの手法について，データ分析における目的に分けて分類したロードマップを図1.4に示す．ただし，データ分析を通して知りたいことは状況によって異なるため，機械的に「この方法さえ使えばよい」というものではないことに注意されたい．それぞれの方法でできることを理解し，このロードマップは1つの目安として利用していただきたい．

2章から4章では，変数間の関係性を回帰モデルで表現しその関係性を調べる回帰分析について紹介する．まず2章では，「影響を与えている変数」と「影響を受けている変数」がともに1つずつ与えられたとき，それらの関係を表す線形単回帰モデルについて述べる．続く3章では，「影響を与えている変数」が2つ以上得られた場合に用いられる，線形重回帰モデルを説明する．そして4章は，「影響を受けている変数」として，「10回中何回か」や，「ありかなしか」に対応するデータが与えられたときに用いられるロジスティック回帰モデルを紹介する．

5章から7章では，データを2つ，あるいはそれ以上の群に分類するために用いられる判別分析のための方法を紹介する．まず5章では，フィッシャーの線形判別と，マハラノビス距離を用いた判別方法について説明する．続く6章ではサポートベクターマシン，7章では決定木とよばれる方法について説明する．なお，サポートベクターマシンおよび決定木は，2章で述べる回帰分析の目的でも用いることができる．

8章では，観測されたデータの特徴からそれらをグループ分けするために用いられる，クラスター分析について紹介する．そして9章では，多変量データがもつ特徴を，より少ない次元で表現するために用いられる主成分分析について紹介する．10章では，多変量データの潜在的な成分を明らかにする因子分析を取り上げる．最後に11章では，10章までで紹介できなかった，その他の多変量解析手法について，その概要を述べる．本書の複数の章で共通して用いられる内容について，付録で紹介している．

各章では，それぞれの手法についての概要の紹介，統計解析ソフトRによる実行例，そして一部では数学的な詳細を掲載している．読者の要求に応じて，必要な節を読み進めてもらいたい．たとば，各手法がどのような目的で用いられるものなのか，どのようなデータに対して用いられ，得られる結果が何を意味しているものなのか，といった概略を知りたい場合は，概要の部分のみを読めばよい．より理解を深めるためには，R の実行例にならってプログラムを実際に動かすことを勧める．なお，データサイエンスとは何か，統計学の入門となる内容，R のインストールおよび基本的な操作については，本シリーズの『データサイエンス入門』[14] を参照されたい．各手法の仕組みまで詳しく理解したい場合は，数学的詳細に足を踏み入れる必要がある．数学的詳細が含まれる節や，初学者には難しいと思われる節については，タイトルに * 印を付した．まずは概要を知りたいという読者は，これらの部分は読み飛ばしても構わない．本書で必要となる数学や統計学の基礎については，たとえば文献 [11] などの書籍を参照されたい．また，文献 [8] では本書で述べている一部の方法の理論を，文献 [16] ではそれに加えて R による実装を丁寧に説明しているため，併せて読むと理解が深まると思われる．

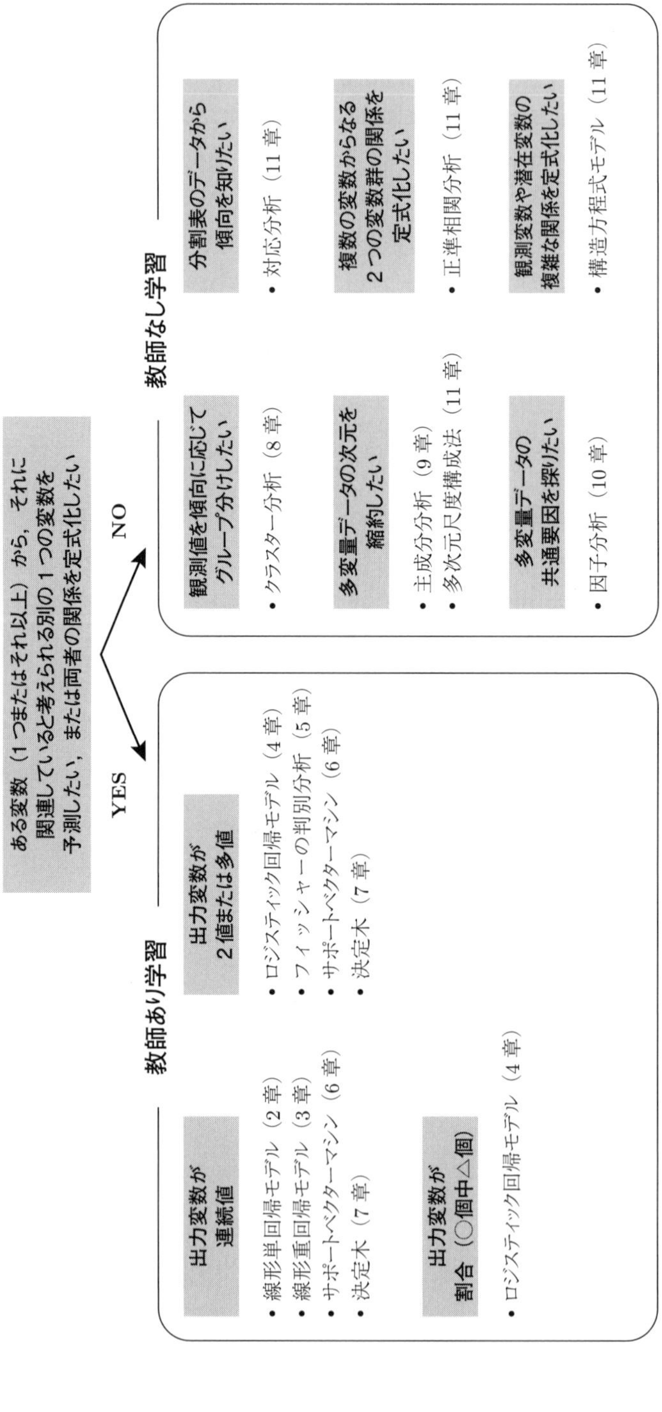
ある変数（1つまたはそれ以上）から，それに関連していると考えられる別の1つの変数を予測したい，または両者の関係を定式化したい
YES
NO
教師あり学習
出力変数が連続値
• 線形単回帰モデル（2章）
• 線形重回帰モデル（3章）
• サポートベクターマシン（6章）
• 決定木（7章）
出力変数が割合（○個中△個）
• ロジスティック回帰モデル（4章）
出力変数が2値または多値
• ロジスティック回帰モデル（4章）
• フィッシャーの判別分析（5章）
• サポートベクターマシン（6章）
• 決定木（7章）
教師なし学習
観測値を傾向に応じてグループ分けしたい
• クラスター分析（8章）
多変量データの次元を縮約したい
• 主成分分析（9章）
• 多次元尺度構成法（11章）
多変量データの共通要因を探りたい
• 因子分析（10章）
分割表のデータから傾向を知りたい
• 対応分析（11章）
複数の変数からなる2つの変数群の関係を定式化したい
• 正準相関分析（11章）
観測変数や潜在変数の複雑な関係を定式化したい
• 構造方程式モデル（11章）

図1.4　分析目的に応じた多変量解析手法のロードマップ

第 2 章

回帰分析 I — 線形単回帰モデル

回帰分析は，入力と出力に対応する 2 種類の変数間の関係を回帰モデルによって定式化することで，その関係性の強さを定量化したり，出力を予測するために用いられる分析である．本章では，回帰分析で扱う回帰モデルの中で最も単純なものである，線形単回帰モデルを紹介する．まず，回帰モデルとはどのようなものかについて紹介する．そして回帰モデルを推定する方法と，推定された回帰モデルがどれだけよいかを評価する方法について説明する．

2.1 回帰分析と回帰モデル

重さの異なる複数のおもりを，それぞればねばかりにかける実験を考える．実験の結果，おもりの重さとばねの伸びのデータが表 2.1 のように得られたとしよう．この実験では，「おもりの重さ」が原因で「ばねの伸び」が生じるという因果関係がある．**回帰分析** (regression analysis) は，これらのように影響を与えている・受けていると考えられる 2 種類の変数間の関係を数式により表現することで，変数間の関係を明らかにするための分析方法である．回帰分析を用いる目的は主に，2 種類の変数の関係の大きさを明らかにしたり，将来新たに観測されるデータを予測することである．

いま，影響を与えていると考えられる変数と，影響を受けていると考えられる変数を，それぞれ X と Y という変数で表現する．回帰分析では，影響を与えているほうの変数 X を**説明変数** (explanatory variable)（または入力変数，独立変数），影響を受けているほうの変数 Y を**目的変数** (response variable)（また

表 2.1　おもりの重さ (x) とばねの伸び (y) のデータ

	1	2	3	4	5	6	7	8	9	10
x [g]	50	100	150	200	250	300	350	400	450	500
y [cm]	0.88	1.58	3.04	4.74	7.17	5.70	5.84	7.56	10.32	10.86

は出力変数，従属変数，被説明変数）という．目的変数に影響を与えると考えられる説明変数は 1 種類だけの場合もあれば，2 種類以上ある場合もある．たとえば，さまざまな物件の床面積 (X) と家賃 (Y) との関係を考えたい場合もあれば，床面積 (X_1) だけでなく，築年数 (X_2) や駅からの距離 (X_3) の，家賃 (Y) への複合的な影響を考えたい場合もあるかもしれない．本章では前者の状況を扱うモデルを紹介し，次の 3 章で後者の状況を扱うモデルについて紹介する．

「説明変数 X が目的変数 Y に影響を与えている」ということは，「Y は X の関数で表される」と考えることができる．そこで，X と Y との関係を次のような式で表現する．

$$Y = f(X).$$

両者の関係を表す関数 f としては，さまざまな種類のものが考えられる．その中でも最も単純なものは，X と Y が次のように直線で表されるものであろう．

$$Y = \beta_0 + \beta_1 X. \tag{2.1}$$

ここで，β_0, β_1 はそれぞれ直線の切片，傾きを表す未知の値である．このような値を**パラメータ** (parameter) という．

再び表 2.1 のデータを考えよう．ここでは，おもりの重さが説明変数 X，ばねの伸びが目的変数 Y に対応する．また，このデータを散布図に示したものが図 2.1 である．2 つの変数の関係は，「フックの法則」という物理法則によって (2.1) 式に従い直線状に並ぶことが期待されるが，図 2.1 は正確にはそのようになっておらず，ずれが生じていることがわかる．観測されたデータは，その計測環境の違いや観測者による測定値の読み取り誤差，あるいは想定した説明変数以外の要因による影響といったさまざまな原因により，想定される関係に誤差が混ざった形で与えられる．これは言い換えれば，目的変数に，確率的に変動する不確実性が含まれているとみなすことができる．このような不確実性を

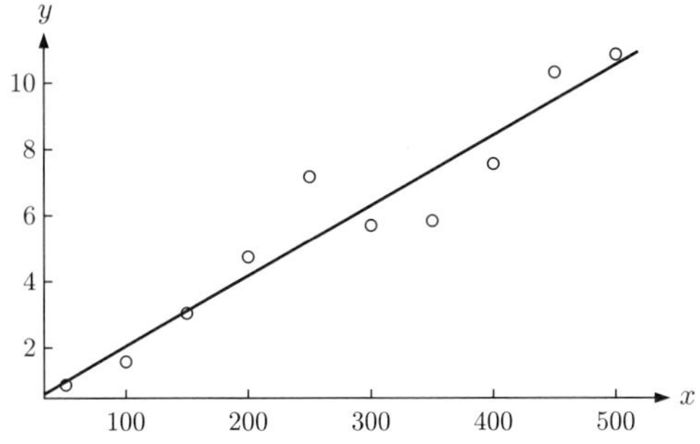

図 2.1 おもりの重さとばねの伸びのデータ（表 2.1）の散布図に，線形回帰モデルの直線を重ねた図

加味したうえで，説明変数と目的変数との関係を数式で表現したモデルを，**回帰モデル** (regression model) という．

それでは，観測されたデータから X と Y との関係を適切に表す回帰モデルをどのように構築すればよいだろうか．図 2.1 のように，本来は説明変数 X，目的変数 Y との関係が直線で表されるが，そこに誤差が加わった形でデータが得られていると仮定する．このとき，X と Y との関係を，(2.1) 式の代わりに，**誤差** (error) ε が加わった次の形で表す．

$$Y = \beta_0 + \beta_1 X + \varepsilon. \tag{2.2}$$

誤差 ε は，不確実性を表現する確率変数で，X と独立とする．

(2.2) 式に，実際のデータを対応させてみよう．X, Y について観測された n 組のデータを，それぞれ x_i, y_i $(i = 1, \ldots, n)$ とおく．添え字 i は，観測データの番号を表す．このとき，次の式が成り立つものと考える．

$$y_i = \beta_0 + \beta_1 x_i + \varepsilon_i. \tag{2.3}$$

ここで，ε_i は各 i における，直線からのデータのずれを表すもので，各 i で互いに独立で平均 0，分散 σ^2 をもつものと仮定することが多い．(2.3) 式を**線形単回帰モデル** (simple linear regrresion model) といい，線形単回帰モデルにより得られる直線を**回帰直線** (regression line) という．線形単回帰モデルの「線形」は，(2.3) 式右辺のうち誤差 ε_i の項を除いた部分が，パラメータ β_0, β_1 について線形であることからきている[1)]．また「単」は，説明変数の数が1つであることからきている．回帰分析では，β_0, β_1 のような未知パラメータの値を推定することがモデルの推定に対応する．データと線形単回帰モデルとの関係，そして誤差 ε_i は，図2.2に示すような関係で表される．

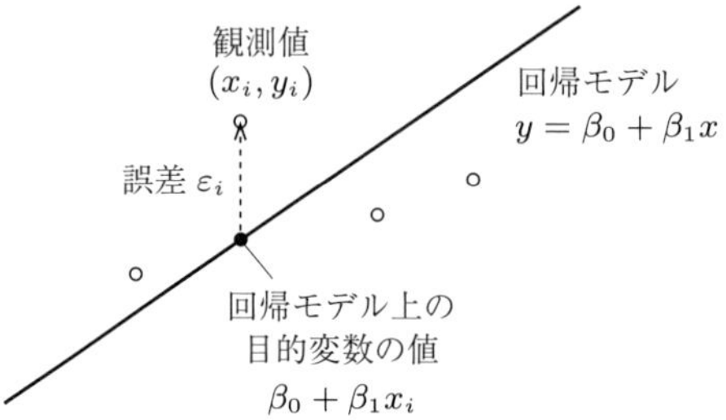

図 2.2　線形単回帰モデルと誤差の関係

2.2　回帰係数の推定

2.2.1　最小二乗法

線形単回帰モデル(2.3)に含まれるパラメータ β_0, β_1 の値を推定する方法について説明する．線形単回帰モデルにより得られる回帰直線は，できるだけデータの近くを通るようなものが望ましい．このことを言い換えると，(2.3)式中の誤差 ε_i（図2.2の破線矢印）の大きさができるだけ小さくなるようなものがよいと考えられる．より具体的には，ε_i を2乗し，すべての i について足し合わせたものが最小になるように β_0, β_1 の値を決めるという方式をとることが多い．このことは，次の数式を最小にする β_0, β_1 を求めるという問題に対応する．

$$S(\beta_0, \beta_1) = \sum_{i=1}^{n} {\varepsilon_i}^2 = \sum_{i=1}^{n} \{y_i - (\beta_0 + \beta_1 x_i)\}^2. \tag{2.4}$$

これは**誤差二乗和** (sum of squared error)（または誤差平方和）とよばれる．この $S(\beta_0, \beta_1)$ を最小にするような β_0, β_1 により各パラメータの値を推定する方法を**最小二乗法** (least squares method) とよび，最小二乗法により得られる β_0, β_1 の解のことを**最小二乗推定量** (least squares estimator) とよぶ．β_0, β_1

1) 書籍によっては，切片を除いて説明変数 x_i について線形なモデルを線形モデルとよぶものもある．

の推定量は，^（ハット）記号を付けてそれぞれ $\widehat{\beta}_0, \widehat{\beta}_1$ と表すことが多く，本書もこの表記に従う．

では，線形単回帰モデル (2.3) に含まれる β_0, β_1 の最小二乗推定量を計算してみよう．$S(\beta_0, \beta_1)$ は，パラメータ β_0, β_1 に関する下に凸の 2 次関数なので，この値を最小にする β_0, β_1 は，$S(\beta_0, \beta_1)$ を各パラメータで偏微分し，それらをそれぞれ 0 とおいた連立方程式

$$\begin{cases} \dfrac{\partial S(\beta_0, \beta_1)}{\partial \beta_0} = 0 \\ \dfrac{\partial S(\beta_0, \beta_1)}{\partial \beta_1} = 0 \end{cases}$$

を解くことで求められる．この連立方程式を解くことで，次の解 $\widehat{\beta}_0$, $\widehat{\beta}_1$ が得られる．

$$\widehat{\beta}_0 = \overline{y} - \widehat{\beta}_1 \overline{x}, \quad \widehat{\beta}_1 = \frac{S_{xy}}{S_{xx}}. \tag{2.5}$$

ただし，次の表記を用いた．

$$\overline{x} = \frac{1}{n}\sum_{i=1}^{n} x_i, \quad \overline{y} = \frac{1}{n}\sum_{i=1}^{n} y_i,$$

$$S_{xx} = \sum_{i=1}^{n}(x_i - \overline{x})^2 = \sum_{i=1}^{n} x_i{}^2 - n\overline{x}^2,$$

$$S_{xy} = \sum_{i=1}^{n}(x_i - \overline{x})(y_i - \overline{y}) = \sum_{i=1}^{n} x_i y_i - n\overline{x}\,\overline{y}.$$

2.2.2 最尤法

次に，パラメータ β_0, β_1 のもう 1 つの推定法として，**最尤法** (maximum likelihood method) を紹介する[2)]．前節では，線形単回帰モデル (2.3) 式において ε_i は確率変数であり，互いに独立で平均 0，分散 σ^2 をもつと仮定した．ここではそれに加えて，ε_i は正規分布に従うという仮定をおく[3)]．このとき，説明変数に関するデータ x_i が観測されたときの目的変数に対応する確率変数 Y_i は，互いに独立に平均 $\beta_0 + \beta_1 x_i$，分散 σ^2 の正規分布に従う．つまり，Y_i は次の確

---

2) 正規分布をはじめとした確率分布や最尤法の詳細については，たとえば文献 [19] を参照されたい．

3) このときのモデルを**正規線形単回帰モデル** (simple normal linear regression model) という．

率密度関数をもつ[4]．

$$f(y\,|\,x_i;\beta_0,\beta_1)=\frac{1}{\sqrt{2\pi\sigma^2}}\exp\left[-\frac{\{y-(\beta_0+\beta_1x_i)\}^2}{2\sigma^2}\right]. \tag{2.6}$$

これは，目的変数に対応する確率変数 Y_i の実現値である観測値 y_i は，$\beta_0+\beta_1x_i$ から確率変数の実現値 ε_i だけずれて得られていることを意味している．この確率密度関数の実現値 y_i での値 $f(y_i\,|\,x_i;\beta_0,\beta_1)$ をすべての i について掛け合わせた

$$f(y_1\,|\,x_1;\beta_0,\beta_1)\times\cdots\times f(y_n\,|\,x_n;\beta_0,\beta_1) \tag{2.7}$$

を，（$y_1,\ldots,y_n$ ではなく）パラメータ β_0,β_1,σ^2 の関数とみなし，$L(\beta_0,\beta_1,\sigma^2)$ とおく．これをモデルの**尤度関数** (likelihood function) とよぶ．(2.6) 式において，もし $\beta_0+\beta_1x_i$ の値が y_i に近い，つまり，回帰直線の当てはまりがよければ，$L(\beta_0,\beta_1,\sigma^2)$ の値は大きくなる．逆に，$\beta_0+\beta_1x_i$ の値が y_i から大きく離れている，つまり，回帰直線の当てはまりが悪ければ，$L(\beta_0,\beta_1,\sigma^2)$ は小さくなる．したがって，尤度関数 (2.7) 式は，データ $\{(x_i,y_i)\}$ に対する，パラメータ β_0,β_1 をもつ線形単回帰モデル (2.3) 式の当てはまりのよさを表していると考えられる．

最尤法では，この尤度関数 (2.7) 式を最大にするようなパラメータを推定量とする．実際には，尤度関数に自然対数をとったもの（これを**対数尤度関数** (log-likelihood function) という）を最大化する問題を考えたほうが，計算が容易になることが多い．対数関数 $f(x)=\log x$ は単調増加関数（x が増加すれば必ず $f(x)$ も増加する）なので，対数尤度関数が最大となる点は元の尤度関数が最大となる点に一致する．Y_i が確率密度関数 (2.6) をもつ正規分布に従う場合，対数尤度関数は次で与えられる．

$$\log L(\beta_0,\beta_1,\sigma^2)=-\frac{n}{2}\log(2\pi\sigma^2)-\frac{1}{2\sigma^2}\sum_{i=1}^{n}\{y_i-(\beta_0+\beta_1x_i)\}^2. \tag{2.8}$$

この式が最大となる β_0,β_1 を求めることで，β_0,β_1 の**最尤推定量** (maximum likelihood estimator) が得られる．より具体的には，対数尤度関数 (2.8) 式をパラメータ β_0,β_1,σ^2 でそれぞれ偏微分し，それらが 0 となる方程式（**尤度方程式**

4) $f(y\,|\,x_i;\beta_0,\beta_1)$ は，観測値 x_i とパラメータ β_0,β_1 が与えられたときの，y の関数という意味である．

(likelihood equation)）を解くことで，各パラメータの推定量を得ることができる．この結果，正規線形単回帰モデル (2.3) の回帰係数 β_0, β_1 の最尤推定量は，最小二乗推定量に一致することがわかる（章末問題 ***2-2***）．

2.2.3 目的変数の予測

回帰係数の推定量 $\widehat{\beta}_0, \widehat{\beta}_1$ を求めることで，目的変数 y_i から誤差 ε_i を取り除いた，いわば本来の目的変数の値の**予測** (prediction) に用いることができる．推定値 $\widehat{\beta}_0, \widehat{\beta}_1$ を用いて構成される回帰直線により得られる，点 x で求めた y の値

$$\widehat{y} = \widehat{\beta}_0 + \widehat{\beta}_1 x$$

を，y の予測値とよぶ．また，実際の観測値 y_i の値と，x_i における予測値 $\widehat{y}_i$ との差

$$e_i = y_i - \widehat{y}_i$$

を**残差** (residual) とよぶ．残差 e_i は，誤差 ε_i の予測値とみなすこともできる．

目的変数 y の予測を，説明変数 x に関するデータが観測されている範囲で行うことを**内挿** (interpolation)，範囲外で予測することを**外挿** (extrapolation) とよぶ（図 2.3 参照）．データによっては外挿による予測が困難なので，観測されたデータの背景や，分析目的を考え慎重に判断する必要がある．たとえば，ばねばかりとおもりの例の場合，極端に大きな重量のおもりをばねばかりにかけたとき，フックの法則に従う結果が得られない場合がある．その結果は，線形単回帰モデルによる予測値とは大きく異なるものになるだろう．

表 2.1 のデータに対して線形回帰モデルを当てはめ，最小二乗推定値を求めてみよう．R では，次のソースコード 2.1 で実行される．

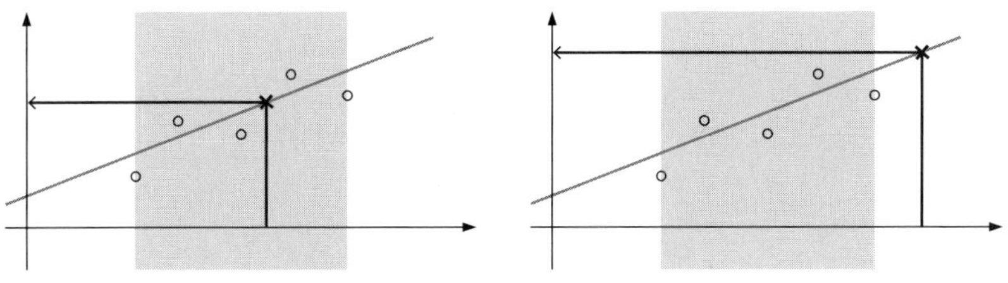

図 2.3 内挿（左）と外挿（右）

ソースコード 2.1　線形単回帰モデルの推定

```
# 表 1.1のデータ
x = c(50, 100, 150, 200, 250, 300, 350, 400, 450, 500)
y = c(0.88, 1.58, 3.04, 4.74, 7.17, 5.70, 5.84, 7.56, 10.32, 10.86)
# 線形単回帰モデル実行
# y~xと書いて，yを目的変数，xを説明変数として扱う
res = lm(y~x)
# 回帰係数の最小二乗推定値
res

# Call:
# lm(formula = y ~ x)
#
# Coefficients:
# (Intercept)            x
#    -0.07867      0.02126

# データと回帰直線描画
plot(x, y)
abline(res)

# 予測値の計算（おもり 50 g, 75 gのとき）
predict(res,newdata = data.frame(x=50))
# 0.9845455
predict(res,newdata = data.frame(x=75))
# 1.516152
```

この出力より，線形単回帰モデルの切片 β_0 と傾き β_1 の推定値はそれぞれ，$\widehat{\beta}_0 = -0.079$, $\widehat{\beta}_1 = 0.021$ であることがわかる．つまり，おもりの重さとばねの伸びの関係を表す式は

$$y = -0.079 + 0.021x$$

となる．また，おもりの重さが 50 g と 75 g のときのばねの伸びの予測値はそれぞれ，

$$\widehat{y} = -0.079 + 0.021 \times 50 = 0.984,$$

$$\widehat{y} = -0.079 + 0.021 \times 75 = 1.516$$

となる．このように，さまざまなおもりの重さに対する，ばねの伸びの予測値を求めることができる．ただし，x の値が極端に大きい値の場合は外挿にあたるため，この例では適切な予測ができるとは限らないので注意が必要である．

次に，R に内蔵されている `Longley` というデータを扱う．このデータは，

1947 年から 1962 年までの 16 年間における毎年の経済指標を計測したものである．ここでは，経済指標のうち GNP（国民総生産）を説明変数，Employed（雇用者数）を目的変数として線形単回帰モデルを仮定し，最小二乗法を適用して β_0 や β_1 の最小二乗推定量を求めて，回帰直線を引いてみよう．

R の実行プログラム例を，ソースコード 2.2 に示す．

ソースコード 2.2 回帰直線の当てはめ

```
### longley data
head(longley)  # longleyデータの先頭数行のみを表示
attach(longley)  # longleyデータの変数を直接呼び出せるようにする

##回帰直線の当てはめ
#GNP, Employedデータの散布図
plot(GNP, Employed)
#GNPを説明変数, Employedを目的変数とした線形単回帰モデルの推定
result1 = lm(Employed~GNP)

#回帰直線描画
abline(result1)

#予測値の出力
predict(result1)
```

図 2.4 は，GNP と Employed の散布図に，最小二乗法によって推定された回帰直線 $y = \widehat{\beta}_0 + \widehat{\beta}_1 x$ を引いたものである．この図を見ると，回帰直線は 2 つの変数間の関係を適切に表していると考えられる．

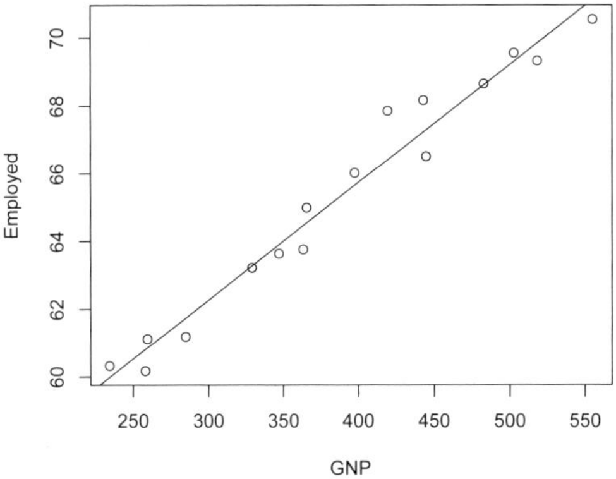

図 2.4 GNP と雇用者数のデータに対する回帰直線

2.3　当てはまりの評価

前節で述べた最小二乗法によって，データとの誤差がなるべく小さくなるような回帰直線を得ることができる．しかし，回帰直線が得られたとしても，それが本当に説明変数と目的変数との関係を適切に表しているとは限らない．図 2.5 を見てみよう．図左のデータは，x と y の間に強い正の相関があり，推定された回帰直線によって，2 変数の関係を表しているといって差し支えないだろう．これに対して右のデータは，x と y の間の相関は弱そうであり，推定された回帰直線が 2 つの変数間の関係を捉えたものとはいいにくい．そこで，回帰直線が，2 変数間の関係をどれだけ説明できているか，すなわち，回帰直線がデータにどれだけよく当てはまっているかを何らかの指標で数値化することで，「当てはまりのよさ」を評価したい．

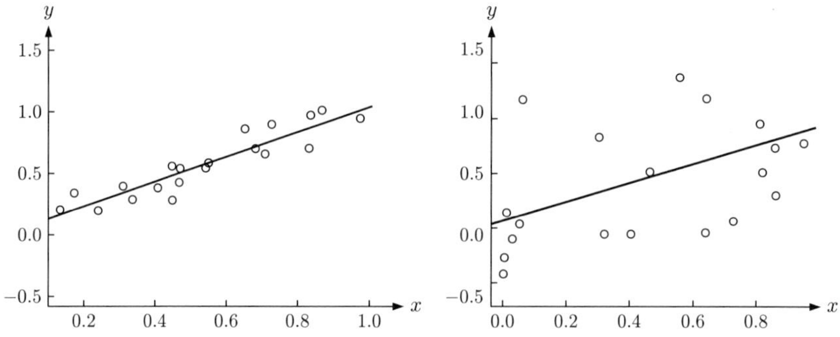

図 2.5　2 つの異なるデータセットに対してそれぞれ線形単回帰モデルを最小二乗法で推定し，回帰直線を引いた図．左は当てはまりがよい場合，右は当てはまりが悪い場合に対応する．

2.3.1　決定係数

推定された線形単回帰モデルに対する当てはまりのよさを評価する指標の 1 つとして，次で与えられる**決定係数** (coefficient of determination) R^2 がある．

$$R^2 = 1 - \frac{\sum_{i=1}^{n}(y_i - \widehat{y}_i)^2}{\sum_{i=1}^{n}(y_i - \overline{y})^2}. \tag{2.9}$$

回帰直線により得られる予測値 $\widehat{y}_i$ が y_i に近い，すなわち，回帰直線がデータによく当てはまっているほど，(2.9) 式右辺第 2 項の分子は小さくなり，R^2 は 1 に近い値をとる．逆に，$\widehat{y}_i$ がデータに当てはまっていないほど，R^2 は 0 に近い値をとる．特に，$y_1, \ldots, y_n$ をその標本平均 $\overline{y}$ で予測した場合（これは，回帰係数 β_1 を 0 と推定する場合に対応する)，$R^2 = 0$ となる．一般的に，決定係数は 0 から 1 の値をとる．したがって，回帰直線のデータへの当てはまりの程度は，R^2 の値が 1 に近いかどうかで評価すればよい．

2.3.2　残差分析

決定係数のような 1 つに数値化された基準ではないが，回帰直線の当てはまりを評価する別の方法として，残差を利用するものがある．これは，残差 $e_1, \ldots, e_n$ がもつ傾向を吟味することで，回帰直線による当てはめが適切であるかを検証する方法である．このような分析は**残差分析** (residual analysis) とよばれる．

図 2.6 は，目的変数に関するデータの予測値を横軸に，各観測値の残差を縦軸にとった散布図で，残差プロットとよばれる．残差 e_i は誤差 ε_i の予測値とみなせたことを考えると，e_i は ε_i がもつ仮定である「各 i で互いに独立で平均 0，分散 σ^2（i によらず一定）である」という性質を満たすことが望ましい．一般的に，当てはめた回帰モデルが妥当であれば，残差は図 2.6 左のようにランダムに散らばり，かつその値は 0 に近い．ただし，残差の散らばり方はランダムであっても，図 2.5 右の場合のようにその値が大きすぎると，2 変数間の関係は弱いと考えられる．また，図 2.6 右のように，残差プロットに何らかの規則性や偏りがある場合は，このデータに対して線形回帰モデルを適用することは妥当

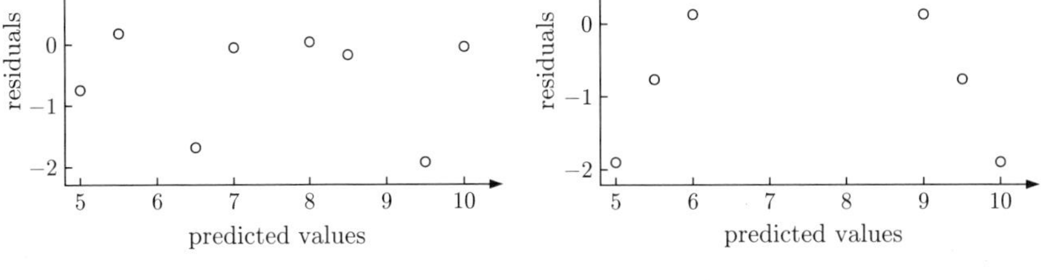

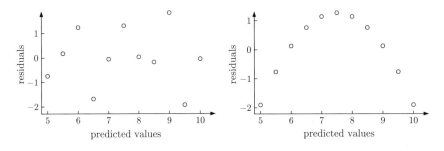

図 2.6　残差プロットの例

ではなく，その他のモデルを当てはめたほうがよい可能性がある．残差プロットの結果によっては，そもそも回帰モデルを当てはめること自体が適切でない (2変数間に関連がない) ものもある．このように，線形回帰モデルの回帰係数を推定しさえすればよいというわけではなく，決定係数の値や残差プロットなどから，そのモデルの当てはめが適切かどうかを評価する必要がある．残差プロットのより詳しい説明については，文献 [10] を参照されたい．

2.3.3 回帰係数に対する仮説検定

データに対して回帰モデルを当てはめることが適当か否かを判断するもう1つの方法として，説明変数と目的変数の2変数間に関係性があるかどうかを，**統計的仮説検定** (hypothesis test) を用いて判定する方法がある．具体的には，(2.3) 式において，誤差に正規分布を仮定した正規線形回帰モデルにおける回帰係数 β_1 に対して，

$$\text{帰無仮説 } \mathrm{H}_0 : \beta_1 = 0, \qquad \text{対立仮説 } \mathrm{H}_1 : \beta_1 \neq 0$$

という仮説検定を行う．帰無仮説 H_0 が棄却されれば，2変数間の関係性はあるといえるが，H_0 が棄却できなければ，関係性があるとは言い切れないという判断をすることになる．

2.3.4 R による分析

前節でも用いた Longley データについて，GNP を説明変数，Employed を目的変数として回帰直線を求め，残差や決定係数の計算，回帰係数の検定を行ってみよう．加えて，回帰係数の推定値と，目的変数の予測値，残差を計算してみよう．そのためのプログラムを，ソースコード 2.3 に示す．

ソースコード 2.3 線形単回帰モデルの結果出力

```
## ソースコード 2.2のプログラム実行後 ##
#回帰分析の結果の概要
summary(result1)
##
## Call:
## lm(formula = Employed ~ GNP)
##
## Residuals:
##       Min        1Q    Median        3Q       Max
## -0.77958 -0.55440 -0.00944  0.34361  1.44594
```

```
11 ##
12 ## Coefficients:
13 ##              Estimate Std. Error t value Pr(>|t|)
14 ## (Intercept) 51.843590   0.681372   76.09  < 2e-16 ***
15 ## GNP          0.034752   0.001706   20.37 8.36e-12 ***
16 ## ---
17 ## Signif. codes:  0 '***' 0.001 '**' 0.01 '*' 0.05 '.' 0.1 ' ' 1
18 ##
19 ## Residual standard error: 0.6566 on 14 degrees of freedom
20 ## Multiple R-squared:  0.9674, Adjusted R-squared:  0.965
21 ## F-statistic: 415.1 on 1 and 14 DF,  p-value: 8.363e-12
22
23 #予測値計算
24 yhat = predict(result1)
25 #残差
26 Employed - yhat
```

ソースコード2.3で出力される結果の見方について説明する．3行目の summary 関数で出力される Coefficients に，回帰係数の推定値が記述されている．14, 15行目を見ると，$\widehat{\beta}_0 = 51.84$, $\widehat{\beta}_1 = 0.03$ である．また，右端に示されている記号 “***” は，仮説検定により回帰係数が有意に0でないことを示している．有意水準はその下の Signif.codes に記述されており，ここでは有意水準0.1％で有意であることがわかる．さらに，Multiple R-squared は決定係数 R^2 の値を表しており，ここでは0.9674である．この値から，回帰直線の観測データへの当てはまりはかなりよいことがわかる．

図2.7の散布図に示すデータは，**アンスコムの例** (Anscombe's quartet) とよばれる有名な4つのデータセットである．これらのデータセットに対してそれぞれ線形単回帰モデルを当てはめると，回帰係数や決定係数の値はほぼ一致する．しかし, 散布図を見ればわかるように, これらのデータセットはいずれもまったく異なる傾向をもっている．そして, 左上のデータ以外は, 線形回帰モデルをそのまま当てはめることは適当でない．アンスコムの例により，回帰係数や決定係数だけでデータの当てはまりを評価してはいけないことがわかるだろう．アンスコムのデータは，R で anscombe という変数からデータを呼び出すことができる．ソースコード2.4を実行することで，このことを確認してみよう（章末問題 ***2-5***）．

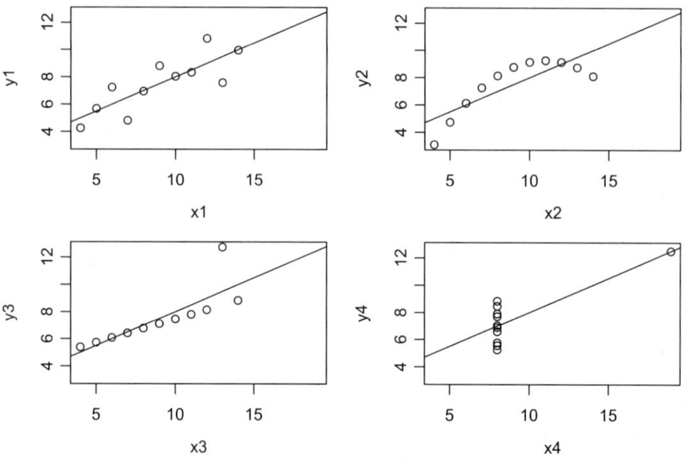

図 2.7　アンスコムの例

ソースコード 2.4　アンスコムの例

```
#アンスコムのデータセットと回帰直線の描画
attach(anscombe)
par(mar=c(5,5,1,1),mfrow=c(2,2))
res1 = lm(y1~x1)
plot(x1, y1); abline(res1)
res2 = lm(y2~x2)
plot(x2, y2); abline(res2)
res3 = lm(y3~x3)
plot(x3, y3); abline(res3)
res4 = lm(y4~x4)
plot(x4, y4); abline(res4)

#残差プロット
plot(res1$fitted.values, res1$residuals)
plot(res2$fitted.values, res2$residuals)
plot(res3$fitted.values, res3$residuals)
plot(res4$fitted.values, res4$residuals)
```

2.4　相関関係と因果関係

データ分析において，相関関係を因果関係と混同してしまう認知バイアスに注意が必要である．相関関係を因果関係と拡大解釈してしまうと，事実と異なる結論を得てしまう場合がある．たとえば，あるテレビ番組で，日本国内のさまざまな統計データを分析した結果,「40 代ひとり暮らしが日本を滅ぼす」という過激な提言が取り上げられたことがあった.これはデータ分析の結果,40 代ひとり暮らしの割合が増えると,貧困率や自殺者数が増える一方で出生率は減少するという傾向が見出されたからである.この結果から,たとえば,貧困率を下げるには,40 代ひとり暮らしの割合を減らせばよいと考えるのは早計である.ましてや「40 代ひとり暮らしが日本を滅ぼす」という主張の根拠にはならない.40 代ひとり暮らしの割合と貧困率に相関関係があるからといって,直ちに因果関係があるとはいえないからである.

特に回帰分析では,目的変数を説明変数の式で表すため,実際に説明変数が原因となって目的変数に影響を与えていると誤解してしまいがちである.回帰分析だけでは相関関係を明らかにすることはできても,因果関係の有無を証明することはできない.なお,因果関係を推測したり立証するために,(統計的)因果推論という分野が発展している.

章末問題

2-1 線形単回帰モデルについての説明として，最も適切なものを1つ選べ．

(a) 線形単回帰モデルでは，1つの説明変数に対応するデータと，1つの目的変数に対応するデータが用いられる．

(b) 線形単回帰モデルを推定することで，説明変数として観測された値以外のどんな点でも，目的変数の予測に用いてよい．

(c) 線形単回帰モデルが観測値に完全に当てはまっている場合，決定係数は0になる．

(d) 回帰係数の推定値が求まれば，説明変数と目的変数の間には因果関係があるといえる．

2-2 (2.8) 式を最大化することで，β_0, β_1, σ^2 の最尤推定量を求めよ．

2-3 図2.6に示す残差プロットのうち，右のグラフは，どのようなデータに対して回帰直線を当てはめた結果か考えよ．

2-4 ［R使用］ `Longley` のデータに対して，`Employed` を目的変数，`Unemployed` を説明変数として線形単回帰モデルを推定し，回帰係数の推定値と決定係数を出力せよ．

2-5 ［R使用］ 図2.7に示すアンスコムの例において，4つのデータセットそれぞれに対する残差プロットを描画せよ．また，その結果を参考にして，4つのデータセットそれぞれに対してそのまま線形単回帰モデルを適用することが適切か否か答えよ．適切でなければ，その理由を述べよ．

第 3 章

回帰分析 II — 線形重回帰モデル

線形単回帰モデルでは，目的変数に関連する説明変数の数は 1 つだけと仮定した．しかし実際には，そのような説明変数は 1 つだけとは限らない．本章では，目的変数に関連する説明変数が複数あると考えられるとき，これらの関係を表すモデルの 1 つである線形重回帰モデルについて説明する．

3.1 線形重回帰モデル

ある地域の物件の価格は，部屋の広さだけでなく部屋数，築年数，駅からの近さなど，さまざまな要因によって決定されていると考えられる．このとき，物件の価格という 1 つの変数と，物件に関する複数の変数との関係を表す回帰モデルについて考えよう．

いま，目的変数 Y に対して，p 個の説明変数が関連しているとし，これらをそれぞれ $X_1, \ldots, X_p$ とおく，このとき，説明変数と目的変数との関係が，次の式で表されると仮定する．

$$Y = \beta_0 + \beta_1 X_1 + \cdots + \beta_p X_p + \varepsilon. \tag{3.1}$$

ここで，β_0 は切片，$\beta_1, \ldots, \beta_p$ はそれぞれ説明変数 $X_1, \ldots, X_p$ の回帰係数である．回帰係数 β_j $(j = 1, \ldots, p)$ は，j 番目以外の説明変数の値が固定されたとき，X_j の値が 1 変化したときの Y の変化量を表すもので，**偏回帰係数** (partial regression coefficient) ともよばれる．また，誤差 ε は，線形単回帰モデル (2.2) 式のものと同様に，平均 0，分散 σ^2 をもつ確率変数とする．このように，1 つの目的変数を，複数の回帰係数による線形結合により表現した回帰モデルは，**線**

形重回帰モデル (multiple linear regression model) とよばれる．実際には，前章で紹介した線形単回帰モデルと区別せずに線形回帰モデルとよぶことが多い．

説明変数 $X_1, \ldots, X_p$，目的変数 Y について n 組の観測値を得たとし，これらをそれぞれ $x_{i1}, \ldots, x_{ip}, y_i$ $(i = 1, \ldots, n)$ とおく．このとき，データを対応させた線形重回帰モデルは次で表される．

$$y_i = \beta_0 + \beta_1 x_{i1} + \cdots + \beta_p x_{ip} + \varepsilon_i. \tag{3.2}$$

線形単回帰モデルの場合は，回帰係数を推定することで 1 次元の回帰直線が得られたが，説明変数が 2 つの線形重回帰モデルでは 2 次元の回帰平面が得られる．より一般的に，3 つ以上の説明変数ではその次元における平面である回帰超平面とよばれるものが得られる．図 3.1 は，説明変数が 2 つの場合に得られる回帰平面と，誤差との関係を示している．

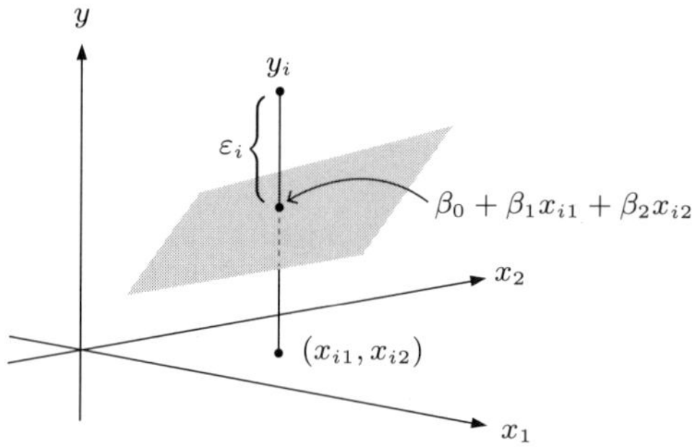

図 3.1　線形重回帰モデル ($p = 2$) の回帰平面

3.2　回帰係数の推定

3.2.1　最小二乗法

線形重回帰モデル (3.1) では，切片を含む回帰係数に対応するパラメータ $\beta_0, \beta_1, \ldots, \beta_p$ を推定することが目的の 1 つとなる．これらのパラメータの推定については，線形単回帰モデルと同様に，最小二乗法が多く用いられる．すなわち，次の誤差二乗和を最小にする $\beta_0, \beta_1, \ldots, \beta_p$ を求める（線形単回帰モデルの誤差二乗和 (2.4) 式と比較してみよう）．

$$S(\beta_0, \beta_1, \ldots, \beta_p) = \sum_{i=1}^{n} {\varepsilon_i}^2$$
$$= \sum_{i=1}^{n} \{y_i - (\beta_0 + \beta_1 x_{i1} + \cdots + \beta_p x_{ip})\}^2. \qquad (3.3)$$

これを $\beta_0, \beta_1, \ldots, \beta_p$ それぞれについて偏微分し，それを 0 とおいた $p+1$ 個の連立方程式（正規方程式ともよばれる）を解くことで，推定量を求めることができる．しかし，この方程式をそのまま解こうとすると，計算が煩雑になってしまう．そこで，ベクトルや行列およびそれらの演算を利用する．

まず，次の行列とベクトルを考える．

$$\underset{n\times 1}{\boldsymbol{y}} = \begin{pmatrix} y_1 \\ \vdots \\ y_n \end{pmatrix}, \quad \underset{n\times(p+1)}{X} = \begin{pmatrix} 1 & x_{11} & \cdots & x_{1p} \\ \vdots & \vdots & \ddots & \vdots \\ 1 & x_{n1} & \cdots & x_{np} \end{pmatrix}, \quad \underset{(p+1)\times 1}{\boldsymbol{\beta}} = \begin{pmatrix} \beta_0 \\ \beta_1 \\ \vdots \\ \beta_p \end{pmatrix}. \quad (3.4)$$

このとき，回帰係数ベクトル $\boldsymbol{\beta}$ の最小二乗推定量からなる $p+1$ 次元ベクトル $\widehat{\boldsymbol{\beta}} = (\widehat{\beta}_0, \widehat{\beta}_1, \ldots, \widehat{\beta}_p)^\top$ は，$(p+1)\times(p+1)$ 行列 $X^\top X$ が正則であれば（つまり，逆行列をもてば），次で与えられる．

$$\widehat{\boldsymbol{\beta}} = \left(X^\top X\right)^{-1} X^\top \boldsymbol{y}. \qquad (3.5)$$

最小二乗推定量 (3.5) 式の導出については，3.4 節で述べる．線形重回帰モデル (3.2) 式に，回帰係数の推定値 $\widehat{\boldsymbol{\beta}} = (\widehat{\beta}_0, \widehat{\beta}_1, \ldots, \widehat{\beta}_p)^\top$ を代入することで，y_i の予測値

$$\widehat{y}_i = \widehat{\beta}_0 + \widehat{\beta}_1 x_{i1} + \cdots + \widehat{\beta}_p x_{ip}$$

が得られる．なお，(3.4) 式において $p=1$ とおく，つまり，X を $n\times 2$ 行列，$\boldsymbol{\beta}$ を 2 次元ベクトルとすれば，これは前章で述べた線形単回帰モデルに一致する（章末問題 ***3-2***）．したがって，(3.5) 式の表現は，線形単回帰モデルの最小二乗推定量にも対応している．

前章と同じく，最尤法により回帰係数 $\beta_0, \beta_1, \ldots, \beta_p$ を推定することもできる．特に，線形重回帰モデル (3.2) 式の誤差 ε_i が互いに独立に平均 0，分散 σ^2 の正規分布に従うと仮定すると，回帰係数 $\beta_0, \beta_1, \ldots, \beta_p$ の最尤推定量は最小二乗推定量に一致する．

3.2.2　説明変数の標準化

回帰係数の推定量 $\widehat{\beta}_1, \dots, \widehat{\beta}_p$ の値を比較することで，各変数がどの程度目的変数と関連しているかを考察できる．しかしその際に，注意しておくべきことがある．それは，説明変数に対応するデータの「単位」がすべて同じとは限らないという点である．先に挙げた物件の家賃の例では，家賃に関連すると考えられる床面積 (m^2)，築年数（年），駅からの距離 (km) はすべて単位が異なり，したがって数値のスケールも異なる．このように，説明変数ごとにスケールが異なる場合，各回帰係数の推定値のスケールも異なり，したがって回帰係数の大きさによる説明変数の関連度の比較が困難になってしまう．たとえば，目的変数に対して同程度の影響をもつ 2 つの説明変数 X_1, X_2 があったとしよう．そして，X_1 のスケールが X_2 の 1000 倍であったとする（たとえば，X_1 の単位が m なのに対して，X_2 は km の場合に対応する）と，X_1 の回帰係数の推定値 $\widehat{\beta}_1$ は，X_2 の回帰係数の推定値 $\widehat{\beta}_2$ の 1/1000 程度になる．これでは，X_1, X_2 が目的変数に同等に関連しているとは判断しにくい．そこで，すべての変数のスケールを統一する標準化が用いられる（1.3 節参照）．

具体的には，j 番目の説明変数に関するデータ x_{ij} を，次の式で変換する．

$$z_{ij} = \frac{x_{ij} - \overline{x}_j}{\sqrt{{s_j}^2}}.$$

ここで，$\overline{x}_j$, ${s_j}^2$ はそれぞれ $x_{1j}, \dots, x_{nj}$ の標本平均，標本分散で，次で与えられる[1)]．

$$\overline{x}_j = \frac{1}{n}\sum_{i=1}^{n} x_{ij}, \quad {s_j}^2 = \frac{1}{n}\sum_{i=1}^{n}(x_{ij} - \overline{x}_j)^2.$$

標準化された値 z_{ij} は，各 j に対して平均が 0，標準偏差が 1 になる．したがって，データのスケールを説明変数間で統一した状態で，回帰係数の比較ができる．ただし，線形重回帰モデルを，回帰係数による関連の強さの比較などではなく，目的変数の予測のためだけに用いるのであれば，必ずしも標準化が必要というわけではない．

---

1) n で割ったものでも，$n-1$ で割ったものでも，どちらでもよい．

3.2.3 R による分析

線形重回帰モデルによる分析例を 1 つ紹介しよう．ここでは，R の lgrdata パッケージに含まれている allometry データを用いる．これは，複数のマツの樹に対して，品種 (species)，直径 (diameter)，樹高 (height)，葉面積 (leafarea)，枝の重さ (branchmass) のデータを測定したものである．データの一部を，表 3.1 に示す．ここでは，枝の重さを目的変数，直径，樹高，葉面積の 3 変数を説明変数とした線形重回帰モデルを考える．このモデルに最小二乗法を適用し，回帰係数の最小二乗推定値を求めてみよう．線形重回帰モデルも線形単回帰モデルと同様，lm 関数を使って推定できる．R による実行プログラムと実行結果を，ソースコード 3.1 に示す．なお，プログラム中で読み込んでいる lgrdata ライブラリは R に標準で搭載されていないため，はじめに install.packages 関数でこのライブラリを計算機にインストールしておく必要がある．一度インストールしておけば，以降は再度インストールする必要はない．

表 3.1 allometry データの一部．

species	diameter	height	leafarea	branchmass
PSME	54.61	27.04	338.49	410.25
PSME	34.80	27.42	122.16	83.65
PSME	24.89	21.23	3.96	3.51
PSME	28.70	24.96	86.35	73.13
⋮	⋮	⋮	⋮	⋮

ソースコード 3.1 線形重回帰モデルの実行

```
# lgrdataライブラリ読み込み
# 初めて実行する場合は，次の行を実行しライブラリをインストールしておく
#install.packages("lgrdata")
library(lgrdata)
# allometryデータ読み込み
data(allometry)
# 目的変数（~の左側）と説明変数（~の右側）を設定
fml = branchmass ~ diameter + height + leafarea
# 線形重回帰モデル実行
res = lm(fml, data=allometry)
# 結果の出力
res
```

```
## Call:
## lm(formula = branchmass ~ diameter + height + leafarea, data = al
    lometry)
##
## Coefficients:
## (Intercept)     diameter       height     leafarea
##    -18.7744      11.6905     -12.4107       0.6253
```

表 3.2　allometry データに対する線形重回帰モデルの回帰係数の推定値

切片	直径	樹高	葉面積
-18.77	11.69	-12.41	0.63

この出力から，切片および各説明変数に対する回帰係数の最小二乗推定値は表 3.2 のように得られていることがわかる．つまり，推定された線形重回帰モデルは，次の式で与えられる．

$$\texttt{branchmass} = -18.77 + 11.69\,\texttt{diameter} - 12.41\,\texttt{height} + 0.63\,\texttt{leafarea}.$$

このモデルに対して，diameter, height, leafarea に任意の値を代入することで，branchmass の値の予測に利用できる．ただし，線形単回帰モデルのときと同様，説明変数の値として観測データとかけ離れた値を代入した場合は外挿にあたり，適切な予測ができない可能性があるため，注意が必要である．

3.3　モデルの評価

線形重回帰モデルに対しても線形単回帰モデルと同様に，決定係数を用いて当てはまりのよさを評価したり，各回帰係数 β_j に対して仮説検定を用いて説明変数と目的変数との関連を評価できる．しかし，線形重回帰モデルでは，線形単回帰モデルでは考える必要がなかった問題がいくつか存在する．本節ではそれらの詳細と，その問題を解決する方法について説明する．

3.3.1　最小二乗推定値が計算できない場合

線形重回帰モデルの問題の 1 つに，データによっては最小二乗推定値を求めることができないという点がある．具体的には，次の場合は 3.4 節で述べる方法で最小二乗推定値を計算できず，正規方程式の解が一意に定まらない．

- 「説明変数の数 $(p)+1$」がサンプルサイズ (n) を超える場合
- ある説明変数が，他の説明変数の線形結合によって表される場合

1つ目は，目的変数に影響を与えていると考えられる説明変数をむやみに増やし，それがサンプルサイズを超えてしまうような状況である．このとき，最小二乗推定量 (3.5) 式に含まれる $(p+1)\times(p+1)$ 行列 $X^\top X$ のランクが n $(<p+1)$ となり，$X^\top X$ が逆行列をもたなくなってしまい，(3.5) 式を用いて回帰係数を推定することができない．実はこの場合，正規方程式は解を無数にもつことになり，1つに定めることができない．

2つ目は**多重共線性** (multicollinearity) とよばれる問題である．これは，ある説明変数が，他の説明変数の線形結合によって表現できる，つまり，各説明変数に対応するデータからなるベクトルの組が線形従属であるような状況である．数式で表すと，3つの説明変数 X_1, X_2, X_3 がある定数 c_1, c_2 を用いて $X_3 = c_1X_1 + c_2X_2$ と表されるような状況である．たとえば，あるクラスにおける生徒の 50 m 走と 100 m 走のタイムという2つの変数の相関は大きいだろう．これら2つを説明変数として用いた場合，一方の変数がもう一方の変数の定数倍で近似できることになる．説明変数からなるベクトルが完全に線形従属である場合，行列 $X^\top X$ のランクが $p+1$ よりも小さくなる．このとき，正規方程式は解が一意に定まらなくなる．また，完全とまではいかずとも線形従属に近い場合でも，計算機上ではデータを少し変えただけで回帰係数の推定値が大きく変化してしまうようになる（これを，推定値が不安定になるという）．なお，2.2 節で紹介した R での分析例で `Longley` というデータセットを扱ったが，これは変数間に多重共線性をもつデータとして有名である．このデータに対して，多重共線性をもつ説明変数の組合せで線形重回帰モデルを適用することは適切ではないので，注意が必要である．

多重共線性があるかどうかを確認するためには，たとえば次の基準を用いる．いま，j 番目の説明変数 X_j を目的変数，X_j を除いた $p-1$ 個の説明変数を説明変数とした線形重回帰モデルを考える．この回帰モデルを最小二乗法で推定し，X_j を予測することで得られる決定係数 ${R_j}^2$ を，多重共線性の基準とする．たとえばこの ${R_j}^2$ の値が 0.9 のように1に近い値をとれば，X_j はそれ以外の説明変

数の線形結合でよく当てはまっている（説明できている）ため，多重共線性が疑われる．また，${R_j}^2$ を用いた**分散拡大係数** (Variance Inflation Factor; VIF) とよばれる次の基準が知られている．

$$\mathrm{VIF}_j = \frac{1}{1 - {R_j}^2}$$

この値が大きい変数は多重共線性が疑われるため，線形重回帰モデルから除外することが望ましい．明確な境界はないが，VIF の値が 10 より大きい場合は，前述の決定係数 ${R_j}^2$ が 0.9 を超えているということなので，多重共線性を疑ったほうがよいだろう．

3.3.2　過適合

前項の話を踏まえると，説明変数の数が $n-1$ より少なく，かつ多重共線性がなければ，正規方程式の解が一意に定まり，線形重回帰モデルの最小二乗推定値を求めることができる．さらに，決定係数を利用して当てはまりのよさを定量化できる．しかし，線形重回帰モデルでは，説明変数の数を増やせば増やすほど，モデルのデータへの当てはまりはよくなり，決定係数は 1 に近づくという性質がある．特に，$p = n-1$ とすれば，すべてのデータは線形重回帰モデルに完全に当てはめることができ，残差平方和は 0 に，決定係数は 1 になる．このことは，たとえば $n = 2$ 点のデータをちょうど通る回帰直線（説明変数 $p = 1$ 個）を引くことができ，$n = 3$ 点のデータをすべて通る回帰平面（説明変数 $p = 2$ 個）を定めることができることから，イメージがつくだろう（図 3.2）．実は，説明変数として，目的変数とまったく関係ない（ただし他の説明変数とは多重共線性をもたない）ような情報を追加しても，決定係数は 1 に近づくのである．たとえば，物件の家賃（目的変数）にまったく関係のない情報（たとえば，「最寄りのコンビニエンスストアの店長の身長」）を説明変数に加えても，決定係数は上昇する．それでは，決定係数が 1 になるような，説明変数の数が $n-1$ 個のモデルがよいモデルなのかというと，実はそうではない．このような，観測されたデータに対して過度に当てはまっているような状況は，**過適合** (overfitting) あるいは過学習とよばれている．

14 世紀，オッカムの哲学者ウィリアムは，「ある事柄を説明するのに，必要以

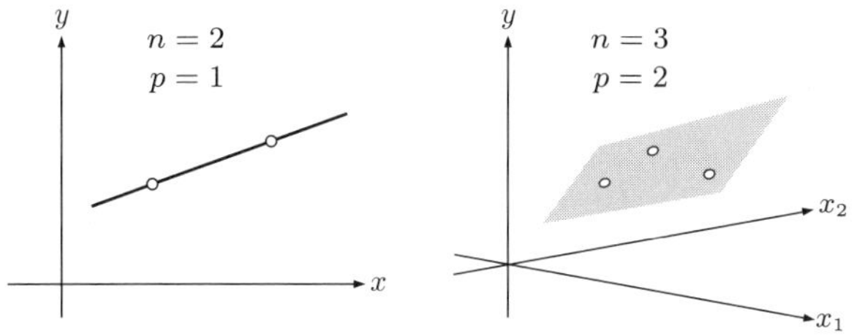

図 3.2 線形回帰モデルが観測データに完全に当てはまっている状況

上に多くを仮定するべきではない」という原理を提唱した．これは**オッカムの剃刀** (Ockham's razor) として知られており，統計モデルにもこの考え方が適用されている．この考え方を線形重回帰モデルに適用すると，「目的変数を説明するためには，必要以上の説明変数を用いるべきではない」という考え方になる[2)]．つまり，目的変数を説明するうえで，過適合を引き起こす不要な説明変数はモデルから削ぎ落として，必要な説明変数だけを残したより単純なモデルを得ることが望ましいという考え方である．

3.3.3 モデル選択基準

では，本当に必要な説明変数のみをどのように選択すればよいだろうか．目的変数との関係を表すうえで，本当に必要な説明変数をモデルから除外してしまったり，逆に不要な変数を入れてしまったりすると，説明変数と目的変数との関係性として誤った結論を導いたり，新たなデータに対する予測がうまくいかないといった問題が生じる．目的変数と関連している説明変数の組合せを適切に選ぶ問題は**変数選択** (variable selection) とよばれ，統計モデルを構築するうえで重要な問題の 1 つである．では，何をもって「適切に」変数を選択できるといえるだろうか．その基準の候補として，線形単回帰モデルで説明した「当てはまりのよさ」が考えられる．しかし，先ほど説明したように，説明変数が多いほどよくなるような，決定係数といった基準は適切ではない．その代わりに，オッカムの剃刀の考え方に沿って，目的変数との関係を表すうえで必要な説明変数だけを含んだ「よい」モデルを適切に選択するための基準がこれまでに

---

2) 最近の研究で，状況によってはより複雑なモデルのほうが予測精度がよくなるという報告もある．この件については，たとえば文献 [5] を参照されたい．

いくつか考えられてきた．このような基準を**モデル選択基準** (model selection criterion)，またはモデル評価基準という．ここでは，モデル選択基準のうちいくつかを紹介する．

線形重回帰モデルを評価するモデル選択基準の 1 つである**自由度調整済み決定係数** (adjusted coefficient of determination) R^{*2} は，決定係数を変数の数で調整した基準で，次の式で与えられる．

$$R^{*2} = \max\left\{0, 1 - \frac{n-1}{n-p-1}(1-R^2)\right\}.$$

ただし，R^2 は線形重回帰モデルに対する決定係数，n はサンプルサイズ，p は説明変数の個数である．これは 0 から 1 までの値をとる．決定係数は説明変数の数を増やすほど値が 1 に近づいたのに対して，自由度調整済み決定係数は，目的変数との関連が弱い説明変数が含まれたモデルでは，それを含まないモデルよりも値が減少するという性質をもつ．説明変数の組合せに応じて決まる複数の線形重回帰モデルの中から，自由度調整済み決定係数の値が最も大きい（1 に近い）モデルを，よいモデルと判断する．

この他にも，さまざまな観点から導出されたモデル選択基準がある．その代表例として，**赤池情報量規準 AIC** (Akaike Information Criterion)[3)]，**ベイズ型情報量規準 BIC** (Bayesian Information Criterion) が挙げられる．線形重回帰モデル (3.2) 式の誤差 ε_i が互いに独立に平均 0，分散 σ^2 の正規分布に従うと仮定した正規線形重回帰モデル考える．このとき，最尤法で推定されたこのモデルを評価するための AIC と BIC は，それぞれ次で与えられる．

$$\mathrm{AIC} = -2\log L(\widehat{\beta}_0, \ldots, \widehat{\beta}_p, \widehat{\sigma}^2) + 2(p+1),$$

$$\mathrm{BIC} = -2\log L(\widehat{\beta}_0, \ldots, \widehat{\beta}_p, \widehat{\sigma}^2) + (p+1)\log n.$$

ここで，$L(\widehat{\beta}_0, \ldots, \widehat{\beta}_p, \widehat{\sigma}^2)$ はモデルの尤度関数に各パラメータの最尤推定値を代入したもので，特に正規線形重回帰モデル (2.8) 式の場合は，推定値 $\widehat{\boldsymbol{\beta}}$ に依存しない項を除いて $\log L(\widehat{\beta}_0, \ldots, \widehat{\beta}_p, \widehat{\sigma}^2) = n\log\widehat{\sigma}^2$ となる．また，$\widehat{\sigma}^2$ は次の

3) 情報量規準では，「基準」ではなく「規準」の字を用いる．一方でモデル選択（評価）基準では「基準」の字を用いる．

ように，残差平方和を n で割ったものである．

$$\widehat{\sigma}^2 = \frac{1}{n}\sum_{i=1}^{n}\left(y_i - \widehat{\beta}_0 - \sum_{j=1}^{p}\widehat{\beta}_j x_{ij}\right)^2.$$

AIC および BIC は，小さいほどよいモデルといえる．AIC と BIC は互いに似た基準であるが，その導出過程はまったく異なる．AIC は，「将来観測されるデータに対しても当てはまりのよいモデルを選ぶ」ことを目的として導出された基準であり，一方で BIC は「データが観測されたとき，どのモデルが最も確からしいか」という考えの下で導出された基準である．AIC や BIC といったモデル選択基準について詳しく知りたい読者は，文献 [9] を参照されたい．

さまざまな説明変数の組合せに対して構成される線形重回帰モデルそれぞれに対して，最尤法などで回帰係数を推定することで上記の基準が計算され，それらの中で自由度調整済み決定係数が大きい（1 に近い），または AIC，BIC が小さいものを最適なモデルとして選択する．また，将来観測されたデータに対する当てはまりのよさという観点から考えられた方法として，交差検証法 (Cross Validation; CV) がある．交差検証法の詳細については，付録 A で紹介する．

3.3.4　変数選択手順

変数選択では，複数の説明変数の組合せの中から，どの組合せが最適かを探し出すことが目的となる．説明変数が p 個の場合，説明変数が 1 つ以上含まれる組合せは $2^p - 1$ 通りとなる．変数選択の手順として最も単純な方法は**総当たり法** (best-subset selection procedure) とよばれるもので，文字どおりすべての変数の組合せに対して総当たりでモデルの推定と，対応するモデル選択基準の計算を繰り返す．そして，その中からモデル選択基準の値が最適となるモデルを選択するものである．この方法では，説明変数の数が p のとき，$2^p - 1$ 回の線形回帰モデルの推定とモデル選択基準の計算を行うことになる．この場合，たとえば $p = 20$ ならば約 100 万回のモデル推定とモデル選択基準の計算が必要になり，p がより大きい場合は計算量が現実的ではなくなってしまう．このように，候補となる説明変数の数が増加するにつれ，計算コストの問題から最適なモデルを探し出すことが困難になる．

総当たり法よりも効率的な方法として，**ステップワイズ法** (stepwise procedure)

とよばれるものがある．これは，モデル選択基準の値に応じて説明変数の数を1つずつ増加，あるいは減少させるという手続きを繰り返し行うものである．変数を増加させていく場合は**変数増加法** (forward stepwise procedure)，減少させていく場合は**変数減少法** (backward stepwise procedure) とよばれる．変数増加法ではまず，説明変数が何もないモデルからスタートし，説明変数の中で，1つ加えることでモデル選択基準の値が最もよくなるものを選ぶ．続いて，残りの説明変数の中から2つ目を新たに加えることでモデル選択基準の値が最もよくなるものを選び，モデルに加える．これを繰り返して説明変数を1つずつモデルに加えていき，どの説明変数を新たに加えてもモデル選択基準の値が改善されない場合，更新を終了し，現在含まれている説明変数の組合せを選択するというものである．

変数減少法では逆に，はじめにすべての説明変数が含まれたモデルからスタートし，1つ取り除くことでモデル選択基準の値が最もよくなる説明変数を除外する手続きを繰り返す．そして，どの説明変数を除いてもモデル選択基準の値が改善しないとき，更新を終了する．これにより，すべての組合せの中で最適なモデルを見落とす可能性はあるものの，総当たり法に比べて計算コストを大幅に削減できる．また，変数増加法と変数減少法を組み合わせた変数増減法という方法もある．総当たり法はおよそ 2^p 回の計算が必要だったが，ステップワイズ法ではおよそ p^2 回（$p = 20$ ならばおよそ 400 回）の計算で済む．

3.3.5　R による分析

R で線形重回帰モデルを推定し，さらに変数選択を行う例を1つ紹介する．ここでは，2章でも用いた `longley` データに対して線形重回帰モデルを適用し，変数選択を行う．R では，ステップワイズ法による変数選択を `step` 関数で実行できる．なお，`step` 関数では，モデル選択基準として AIC を用いている．R による実行コードを，ソースコード 3.2 に示す．

ソースコード 3.2　線形重回帰モデルに対する変数選択

```
# longleyデータに対する線形重回帰モデルの適用
# 次のコードで，Employedを目的変数，それ以外の変数を説明変数として
# 線形重回帰モデルを最小二乗法で推定する
result = lm(Employed~., data=longley)
# 推定結果の要約
summary(result)
```

```
## Call:
## lm(formula = Employed ~ ., data = longley)
##
## Residuals:
##      Min       1Q   Median       3Q      Max
## -0.41011 -0.15767 -0.02816  0.10155  0.45539
##
## Coefficients:
##                Estimate Std. Error t value Pr(>|t|)
## (Intercept)  -3.482e+03  8.904e+02  -3.911 0.003560 **
## GNP.deflator  1.506e-02  8.492e-02   0.177 0.863141
## GNP          -3.582e-02  3.349e-02  -1.070 0.312681
## Unemployed   -2.020e-02  4.884e-03  -4.136 0.002535 **
## Armed.Forces -1.033e-02  2.143e-03  -4.822 0.000944 ***
## Population   -5.110e-02  2.261e-01  -0.226 0.826212
## Year          1.829e+00  4.555e-01   4.016 0.003037 **
## ---
## Signif. codes:  0 ‘***’ 0.001 ‘**’ 0.01 ‘*’ 0.05 ‘.’ 0.1 ‘ ’ 1
##
## Residual standard error: 0.3049 on 9 degrees of freedom
## Multiple R-squared:  0.9955, Adjusted R-squared:  0.9925
## F-statistic: 330.3 on 6 and 9 DF,  p-value: 4.984e-10

# ステップワイズ法による変数選択
# この関数を実行することで各ステップでの変数選択結果が出力されるが
# ここでは省略している
result.step = step(result)
# ステップワイズ法の結果の要約
summary(result.step)

## Call:
## lm(formula = Employed ~ GNP + Unemployed + Armed.Forces + Year,
##     data = longley)
##
## Residuals:
##      Min       1Q   Median       3Q      Max
## -0.42165 -0.12457 -0.02416  0.08369  0.45268
##
## Coefficients:
##                Estimate Std. Error t value Pr(>|t|)
## (Intercept)  -3.599e+03  7.406e+02  -4.859 0.000503 ***
## GNP          -4.019e-02  1.647e-02  -2.440 0.032833 *
## Unemployed   -2.088e-02  2.900e-03  -7.202 1.75e-05 ***
## Armed.Forces -1.015e-02  1.837e-03  -5.522 0.000180 ***
## Year          1.887e+00  3.828e-01   4.931 0.000449 ***
## ---
## Signif. codes:  0 ‘***’ 0.001 ‘**’ 0.01 ‘*’ 0.05 ‘.’ 0.1 ‘ ’ 1
##
```

```
55 ## Residual standard error: 0.2794 on 11 degrees of freedom
56 ## Multiple R-squared:  0.9954, Adjusted R-squared:  0.9937
57 ## F-statistic: 589.8 on 4 and 11 DF,  p-value: 9.5e-13
```

表 3.3　さまざまな説明変数の組合せによる，線形重回帰モデルの決定係数 R^2，自由度調整済み決定係数 R^{2*}，AIC の値．説明変数の組合せは，1:`Year`, 2:`Population`, 3:`Armed.Forces`, 4:`Unemployed`, 5:`GNP`, 6:`GNP.deflator` を表す．また，それぞれの基準で最適となった値を太字で示す．

	1	1, 2	1, 2, 3	1, 2, 3, 4	1, 2, 3, 4, 5	1, 2, 3, 4, 5, 6
R^2	0.9435	0.9456	0.9472	0.9947	0.9955	**0.9955**
R^{2*}	0.9394	0.9372	0.9339	0.9927	**0.9932**	0.9925
AIC	44.60	45.99	47.52	12.81	**12.24**	14.19

表 3.3 は，目的変数である `Employed` 以外の変数のうち，いくつかの組合せを説明変数とした場合の線形重回帰モデルを適用したことで得られる，決定係数 R^2，自由度調整済み決定係数 R^{*2}，AIC の値をまとめたものである．ただし，この表ではすべての組合せ（$2^6-1=63$ 通り）のうち一部に対してのみ基準を計算していることに注意されたい．この表を見ると，決定係数 R^2 は説明変数の数が増えるほど増加しているのに対して，自由度調整済み決定係数 R^{*2} と AIC は説明変数の数が 5 個のときに，それぞれ最大値，最小値をとっていることがわかる．

`step` 関数を用いることで実行されるステップワイズ法による変数選択では，ソースコード 3.2 の 48～51 行目にあるように，`GNP.deflator` と `Population` の 2 つの変数がモデルから除外された．これは，目的変数を予測する線形重回帰モデルとして，これらの変数は不要であることを意味している．なお，表 3.3 には，`step` 関数によって選択された変数の組合せは含まれていない．

本節では，変数選択のための方法としてステップワイズ法を紹介したが，この他に，LASSO (Least Absolute Shrinkage and Selection Operator) とよばれる方法がある．これは，最小二乗法に代わる回帰係数を推定するための方法の 1 つで，いくつかの回帰係数をちょうど 0 に推定する性質をもつ．これにより，回帰係数の推定と同時に変数選択が行われることになり，ステップワイズ法のように説明変数の組合せを変えて推定を繰り返す，というプロセスが不要になる．LASSO の詳細については，文献 [7] などを参照されたい．

3.4 最小二乗推定量の計算*

3.2 節で述べた．線形重回帰モデルの最小二乗推定量の導出を示す．

(3.4) 式で用いた行列やベクトルの表記に加えて，誤差からなるベクトルを $\boldsymbol{\varepsilon} = (\varepsilon_1, \ldots, \varepsilon_n)^\top$ とする．これらを用いると，線形重回帰モデル (3.2) は次のように表される．

$$\boldsymbol{y} = X\boldsymbol{\beta} + \boldsymbol{\varepsilon}. \tag{3.6}$$

また，誤差二乗和 (3.3) 式も，ベクトル，行列を用いて次で表される．

$$S(\boldsymbol{\beta}) = \|\boldsymbol{\varepsilon}\|^2 = \|\boldsymbol{y} - X\boldsymbol{\beta}\|^2 = (\boldsymbol{y} - X\boldsymbol{\beta})^\top(\boldsymbol{y} - X\boldsymbol{\beta}). \tag{3.7}$$

回帰係数ベクトル $\boldsymbol{\beta}$ の最小二乗推定量は線形単回帰モデルのそれと同様，誤差二乗和をパラメータで偏微分し，それを 0 とおいた方程式を解くことで求めることができる．これらの偏導関数を，まとめて 1 つのベクトルとして扱う．つまり，誤差二乗和 (3.7) 式の各パラメータに対する偏導関数を要素にもつ $p+1$ 次元ベクトル

$$\frac{\partial S(\boldsymbol{\beta})}{\partial \boldsymbol{\beta}} = \left(\frac{\partial S(\boldsymbol{\beta})}{\partial \beta_0}, \frac{\partial S(\boldsymbol{\beta})}{\partial \beta_1}, \ldots, \frac{\partial S(\boldsymbol{\beta})}{\partial \beta_p} \right)^\top \tag{3.8}$$

を零ベクトル $\mathbf{0} = (0, \ldots, 0)^\top$ とおいた連立方程式を解くことで，$\boldsymbol{\beta}$ の最小二乗推定量を求めることができる．ベクトルによる偏微分については，次が成り立つ（ベクトルによる偏微分については，たとえば文献 [11] を参照されたい）．

$$\frac{\partial \boldsymbol{\beta}^\top X^\top X \boldsymbol{\beta}}{\partial \boldsymbol{\beta}} = 2X^\top X\boldsymbol{\beta}, \quad \frac{\partial \boldsymbol{\beta}^\top X^\top}{\partial \boldsymbol{\beta}} = X^\top.$$

これを用いると，(3.8) 式は次のように表される．

$$\frac{\partial S(\boldsymbol{\beta})}{\partial \boldsymbol{\beta}} = -2X^\top(\boldsymbol{y} - X\boldsymbol{\beta}).$$

これを $\mathbf{0}$ とおいた方程式を $\boldsymbol{\beta}$ について解くことで，$X^\top X$ が正則であれば，$\boldsymbol{\beta}$ の最小二乗推定量 $\widehat{\boldsymbol{\beta}}$ が次のように得られる．

$$\widehat{\boldsymbol{\beta}} = (X^\top X)^{-1} X^\top \boldsymbol{y}.$$

最小二乗推定量には，統計学的にさまざまなよい性質があることが知られている．詳細は文献 [10] などを参照されたい．

章末問題

3-1 線形重回帰モデルについての説明として，最も適切なものを1つ選べ．

(a) 線形重回帰モデルは，ある説明変数の値が変化したとき，他の説明変数がどの程度変化するかを定量化するために用いられる．

(b) 線形重回帰モデルに用いた複数の説明変数の目的変数への関連の強さの順は，推定された回帰係数の大きさの順に一致する．

(c) サンプルサイズが説明変数の数よりも大きければ，常に最小二乗推定値を計算できる．

(d) 決定係数では適切に変数選択を行うことができないため，代わりに自由度調整済み決定係数や AIC が用いられる．

3-2 線形重回帰モデルの最小二乗推定量 (3.5) 式において $p = 1$ としたものが，線形単回帰モデルの最小二乗推定量 (2.5) 式に一致することを確認せよ．

3-3 ［R 使用］ 3.2 節で用いた `allometry` のデータに対して，3.2 節と同じ説明変数と目的変数を指定して，線形重回帰モデルの回帰係数の推定値 (3.5) 式を R を使って計算せよ．その値が，R の `lm` 関数が出力する回帰係数の推定値と一致していることを確認せよ．

3-4 ［R 使用］ 3.3 節で用いた `longley` データに対して，目的変数を `Employed`，それ以外を説明変数として `step` 関数を実行し，各ステップにおいて選択された変数の組合せと，AIC の値をまとめよ．

3-5 ［R 使用］ 次のプログラムは，説明変数に対応するデータを表す行列 X と，目的変数に対応するデータ y を，乱数を使って人工的に出力するプログラムである．このプログラムを実行して得られる X と y に対して線形重回帰モデルを適用し，回帰係数の推定値を出力せよ．また，真の回帰係数と，得られた推定値を比較せよ．

```
# 説明変数行列作成 (n=100, p=10)
X = matrix(rnorm(100*10, 0, 1), nr=100, nc=10)
# 真の係数設定
beta = c(3, 1, 0, -2, -1, 0, 0, 3, 2, 0)
# 目的変数作成  y=Xβ+ε をもとに作成
epsilon = rnorm(100, 0, 0.1)
y = as.matrix(X)%*%beta + epsilon
## ここにプログラムを書く ##
```

第 4 章

回帰分析 III—ロジスティック回帰モデル

2章および3章で紹介した線形回帰モデルでは，目的変数の例としてばねの伸びや家賃といったデータを扱った．これらのデータは，値が十分広い範囲で連続的に変化するものとみなせる．一方で，データの中には「10回中3回」という数や，カテゴリを表す名義尺度もある．このようなデータが目的変数として与えられた場合は，線形回帰モデルをそのまま適用するのは適切ではない．本章では，このようなデータが目的変数として与えられた場合に用いられる，ロジスティック回帰モデルについて紹介する．それに先立って，名義尺度を数値化する際に用いられるダミー変数について紹介する．

4.1 ダミー変数

4.1.1 質的変数の扱い

多変量解析手法を用いてデータを分析する場合，対象となるデータは数値である必要がある．したがって，「性別」や「血液型」といった質的変数のデータについては，各カテゴリを識別できるように何らかの数値に置き換える必要がある．その際，名義尺度については，順序が意味をもたないという性質を反映させる形で数値化をする．また，一見量的変数に見えるデータであっても，たとえば「学年の組」や「製品のロット番号」のようなデータはその値の大小に意味をもたない場合がある．そのような場合も，順序ができないような方法で別の数値に変換する必要がある．

4.1.2 ダミー変数への変換

質的変数のデータを数値へ変換する方法を，2つの例を用いて説明する．まず，性別を例として，ここでは男女のみを考えてみよう．この場合は，表4.1左のように男性を0，女性を1と対応させることで，2つのカテゴリを区別できる数値化が行われる．また，男性を1，女性を0としても差し支えない．

続いて，血液型の例として，A, B, O, AB型の4種類を考えたとしよう．このデータを分析に用いるために，これらの血液型にそれぞれ，0, 1, 2, 3の数値を対応させたとすると，A型 $<$ B型 $<$ O型 $<$ AB型，というように，血液型に順序関係が生まれてしまい，その順序を反映した分析結果が得られてしまう．当然，血液型にそのような関係性はない．加えて，この対応付けだと，A型とB型の違いよりも，A型とO型の違いのほうが2倍大きいことになるが，このような関係性も当然ない．このように，カテゴリ数が3つ以上の場合は，各カテゴリに1つの数値を対応させることは不適切である．

そこで，大小関係を与えずに血液型を数値に変換するために，3つの変数 X_1, X_2, X_3 を新たにつくり，0と1のみを使って表4.1のような対応付けを行う．これにより，カテゴリ間の大小関係を与えずに各カテゴリを識別できる．このようにして作成される変数 $X_1, X_2, \ldots$ を，**ダミー変数** (dummy variable) という．ダミー変数の数はカテゴリの数に応じて増加し，「カテゴリ数 -1」個の変数が必要になる．

表 4.1 カテゴリ変数とダミー変数の対応．2カテゴリの場合（左）と4カテゴリの場合（右）．

性別	X
男性	0
女性	1

血液型	X_1	X_2	X_3
O型	0	0	0
A型	1	0	0
B型	0	1	0
AB型	0	0	1

4.1.3 ダミー変数を説明変数にもつ線形重回帰モデル

説明変数に質的変数が含まれている線形重回帰モデルを考えてみよう．ここでは例として，目的変数 Y を家賃，説明変数を最寄り駅からの距離 (X_1)，バス・トイレ別か否か (X_2)，間取り (X_3) の3種類とした線形重回帰モデルを考える．ただし，バス・トイレ別 (X_2) は「別」か「一緒」かの 2 つのカテゴリ，間取り (X_3) は「1K」,「1DK」,「1LDK」,「2LDK」の 4 つのカテゴリからなるとする．このとき，X_1 については数値データなのでそのまま扱い，X_2, X_3 は表 4.1 の方針に従ってダミー変数に変換する．バス・トイレ別は 2 つのカテゴリのため，ダミー変数は 1 つでよく，これを改めて X_2 とする．間取りについては 3 つのダミー変数が得られるため，これらを X_{31}, X_{32}, X_{33} として，X_3 の代わりに扱う．以上をまとめると，線形重回帰モデルは次で与えられる．

$$Y = \beta_0 + \beta_1 X_1 + \beta_2 X_2 + \beta_{31} X_{31} + \beta_{32} X_{32} + \beta_{31} X_{32} + \varepsilon.$$

ただし，$\beta_0, \beta_1, \beta_2, \beta_{31}, \beta_{32}, \beta_{33}$ は回帰係数，ε は誤差とする．このようにすることで，3 章で述べた線形重回帰モデルの推定や，モデルの評価などの方法を用いることができる．R には，カテゴリ変数をダミー変数に変換するためのパッケージが実装されている[1]．

質的変数に対応するデータに含まれるカテゴリ数が非常に多い場合は，注意が必要である．先に述べたように，ダミー変数に変換する場合は，「カテゴリ数 -1」個の変数を用いる．これらをそのまま説明変数として用いると，説明変数の数が増加することになるため，場合によってはサンプルサイズを超えてしまい，3 章で述べた方法で回帰係数を推定できなくなる．このような場合は，いくつかのカテゴリを一まとめにするなどしてカテゴリ数を減らすとよいだろう．

ここまでは，質的変数をダミー変数に変換する方法と，それが説明変数に含まれる場合の扱いについて述べた．一方で，目的変数が質的変数であるような場合は，これをダミー変数に変換しても，線形回帰モデルを適用することは不適切であり，代わりに，次節で紹介するロジスティック回帰モデルを用いる必要がある．

4.2 ロジスティック回帰モデル

4.2.1 目的変数が連続値でないデータ

ロジスティック回帰モデルについて説明するためには，いくつか準備が必要である．本項では，この後の説明をわかりやすくするため，ロジスティック回帰モデルを適用する対象となる具体的なデータを 2 つ紹介する．

---

1) `makedummies` パッケージの `makedummies` 関数や，`caret` パッケージの `dummyVars` などが挙げられる．

表 4.2 は，5 パターンの異なる刺激レベル（殺虫成分の強さ）をもつ殺虫剤をそれぞれ約 50 匹の虫に噴霧し，約 50 匹中何匹に効果があったかを集計してデータとしてまとめた表である (Chaterjee, Hadi and Price, 1999)．このデータに対して，殺虫剤の刺激レベルを説明変数，効果があった虫の匹数（50 匹中何匹）を目的変数として回帰分析を行う問題を考える．

表 4.2　殺虫剤のデータ．殺虫成分の濃度それぞれに対して，何匹中何匹の虫が死亡したかを集計している．

刺激レベル x	0.4150	0.5797	0.7076	0.8865	1.0086
実験に用いた虫の数 m	50	48	46	49	50
死亡数 y	6	16	24	42	44
死亡率 $\pi = y/m$	0.120	0.333	0.522	0.857	0.880

また，表 4.3 は，9 名それぞれに対して，1 日の喫煙本数と肺疾患の有無を計測した架空のデータである．ただし，肺疾患の有無については，ありを 1，なしを 0 としてダミー変数で表している．このデータに対しては，喫煙本数を説明変数，肺疾患の有無を目的変数として，これらの関係を回帰モデルで表現する問題を考える．

表 4.3　喫煙データ (架空)．肺疾患の有無については，1 = 肺疾患あり，0 = 肺疾患なしとしている．

喫煙本数 [本] x	2	6	6	10	14	19	22	26	30
肺疾患の有無 y	0	0	0	0	1	0	1	1	1

図 4.1 は，殺虫剤のデータについては刺激レベルと死亡率の関係を，また，喫煙データについては喫煙本数と肺疾患の有無の関係を散布図に表したものである．加えて，線形回帰モデルによる回帰直線を描画している．図 4.1 左は，一見回帰直線がデータによく当てはまっているように見えるが，値域が区間 $[0, 1]$ に収まっていない．図 4.1 右の直線についても同様であり，喫煙本数と肺疾患の関係を表現した直線とはいいにくい．このように，「何匹中何匹」といった割合や，1 つのダミー変数を目的変数にもつデータに対しては，線形回帰モデルによる当てはめは不適切である．

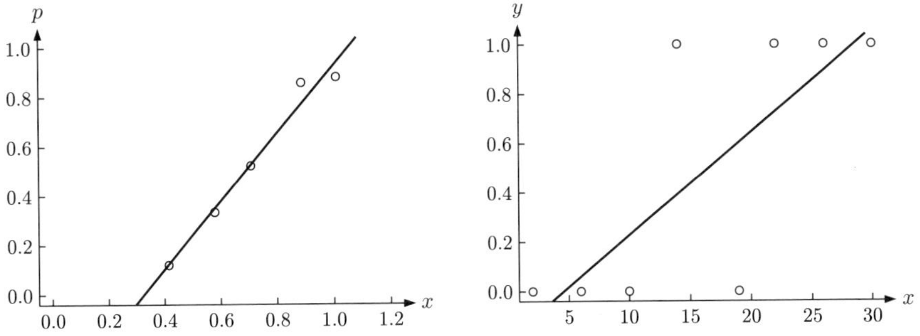

図 4.1 殺虫剤のデータ（左）と喫煙データ（右）に対する回帰直線の当てはめ

4.2.2 ロジスティック関数とロジット関数

続いて，**ロジスティック関数** (logistic function) とよばれる関数を紹介する．ロジスティック関数は，次で与えられる．

$$f(x) = \frac{\exp(x)}{1+\exp(x)}\left(= \frac{1}{1+\exp(-x)}\right). \tag{4.1}$$

ただし，ここではネイピア数の x 乗 (e^x) を $\exp(x)$ と表記している．また，ロジスティック関数の逆関数は次で与えられる．

$$g(x) = \log\frac{x}{1-x}.$$

これは**ロジット関数** (logit function)（または x の**対数オッズ** (log-odds)）とよばれている．図 4.2 は，ロジスティック関数とロジット関数を図示したものである．ロジスティック関数は，区間 $(-\infty, \infty)$ の値を，区間 $(0,1)$ にうつす関数

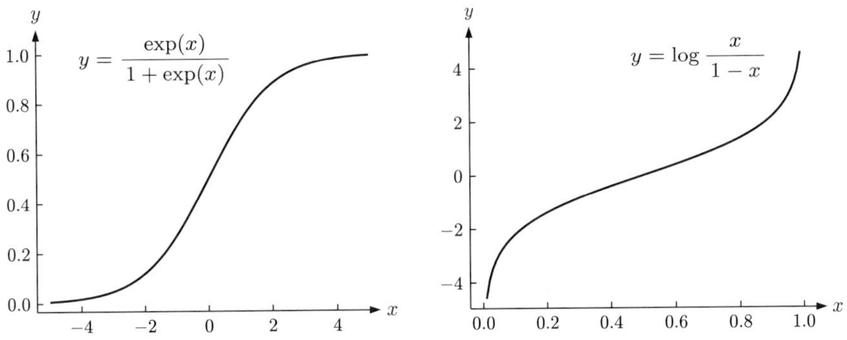

図 4.2 ロジスティック関数（左）とロジット関数（右）

であることがわかる．特に，x の値を大きくしていくと，$f(x)$ の値も大きくなり徐々に1に近づいていく（漸近する）ことがわかる．逆に，ロジット関数は区間 $(0,1)$ 上の値を区間 $(-\infty,\infty)$ 上にうつす関数である．

4.2.3　ロジスティック回帰モデル

殺虫剤のデータのように，刺激レベルのような量的変数や質的変数を説明変数，「m 匹中 y 匹」のように計測回数 m に対する成功回数 y に対応する確率変数 Y を目的変数として，これらの関係を回帰モデルとして表現することを考える．**ロジスティック回帰モデル** (logistic regression model) は，ロジスティック関数 (4.1) 式を用いて，$X=x$ のときの（Y ではなく）虫の死亡率 π と X の関係を次で表すものである[2)]．

$$\pi = \frac{\exp(\beta_0+\beta_1 X)}{1+\exp(\beta_0+\beta_1 X)}. \tag{4.2}$$

ただし，β_0,β_1 は，未知のパラメータとする．すなわち，説明変数の関数（ここでは線形関数）をロジスティック関数で変換することにより，区間 $(0,1)$[3)] に値をとる π を表すモデルである[4)]．ロジスティック回帰モデル (4.2) は，次のように変形できる（章末問題 ***4-2***）．

$$\log\frac{\pi}{1-\pi} = \beta_0+\beta_1 X. \tag{4.3}$$

線形回帰モデル (2.2) と比べると，左辺については Y が π のロジット関数 $\log\dfrac{\pi}{1-\pi}$ に置き換わっていることがわかる．なお，(4.3) 式のように表すと，ロジスティック回帰モデルは目的変数を $\log\dfrac{\pi}{1-\pi}$ とした線形回帰モデルのように見える．しかし，線形回帰モデルのようにパラメータの推定に単純な最小二乗法を用いることは適切ではない．パラメータの推定については，次節で説明する．

続いて，肺疾患のデータについて考えてみる．こちらの場合は，目的変数に対

---

2) 2章，3章の線形回帰モデルでは説明変数と目的変数との関係を直接数式で表したが，ロジスティック回帰モデルでは説明変数と π との関係をモデル化する．一貫性がないように思われるが，実は一般化線形モデルという統一した枠組みで理解することができる．

3) ロジット関数の性質上 π の予測値が0や1に近づくことはあるが，厳密に0や1にならない．

4) ロジスティック関数以外にも，標準正規分布の分布関数や三角関数である $\tan(\pi x-\pi/2)$ の逆関数も同様の性質をもつ関数として用いることができるが，回帰係数の推定値の計算が容易などの理由から，ロジスティック関数が広く用いられている．

応するデータは0か1のみの値をとる．しかし，この場合でも，説明変数 X と，X に関するデータが与えられた下で目的変数 Y が1となる確率 $\pi = \Pr(Y = 1 | X)$ ($\Pr(A)$ は事象 A の確率とする）との関係を，(4.2) 式のロジスティック回帰モデルで表す．これにより，肺疾患の例であれば，「1日あたり喫煙本数が判明したとき，その人が肺疾患である確率」を予測できる．

4.2.4 ロジスティック重回帰モデル

4.2.3 項では，説明変数が1つの場合でのロジスティック回帰モデルについて説明した．2章の線形単回帰モデルから3章の線形重回帰モデルへ拡張したように，ロジスティック回帰モデルも，説明変数が複数ある場合へ拡張できる．説明変数が複数あるロジスティック重回帰モデルは，次で表される．

$$\pi = \frac{\exp(\beta_0 + \beta_1 X_1 + \beta_2 X_2 + \cdots + \beta_p X_p)}{1 + \exp(\beta_0 + \beta_1 X_1 + \beta_2 X_2 + \cdots + \beta_p X_p)}. \tag{4.4}$$

または，これを変形して

$$\log \frac{\pi}{1 - \pi} = \beta_0 + \beta_1 X_1 + \beta_2 X_2 + \cdots + \beta_p X_p$$

と表すこともある．つまり，(4.2) 式や (4.3) 式の $\beta_0 + \beta_1 X$ の部分を，線形重回帰モデルのように説明変数の線形結合で表せばよい．説明変数が1つのみでも複数でも，回帰係数を推定する方法はほぼ同様である．

本章では以降，切片と回帰係数を含むパラメータをまとめて1つのベクトル $\boldsymbol{\beta} = (\beta_0, \beta_1, \ldots, \beta_p)^\top$ として表す．

4.3 パラメータの推定

ロジスティック回帰モデル (4.2) 式や (4.4) 式に含まれるパラメータ β_0, β_1 $(, \ldots, \beta_p)$ を推定する問題を考える．ロジスティック回帰モデルでは，目的変数が二項分布に従うと考えて，2章でも紹介した最尤法が用いられる．

4.3.1 二項分布

前節で紹介した2つのデータについて，その発生メカニズムを二項分布を用いて表現できると仮定する．すなわち，虫の死亡数や肺疾患の有無といった変数は，**二項分布** (binomial distribution)（肺疾患の有無の場合は特に**ベルヌーイ分布** (Bernoulli distribution)）に従うとする．殺虫剤の例の場合，実験に用

いた虫の数を m，実際の死亡数を y，死亡率を π とおくと，m 匹中 $Y=y$ 匹に効果がある確率は次で表される．

$$f(y\,|\,\pi,m)={}_m\mathrm{C}_y\pi^y(1-\pi)^{m-y}. \tag{4.5}$$

肺疾患の例の場合は，肺疾患であるか否かをそれぞれ 1, 0 で表した変数を Y，喫煙本数のデータに対応する確率変数 X が与えられた下で肺疾患である確率を $\pi=\Pr(Y=1\,|\,X)$ とおく．このとき，肺疾患の結果が $Y=y$ である確率は次で与えられる．

$$f(y\,|\,\pi,1)=\pi^y(1-\pi)^{1-y}. \tag{4.6}$$

この式は，(4.5) 式において $m=1$ としたものに対応する．

4.3.2　最尤法

ロジスティック回帰モデルでは，説明変数 X が与えられたときの目的変数 Y が従う二項分布 (4.5) 式や (4.6) 式に含まれる π が，説明変数 X とパラメータベクトル $\boldsymbol{\beta}$ を使って (4.2) 式や (4.4) 式で表されると仮定する．つまり，(4.5) 式と (4.6) 式は X と $\boldsymbol{\beta}$ に依存している．これらの確率分布を利用してパラメータ $\boldsymbol{\beta}$ を推定するので，(4.5) 式あるいは (4.6) 式の $f(y\,|\,\pi,m)$ を，改めて $f(y\,|\,x,m;\boldsymbol{\beta})$ と表しておく．ただし，x は X の実現値である．説明変数と計測回数，目的変数に対応するそれぞれのデータ x_i,m_i,y_i $(i=1,\ldots,n)$ が観測されたとき，最尤法では，2 章でも紹介したように，尤度関数

$$L(\boldsymbol{\beta})=f(y_1\,|\,x_1,m_1;\boldsymbol{\beta})\times\cdots\times f(y_n\,|\,x_n,m_n;\boldsymbol{\beta}) \tag{4.7}$$

を最大にする $\boldsymbol{\beta}$ を，$\boldsymbol{\beta}$ の推定量（最尤推定量）とする．

4.3.3　推定値の計算

線形回帰モデルでは，誤差二乗和の最小化問題，または尤度関数の最大化問題を解くことで，パラメータの推定量を，(2.5) 式や (3.5) 式のように明示的に数式として表すことができた．このことを，推定量を陽に表現できる，あるいは解析計算可能という．一方でロジスティック回帰モデルでは，最尤推定量を陽に表現することができない．そこで，ロジスティック回帰モデルに対しては，**ニュートン-ラフソン法** (Newton-Raphson method) などのアルゴリズムを利用して，数値的に最尤推定値を求める方法が用いられている．その詳細は，文

献 [19] を参照されたい．このようにして得られた β_0, β_1 それぞれの最尤推定値 $\widehat{\beta}_0, \widehat{\beta}_1$ と，説明変数 X に関する i 番目の観測値 x_i を (4.4) 式に代入した

$$\widehat{\pi}_i = \frac{\exp(\widehat{\beta}_0 + \widehat{\beta}_1 x_i)}{1 + \exp(\widehat{\beta}_0 + \widehat{\beta}_1 x_i)}$$

を，i 番目の観測の確率 π_i の予測値とする．

4.3.4 ロジスティック回帰モデルの当てはめ

表 4.2 と表 4.3 のデータに対して，ロジスティック回帰モデルを適用してみよう．最尤法を用いてパラメータ β_0, β_1 を推定し，得られたロジスティック回帰曲線（直線ではない）を，図 4.3 に示す．殺虫剤のデータに対しては，適切にデータに当てはまっているうえ，刺激レベルが小さいときは 0 に，大きいときは 1 に漸近している様子がわかる．また，肺疾患のデータについては，得られた曲線は肺疾患の有無というデータそのものに対する当てはまりではなく，「肺疾患となる確率」を表しているものである．このことを考えると，喫煙本数が増加するにつれて，肺疾患となる確率が上昇している様子が見て取れる．ロジスティック回帰モデルによる予測値を利用して，「あなたは 1 日に煙草を 15 本吸っているので，肺疾患になるリスクが 40 %あります」といった診断ができるかもしれない．もし「肺疾患のリスクが高いか低いか，白黒つけたい」ということであれば，たとえば $\widehat{\pi}_i > 0.5$ であれば肺疾患のリスクあり，$\widehat{\pi}_i < 0.5$ であれば肺疾患のリスクなし，といったように，閾値を設けて分類すればよい．

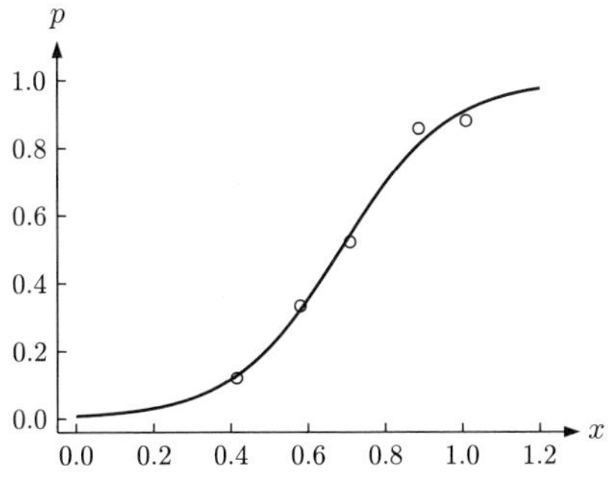

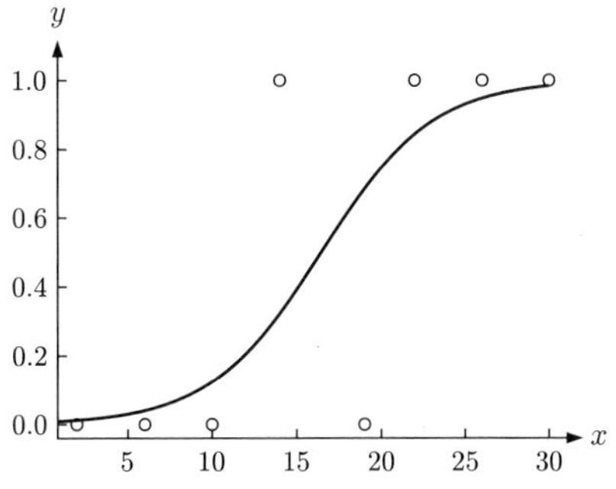

図 4.3 殺虫剤のデータ（左）と喫煙データ（右）に対するロジスティック回帰モデルの当てはめ

4.4　モデルの評価

4.4.1　当てはまりの基準

推定されたロジスティック回帰モデルに対しても線形回帰モデルと同様に，データへの当てはまりのよさを評価する必要がある．線形回帰モデルでは，残差平方和や決定係数によって当てはまりのよさを評価した．しかしロジスティック回帰モデルでは，最小二乗法を適用することが適切ではないのと同じ理由で，これらの基準を用いることは適切でない．

ロジスティック回帰モデルによるデータへの当てはまりのよさの基準には，対数尤度から計算される残差逸脱度とよばれる指標が用いられる．いま，パラメータ $\boldsymbol{\beta}$ の最尤推定値 $\widehat{\boldsymbol{\beta}}$ を (4.7) 式に代入した対数尤度を $\log L(\widehat{\boldsymbol{\beta}})$ とする．また，(4.7) 式に含まれる確率分布 (4.5) 式または (4.6) において，π に (4.2) 式ではなく観測値 $y_1/m_1, \ldots, y_n/m_n$ を直接代入したものに対数をとった値を ℓ_{full} とおく[5)]．ℓ_{full} は，データに完全に当てはまった（過適合した）モデルの対数尤度とみなすことができる．これら2つの差をとり -2 倍した

$$D = -2\left\{\log L(\widehat{\boldsymbol{\beta}}) - \ell_{\text{full}}\right\}$$

を，**残差逸脱度** (residual deviance) という．残差逸脱度は，推定したモデルが，目的変数に完全に当てはまったモデルからどれだけ当てはまり具合が離れているかを数値化したものである．

また，ロジスティック回帰モデルにおいて，β_0 の最尤推定値 $\widehat{\beta}_0$ を用いて $\boldsymbol{\beta}$ を $\widehat{\boldsymbol{\beta}}^{(0)} = (\widehat{\beta}_0, 0, \ldots, 0)^\top$ で推定したモデルの残差逸脱度

$$D = -2\left\{\log L(\widehat{\boldsymbol{\beta}}^{(0)}) - \ell_{\text{full}}\right\}$$

を，**最大逸脱度** (null deviance) という．最大逸脱度は，説明変数が目的変数にまったく関連していない切片だけのモデルの当てはまり具合と，目的変数に完全に当てはまったモデルの当てはまり具合との差を測ったものである．残差逸脱度は，基本的に0から最大逸脱度の間の値をとる．残差逸脱度が0に近いほど当てはまりがよいモデルで，逆に最大逸脱度に近いほど当てはまりが悪いモ

---

5) 目的変数が2値の場合のロジスティック回帰モデルでは，(4.5) 式および (4.6) 式の π に観測値そのものを代入すると，$f(y\,|\,\pi)$ の値が1になる．したがって，それを $y_1, \ldots, y_n$ について掛け合わせた (4.7) 式に対数をとった ℓ_{full} は0となる．

デルであるといえる．

逸脱度を用いた評価は，線形回帰モデルで用いられた決定係数による評価に似ている．しかし，説明変数が複数与えられたロジスティック回帰モデル (4.4) では，説明変数の数が増えるほど残差逸脱度は小さくなり，3 章でも紹介した過適合が発生してしまう可能性がある．そこで，次項で述べるモデル選択基準が用いられる．

4.4.2　モデル選択基準

説明変数が複数与えられた場合にロジスティック回帰モデルを用いたとき，尤度や逸脱度による当てはまりの評価だけでなく，説明変数のどの組合せが最適なモデルを与えるかについて，変数選択を行う状況も考えられる．この点も，線形重回帰モデルと同様である．ロジスティック回帰モデルに対しては，線形回帰モデルと同様に，赤池情報量規準 AIC や，ベイズ型情報量規準 BIC を用いることができる．いま，説明変数が p 個あるとする．切片と p 個の回帰係数を並べたベクトルを $\boldsymbol{\beta} = (\beta_0, \beta_1, \ldots, \beta_p)^\top$ とし，その最尤推定値を $\widehat{\boldsymbol{\beta}} = (\widehat{\beta}_0, \widehat{\beta}_1, \ldots, \widehat{\beta}_p)^\top$ とおく．このとき，AIC, BIC はそれぞれ次で与えられる．

$$\mathrm{AIC} = -2 \log L(\widehat{\boldsymbol{\beta}}) + 2(p+1),$$

$$\mathrm{BIC} = -2 \log L(\widehat{\boldsymbol{\beta}}) + (p+1) \log n.$$

説明変数の組合せに応じてそれぞれ得られる AIC または BIC の値の中から，最小になるものを最適なモデルとして選択する．

4.4.3　R による分析

表 4.2, 4.3 のデータに対してロジスティック回帰モデルを当てはめ，得られた回帰曲線を描画するプログラムを，ソースコード 4.1 に示す．R では，ロジスティック回帰モデルは `glm` 関数で，引数に `family="binomial"` と指定することで実行できる．ただし，目的変数に対応する変数 `y` が割合の場合は，`y` と `m-y` からなるベクトルを並べた 5×2 行列 (=`cbind(y, m-y)`) を目的変数の位置に対応させる．目的変数が 2 値の場合は，`y` をそのまま目的変数の位置に対応させればよい．

ソースコード 4.1　ロジスティック回帰モデルの当てはめ

```
## 殺虫剤データ
x = c(0.4150, 0.5797, 0.7076, 0.8865, 1.0086)  #殺虫剤の成分量
m = c(50, 48, 46, 49, 50)  #虫の個体数
y = c(6, 16, 24, 42, 44)   #死んだ虫の数
p = y/m  #死んだ虫の割合

plot(x, p, xlim=c(0,1.2), ylim=c(0,1), pch=19, cex=1.5, cex.lab=1.5,
      cex.axis=1.5)
# ロジスティック回帰モデル当てはめ
# 死んだ虫の数と生存した虫の数のセットを利用する
res = glm(cbind(y, m-y)~x, family = "binomial")
# 結果の出力
res

# Call:  glm(formula = cbind(y, n - y) ~ x, family = "binomial")

# Coefficients:
# (Intercept)            x
#      -4.887        7.146

# Degrees of Freedom: 4 Total (i.e. Null);  3 Residual
# Null Deviance:         96.69
# Residual Deviance: 1.425  AIC: 24.65

# 予測値を計算
phat = predict(res, type="response")
# 次の処理でも同じ値が出力される
# phat = 1/(1+exp(-res$coefficients[1] - res$coefficients[2]*x))

# 回帰曲線描画
xx = seq(0, 1.2, length=101)
phat2 = predict(res, newdata=data.frame(x=xx), type="response")
lines(xx, phat2)

# 喫煙データ
x = c(2, 6, 6, 10, 14, 19, 22, 26, 30)
y = c(0, 0, 0, 0, 1, 0, 1, 1, 1)
plot(x, y, pch=19, cex=1.5, cex.lab=1.5, cex.axis=1.5)
# ロジスティック回帰分析
res = glm(y~x, family = "binomial") #こちらは yを直接利用
# 予測値を計算
phat = predict(res, type="response")
# 各観測を 0か 1かへ判別 (閾値は 0.5)
as.numeric(phat > 0.5)

# 回帰曲線描画
xx = seq(0, 30, length=101)
```

```
47 phat2 = predict(res, newdata=data.frame(x=xx), type="response")
48 lines(xx, phat2)
```

ロジスティック回帰モデルによる，データの予測値をまとめた結果を表 4.4, 4.5 に示す．肺疾患のデータについては，予測値が 0.5 より大きいか否かで判別を行った結果も示す．また，図 4.3 に示したロジスティック回帰モデルの当てはめは，このプログラムの実行結果から得られたものである．殺虫剤のデータについては，推定されたロジスティック回帰モデルがうまく当てはまっていることがわかる．また，`glm` 関数の実行結果の出力（14～22 行目）には，回帰係数（`Coefficients`）に加え，最大逸脱度（`Null Deviance`）や残差逸脱度（`Residual Deviance`），AIC の値も出力されている．最大逸脱度に加えて残差逸脱度が大幅に小さいことから，このデータに対してロジスティック回帰モデルはよく当てはまっていることがわかる．また，肺疾患のデータについては，図 4.3 右と照らし合わせると，1 日の喫煙本数がおよそ 17 本を境に，肺疾患リスクの有無が分かれていることがわかる．

表 4.4 殺虫剤データの死亡率に対してロジスティック回帰モデルを当てはめ，予測した結果

観測値 y/m	0.120	0.333	0.522	0.857	0.880
予測値 $\hat{\pi}$	0.128	0.322	0.542	0.810	0.911

表 4.5 喫煙データの肺疾患の有無に対してロジスティック回帰モデルを当てはめ，予測した結果．閾値を 0.5 として肺疾患リスクの有無の分類も行っている．

喫煙本数 x	2	6	6	10	14	19	22	26	30
肺疾患 y	0	0	0	0	1	0	1	1	1
予測値 $\hat{\pi}$	0.012	0.040	0.040	0.124	0.323	0.685	0.844	0.948	0.984
分類 $\hat{y}$	0	0	0	0	0	1	1	1	1

4.5　多項ロジスティック回帰モデル*

4.5.1　多値データ

前節までは，目的変数に対応するデータとして割合が1つ，また，カテゴリが2つで，対応するダミー変数が1つだけ与えられるようなデータを扱った．一方で，たとえば表4.2の殺虫剤のデータにおいて，殺虫剤噴霧後の虫の状態が生死ではなく，「効果なし」，「生存だが効果あり」，「死亡」のそれぞれの度数というデータが与えられる場合も考えられる．また，表4.3の喫煙データについては，肺疾患の種類まで特定され，「疾患なし」，「肺結核」，「肺がん」のように3つのカテゴリが与えられる場合もある．疾患の種類が増えれば，それに応じてカテゴリ数も増えるだろう．この場合は，表4.1右のようにダミー変数で対応付けをすることになるが，ダミー変数の数は2つ以上になる．このようなデータを，**多値データ** (multinomial data) という．

多値データに対応する確率変数を，次のように与える．殺虫剤のデータを例に挙げながら説明すると，「効果なし」，「生存だが効果あり」，「完全に効果あり」のように3種類，あるいはそれ以上の項目に関して度数のデータが得られたとし，その項目数を K とする．次に，m 個のうちの各項目についての集計数を表す変数を $Y_{(1)},\ldots,Y_{(K)}$ とする．つまり，$Y_{(1)}+\cdots+Y_{(K)}=m$ である．殺虫剤の例に当てはめると，$K=3$ で，ある刺激レベルに対して，m 匹中 $Y_{(1)}$ 匹には効果なし，$Y_{(2)}$ 匹は生存だが効果あり，$Y_{(3)}$ 匹は完全に効果あり，といった形になる．

4.5.2　多項ロジスティック回帰モデル

いま，説明変数に対応する変数 X が与えられた下で，K 個のうち c 番目 $(c=1,\ldots,K)$ の項目が発生する確率を $\pi_{(c)}$ とする．$\pi_{(c)}$ は確率であることから，$\pi_{(1)}+\cdots+\pi_{(K)}=1$ が成り立つ．このとき，割合 $\pi_{(1)},\ldots,\pi_{(K)}$ と説明変数 X との関係を表す回帰モデルを構築する問題を考えたい．このようなデータに対しても本章で紹介したロジスティック回帰モデルを拡張したものが用いられる．

$\pi_{(1)},\ldots,\pi_{(K)}$ と X との関係を表すロジスティック回帰モデルは，次のように，

$\pi_{(c)}$ $(c=1,\ldots,K-1)$ と $\pi_{(K)}$ との比に対数をとったものを用いて与えられる.

$$\log\frac{\pi_{(c)}}{\pi_{(K)}}=\beta_{0c}+\beta_{1c}X,\quad c=1,\ldots,K-1. \tag{4.8}$$

また，これを $\pi_{(c)}$ について解くことで，次を得る.

$$\pi_{(c)}=\frac{\exp(\beta_{0c}+\beta_{1c}X)}{1+\sum_{d=1}^{K-1}\exp(\beta_{0d}+\beta_{1d}X)},\quad c=1,\ldots,K-1,$$

$$\pi_{(K)}=\frac{1}{1+\sum_{d=1}^{K-1}\exp(\beta_{0d}+\beta_{1d}X)}.$$

このモデルを，**多項ロジスティック回帰モデル** (multinomial logistic regression model) とよぶ．機械学習の分野では，この関数はソフトマックス関数とよばれている．また，説明変数が複数の場合にも同様に多項ロジスティック回帰モデルを構築できる.

次に，ある患者が「疾患なし」,「肺結核」,「肺がん」のうちどれに属するかを表したデータのように，目的変数が 3 カテゴリ以上の質的変数として与えられた場合を考える．このとき，目的変数を表 4.1 のようにダミー変数に変換する．これにより，目的変数は $K-1$ 次元ベクトル $\boldsymbol{Y}=(Y_{(1)},\ldots,Y_{(K-1)})^\top$ のように表され，ある観測値が第 c カテゴリに属する場合は $Y_{(c)}=1$ となり，それ以外のカテゴリ d に関しては $Y_{(d)}=0$ となる．そして，説明変数 X に対応するデータが観測されたとき，その観測が第 c カテゴリに属する確率を，$\pi_{(c)}=\Pr(Y_{(c)}=1|X)$ とおく．これを用いて，$\pi_{(1)},\ldots,\pi_{(K)}$ と X との関係を (4.8) 式で表すことで，多項ロジスティック回帰モデルを対応させることができる．この場合は特に，$m=1$ の場合に対応する.

(4.8) 式に含まれる回帰係数 β_{1c} は，説明変数 X に対して，第 K カテゴリをベースライン（基準）としたときの $\pi_{(c)}$ に対する回帰係数である．K とは異なる 2 つのカテゴリ c,d $(c,d=1,\ldots,K-1,c\neq d)$ の場合は，(4.8) 式を辺々引いた

$$\log\frac{\pi_{(c)}}{\pi_{(d)}}=(\beta_{0c}-\beta_{0d})+(\beta_{1c}-\beta_{1d})X \tag{4.9}$$

を考えれば，回帰係数 β_{1c} と β_{1d} の差で表されることがわかる．なお，カテゴリ K として実際のデータのどのカテゴリを対応させるべきかという疑問が沸く

かもしれないが，最尤法を用いた場合は，カテゴリをどれにしても，(4.9) 式の計算により回帰係数の推定値，および $\pi_{(c)}$ の予測値は一致する．

4.5.3 パラメータの推定

4.2 節で紹介したロジスティック回帰モデルでは，目的変数が二項分布に従うと考えて，最尤法に基づいて回帰係数を推定した．多項ロジスティック回帰モデルに対しても，回帰係数の推定には最尤法が用いられる．多値データに対応する確率変数 $Y_{(1)}, \ldots, Y_{(K)}$ は，**多項分布** (multinomial distribution) に従うとする．すなわち，$Y_{(1)}, \ldots, Y_{(K)}$ は次の確率関数をもつとする．

$$f(y_{(1)}, \ldots, y_{(K)} \,|\, \pi_{(1)}, \ldots, \pi_{(K)}, m) = \frac{m!}{y_{(1)}! \cdots y_{(K)}!} {\pi_{(1)}}^{y_{(1)}} \cdots {\pi_{(K)}}^{y_{(K)}}.$$

この確率関数から得られる尤度関数 (4.7) を最大にする回帰係数を，最尤推定値として求める．最尤推定値の計算には，4.3 節でも述べたニュートン・ラフソン法が用いられる．その詳細については文献 [19] を参照されたい．

4.6 回帰モデルの発展

本書ではこれまでに，線形回帰モデルとロジスティック回帰モデルについて紹介してきた．しかし，回帰モデルにはこれらを発展させたものが数多く考えられている．詳細は本書では割愛するが，回帰モデルに対しては次のような発展があることを述べておく．

線形回帰モデルもロジスティック回帰モデルも，最尤法によって回帰係数を推定する方法を紹介した．そこでは，線形回帰モデルとロジスティック回帰モデルとして，目的変数がそれぞれ正規分布と二項分布に従うとするモデルを考えた．しかしデータによっては，目的変数が必ずしもこれらの確率分布に従うとするモデルには当てはまらず，その他の種類の確率分布に従うと考えることが妥当である場合もある．たとえば，ある交差点における 1 か月の交通事故件数は，ポアソン分布とよばれる確率分布に従うと考えられている．このように，目的変数がより多様な確率分布に従う場合に用いられる回帰モデルに，一般化線形モデルとよばれるものがある．一般化線形モデルの詳細については，文献 [19] を参照されたい．

2章で述べた線形回帰モデルでは，1つの説明変数と目的変数の関係を直線で表した．しかし，これら2変数の関係が実際に直線であるとは限らない．たとえば，説明変数 X を1年間の日，目的変数 Y をその日の平均気温とすると，2変数間の関係は直線というよりは曲線で表すほうが自然だろう．このように，説明変数と目的変数の間の曲線的な関係を表す方法の1つとして，線形単回帰モデル (2.2) 式の代わりに，次の回帰モデルを用いる．

$$Y = \beta_0 + \beta_1 X^2 + \cdots + \beta_p X^p + \varepsilon. \tag{4.10}$$

これは**多項式回帰モデル**とよばれる．多項式回帰モデルを用いることで，直線ではなく曲線を当てはめることが可能になる．(4.10) 式は，線形重回帰モデル (3.1) 式において，X_j $(j = 1, \ldots, p)$ を1つの説明変数の j 乗 X^j に置き換えたものに対応する．したがって，多項式回帰モデルは，線形重回帰モデルの一種とみなすことができ，3章で述べた推定や評価法を用いることができる．曲線を当てはめるための方法としてはこの他にも，基底関数展開や局所回帰とよばれる方法が考えられている．

p 個の説明変数 $X_1, \ldots, X_p$ が与えられたとき，3章で述べた線形回帰モデルも本章で述べたロジスティック回帰モデルも，説明変数の線形結合

$$\beta_1 X_1 + \cdots + \beta_p X_p \tag{4.11}$$

を用いた．しかし，複数の説明変数の目的変数への関連が，このような線形結合ではなく，より複雑な関係で与えられている可能性もある．そのため，(4.11) 式の各項を，より複雑な非線形関数 $f_j(X_j)$ で置き換えて

$$f_1(X_1; \boldsymbol{\theta}_1) + \cdots + f_p(X_p; \boldsymbol{\theta}_p) \tag{4.12}$$

としたモデルも考えられている．ただし，$\boldsymbol{\theta}_1, \ldots, \boldsymbol{\theta}_p$ は，それぞれ関数 $f_1, \ldots, f_p$ を表現するために用いられるパラメータからなるベクトルで，(4.12) はこのパラメータについて線形とは限らないものとする．このようなモデルは**加法モデル** (additive model) とよばれている．基底関数展開や局所回帰，加法モデルの詳細については，文献 [26] などを参照されたい．この他にも，付録 A.2 で述べるカーネル関数を用いる方法もある．

章末問題

4-1　ロジスティック回帰モデルについての説明として，最も適切なものを1つ選べ.

(a) ダミー変数は，0と1のような2つの数値のみで表される.

(b) ロジスティック回帰モデルは，説明変数がカテゴリ変数，目的変数が連続値である場合に用いられる.

(c) ロジスティック回帰モデルの回帰係数の推定には，最尤法ではなくニュートン-ラフソン法が用いられる.

(d) 同じデータに対して最尤法を用いて推定する場合，ロジスティック回帰モデルに対するAICの値は，線形回帰モデルに対するAICの値に一致する.

4-2　(4.2) 式から，(4.3) 式を導出せよ.

4-3　4.2節で紹介した肺疾患のデータについて，予測値を0から1に切り替える閾値を0.5から変化させると，ラベルの推定結果はどのように変わるか，傾向について述べよ.

4-4　二項分布の確率関数 (4.5) 式に対する対数尤度関数 $\log L(\beta_0, \beta_1)$ を求めよ.

4-5［R使用］ lgrdata パッケージの icecream データは，2つの異なる場所 (location) において，週ごとの気温 (temperature) とアイスクリームの売り上げ (sales) を集計したものである．このデータに対して，location を目的変数としてロジスティック回帰モデルを適用し，予測値を出力せよ.

```
library(lgrdata)
data(icecream)
?icecream  #データについての説明（英語）
#カテゴリ変数を 2値変数に変換
icecream$location = as.numeric(icecream$location)-1

# ロジスティック回帰モデル適用
## ここにプログラムを書く ##
```

第 5 章

判別分析

さまざまな特徴をもつデータが，2つ以上の群（クラス）に分かれているという情報が与えられているとする．このとき，群によるデータの分類がどのような特徴によって，どのように定まっているかという規則（ルール）を見出す問題を，**分類問題** (classification problem) または判別問題という．分類問題は，入力に対応する特徴変数と，出力に対応する質的変数（群を表す）によって構成されるデータを分析対象とする．たとえば，顔画像のデータからそれが誰であるかを分類する顔認識や，メールの本文に含まれる単語の頻度から迷惑メールか否かを分類する問題などが分類問題に該当する．加えて，音声認識や，患者の症状を用いた病気の判定など，世の中の多くの場面で分類問題に対するアプローチが用いられている．本章で扱う判別分析や，6章で学ぶサポートベクターマシン，7章で学ぶ決定木は，分類問題に用いられる分析手法である．また，前章で扱ったロジスティック回帰モデルも，目的変数がカテゴリ変数（肺疾患の有無など）の場合は分類問題に対する方法の1つとみなせる．

本章では，はじめに分類問題とは何か，分類問題のための方法を適用することによって得られる結果をどのように評価すればよいかについて紹介する．また，分類問題のための方法として，フィッシャーの線形判別とよばれる判別分析方法とマハラノビス距離に基づく方法，そしてこれらの2つの関係について紹介する．さらに，フィッシャーの線形判別を発展させた，非線形判別についても紹介する．

5.1 判別分析とは

表5.1は，分類問題の適用例として頻繁に用いられる，アヤメの花の品種に関するデータである．このデータは，アヤメの花150個体それぞれについて，がく片の長さと幅，花弁の長さと幅，そして3品種 (setosa, versicolor, virginica) のうちいずれかであるかを測定したものである．アヤメは，品種によって花弁やがく片の形状が異なる傾向がある．そこで，花弁やがく片の大きさという特徴から，アヤメの品種（群）を分類するためのルールを構築しようというのが，ここでの分類問題の目的である．本書では，分類を目的とする場合は，分類の材料となる変数のことを特徴量，アヤメの品種のように分類の目的の対象となるカテゴリをラベルとよぶ．アヤメの例の場合は，花弁やがく片の大きさが特徴量，品種がラベルに対応する．また，前章の回帰分析と対比すると，特徴量は説明変数，ラベルは目的変数に対応する．つまり，分類問題は特徴量 X からラベル Y を出力するためのモデル

$$Y = f(X) \tag{5.1}$$

を構築する，教師あり学習の1つである．たとえば，顔認識では顔画像のピクセルごとの輝度値が X に，誰の顔であるかを示すラベルが Y に対応する．また，迷惑メール分類では，メール本文に含まれる単語の頻度が X，迷惑メールであるか否かを示すラベルが Y に対応する．ラベルとしては，本章では1と0をとるものとするが，6章で紹介するサポートベクターマシンのように，1と -1 とする場合もある．分類問題では，特徴量とラベルの組が観測されているデータに対して，分類モデル f を推定する．そして，特徴量 X に対応するデータを，

表5.1　アヤメのデータ（一部抜粋）

がく片の長さ	がく片の幅	花弁の長さ	花弁の幅	品種
4.70	3.20	1.30	0.20	setosa
5.20	4.10	1.50	0.10	setosa
6.30	2.90	5.60	1.80	virginica
6.40	2.70	5.30	1.90	virginica
5.60	2.70	4.20	1.30	versicolor
⋮	⋮	⋮	⋮	⋮

推定されたモデル $\widehat{f}$ へ代入することで，各観測のラベル Y を予測する．

アヤメのデータの場合は，3 つの品種を分類する 3 群分類問題であるが，はじめは簡単のために 2 群分類問題について説明する．分類問題のための方法は，2 つの群を分類するための方法を基礎として，それを 3 つ以上の群への分類へ拡張させているものも多い．3 群以上の分類問題については，5.6 節で簡単にふれる．

5.2 分類結果の評価

具体的な分類モデルを解説する前に，一般的に分類モデル (5.1) の予測結果の精度をどのように評価するかについて説明する．本節の内容は，この章を含めて 6, 7 章まで続く分類問題に対する方法で共通する内容であるため，先に説明を行う．本項では 2 群分類を行った結果を評価する方法を説明し，5.6 節で 3 群以上の分類の場合について述べる．また，5.2.2 項で紹介する分類性能を測る基準には，多くの種類がある．一度にすべてを覚えようとせず，分類モデルを評価する場面で必要に応じてこの節を見返すとよい．

5.2.1 分類結果の種類

分類結果を評価する場合は，実際のラベルに対してどちらのラベルに分類されたかの内訳を集計した，表 5.2 のような表が用いられる．ここで，分類モデルによる予測値を $\widehat{Y}$ で表している．表 5.2 は**混同行列** (confusion matrix) とよばれ，分類結果を一目で視覚化できるものである[1]．混同行列では，次の 4 つの指標が集計されている．

- **真陽性** (True Positive; TP) ：$Y = 1$ を正しく $\widehat{Y} = 1$ と分類したもの
- **偽陰性** (False Negative; FN) ：$Y = 1$ を誤って $\widehat{Y} = 0$ と分類したもの
- **偽陽性** (False Positive; FP) ：$Y = 0$ を誤って $\widehat{Y} = 1$ と分類したもの
- **真陰性** (True Negative; TN) ：$Y = 0$ を正しく $\widehat{Y} = 0$ と分類したもの

これらのうち，真陽性と真陰性は正しく分類が行われたものを指し，偽陽性と偽陰性は間違った分類が行われたものを指す．

[1] 文献によっては，混同行列の行と列の役割が入れ替わっているものもあるので，注意されたい．

表 5.2　混同行列

		予測されたラベル	
		$\widehat{Y}=1$	$\widehat{Y}=0$
実際の	$Y=1$	真陽性 (TP) の個体数	偽陰性 (FN) の個体数
ラベル	$Y=0$	偽陽性 (FP) の個体数	真陰性 (TN) の個体数

5.2.2　分類性能を表す基準

分類モデルの性能を示す1つの基準として，真陽性と真陰性の割合の高さが考えられる．つまり，これらの比率を計算した

$$\mathrm{ACC} = \Pr(Y=\widehat{Y}) = \frac{\mathrm{TP}+\mathrm{TN}}{\mathrm{TP}+\mathrm{FN}+\mathrm{FP}+\mathrm{TN}}$$

を**正解率** (accuracy rate) といい， 正しく分類されたデータの割合を示す．なお，$\Pr(A)$ はここでは事象 A の頻度についての比を表すものとする．逆に，$\mathrm{ERR} = 1 - \mathrm{ACC}$ は誤って分類された割合を示すもので，**誤分類率** (error rate) とよばれる．正解率が高い（誤分類率が低い）分類モデルほど，分類性能の高いモデルであるといえる．

しかし，分類モデルの性能を評価するにあたっては，必ずしも正解率（または誤分類率）さえ見ればよいというわけではなく，偽陽性と偽陰性を区別して評価しなければならない場合もある．たとえば，実際のラベルを「病気に罹っている ($Y=1$)」「病気に罹っていない ($Y=0$)」とし，年齢や1日あたりアルコール摂取量といった診断情報を特徴量として，分類を行ったとしよう．このとき，「実際は健康である ($Y=0$) にもかかわらず病気に罹っている ($\widehat{Y}=1$) と診断してしまう」誤り（偽陽性）については，再検査を受診すれば大事に至ることはないが，逆に「実際は病気に罹っている ($Y=1$) にもかかわらず健康 ($\widehat{Y}=0$) と判定してしまう」誤り（偽陰性）は，病気の見落としによる取り返しのつかない事態を引き起こしかねない．このような例の場合は，偽陽性よりも偽陰性を極力抑えなければならない．このように，同じ誤分類であっても，データや問題設定によっては偽陽性と偽陰性ではその性質や重要度はまったく異なるものになるので注意が必要である．これらを定量化するために，次のような

指標を考える．

$$\mathrm{FPR} = \Pr(\widehat{Y} = 1 \mid Y = 0) = \frac{\mathrm{FP}}{\mathrm{FP} + \mathrm{TN}},$$
$$\mathrm{FNR} = \Pr(\widehat{Y} = 0 \mid Y = 1) = \frac{\mathrm{FN}}{\mathrm{TP} + \mathrm{FN}}.$$

FPR は**偽陽性率** (false positive rate) とよばれ，実際は $Y = 0$ であるもののうち $\widehat{Y} = 1$ と誤って予測されたものの割合を表す．また，FNR は**偽陰性率** (false negative rate) とよばれ，実際は $Y = 1$ であるもののうち $\widehat{Y} = 0$ と誤って予測されたものの割合である．

さらに，次の指標が考えられている．

$$\begin{aligned}
\mathrm{Precision} &= \Pr(Y = 1 \mid \widehat{Y} = 1) = \frac{\mathrm{TP}}{\mathrm{TP} + \mathrm{FP}},\\
\mathrm{Recall} &= \Pr(\widehat{Y} = 1 \mid Y = 1) = \frac{\mathrm{TP}}{\mathrm{TP} + \mathrm{FN}},\\
\mathrm{Specificity} &= \Pr(\widehat{Y} = 0 \mid Y = 0) = \frac{\mathrm{TN}}{\mathrm{FP} + \mathrm{TN}},\\
\mathrm{F} &= \frac{2\,\mathrm{Precision} \times \mathrm{Recall}}{\mathrm{Precision} + \mathrm{Recall}}.
\end{aligned} \tag{5.2}$$

Precision は**精度** (precision) または適合率，あるいは陽性的中率とよばれるもので，$\widehat{Y} = 1$ と分類されたもののうち実際に $Y = 1$ であるものの割合である．Recall は**感度** (recall) または再現率 (sensitivity) とよばれ，$Y = 1$ であるもののうち正しく $\widehat{Y} = 1$ と分類されたものの割合を表し，$1 - \mathrm{FNR}$ と同じものである．また，Specificity は**特異度** (specificity) とよばれるもので，$1 - \mathrm{FPR}$ と同じものである．F は **F 値** (F-score) とよばれる指標で，精度と感度の 2 つの調和平均をとったものである．F 値は 0 から 1 の範囲の値をとる．精度と感度はともに 1 に近いことが望ましいので，F 値が 1 に近いほど分類性能がよいといえる．逆に，精度と感度のどちらか 1 つでも小さければ，F 値は小さくなる．

先ほどの病気の診断の例に当てはめると，偽陰性率 FNR が小さくなるような，または感度 Recall が大きくなるような分類モデルが望ましいといえる．かといって，すべて陽性と分類してしまうようなモデルだと，FNR は 0 になるが，それでは検査の意味をなさないため，精度 Precision も考慮する必要がある．このように，感度と精度のどちらも考慮に入れたい場合は，F 値を指標とするのがよいだろう．このように，分析目的に応じて，これらの指標のうちどれを重視して分類モデルを構築すべきかが重要となる．5.5.4 節に，これらの指標を用いた分析事例を示す．

5.2.3 分類基準の計算例

表 5.3 の結果に対して，これまでに紹介した指標を求めると，次のようになる．

表 5.3 混同行列の例

	$\widehat{Y}=1$	$\widehat{Y}=0$
$Y=1$	15	5
$Y=0$	10	70

$$\mathrm{ACC} = \frac{15+70}{15+10+5+70} = 0.850, \quad \mathrm{ERR} = 1-\mathrm{ACC} = 0.150,$$
$$\mathrm{FPR} = \frac{10}{10+70} = 0.125, \quad \mathrm{FNR} = \frac{5}{15+5} = 0.250,$$
$$\mathrm{Precision} = \frac{15}{15+10} = 0.600, \quad \mathrm{Recall} = \frac{15}{15+5} = 0.750,$$
$$\mathrm{Specificity} = \frac{70}{10+70} = 0.875, \quad \mathrm{F} = \frac{2\times 0.600\times 0.750}{0.600+0.750} = 0.667.$$

偽陽性 (FP) よりも偽陰性 (FN) のほうが数が少ないが，全体の陽性 ($Y=1$) の数が少ないために，偽陽性率 (FPR) よりも偽陰性率 (FNR) のほうが大きくなっていることがわかる．陰性に対して陽性の数がより少ないと，この傾向はより顕著になり，たとえ正解率が高くても，偽陰性率が高い可能性がある．したがって，正解率だけでなく，偽陽性率や偽陰性率，F 値なども計算しておくとよい．

5.3 フィッシャーの線形判別

本章ではこれ以降，**フィッシャーの線形判別** (Fisher's Linear Discriminant Analysis; LDA) とよばれる，判別分析のための方法の一種と，それに関連する方法をいくつか紹介する．

5.3.1 2群を分類する関数

いま，2 変量の特徴量 X_1, X_2 をもつ観測値それぞれに対して，2 つの群 a, b がラベル付けされているとする．なお，ここでは説明のために 2 変量を想定しているが，より一般の p 変量でも話は同様である．ラベルを表すダミー変数 Y は，a 群と b 群に応じてそれぞれ $0, 1$ の値をとるものとする．判別分析では，図 5.1[2] 左のような，X_1, X_2 およびラベル変数 Y それぞれについて観測されたデータに対して，図 5.1 右の太い実線のような，異なるラベルのデータを分類するための境界線（これを決定境界とよぶ）を構築する．構築された決定境界を利用して，データがどの群に属するかを分類する．

線形判別では，変数 X_1, X_2 の線形結合からなる関数

$$f(\boldsymbol{X};\boldsymbol{w}) = w_1X_1 + w_2X_2 = \boldsymbol{w}^\top\boldsymbol{X} \tag{5.3}$$

を考える．ただし，$\boldsymbol{X} = (X_1, X_2)^\top$ は 2 変量の特徴量を要素とするベクトルで，$\boldsymbol{w} = (w_1, w_2)^\top$ は未知の重みパラメータからなるベクトルとする．また，$f(\boldsymbol{X};\boldsymbol{w})$ という表記は，関数 f は未知パラメータ $\boldsymbol{w}$ に依存する $\boldsymbol{X}$ の関数であることを意味している．

例として，(5.3) 式で $w_1 = 1, w_2 = 0$ とおくと，$f(\boldsymbol{X};\boldsymbol{w}) = X_1$ となる．この関数は，2 変量のデータを第 1 変量のみの値に変換するものに対応する．これは言い換えると，図 5.2 左に示すように，ベクトル $\boldsymbol{w} = (1, 0)^\top$ の方向に平行な軸（つまり X_1 軸）上へ観測値から最短距離となる点へうつす，つまり**射影** (projection) していることになる．同様にして w_1, w_2 の値を変えれば，$f(\boldsymbol{X};\boldsymbol{w})$ に観測値を代入することは，ベクトル $\boldsymbol{w}$ に平行な軸に観測値を射影することに

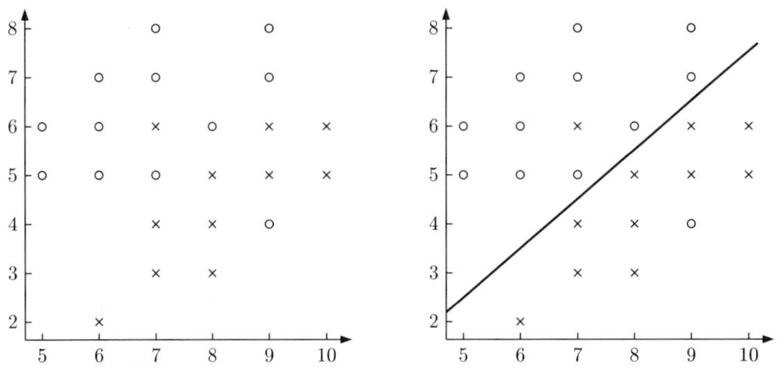

図 5.1 2 群からなる 2 変量データ（左）と，それを 2 群に分類する直線（右）．

---

2) 図のデータは，文献 [8] のものを用いた．

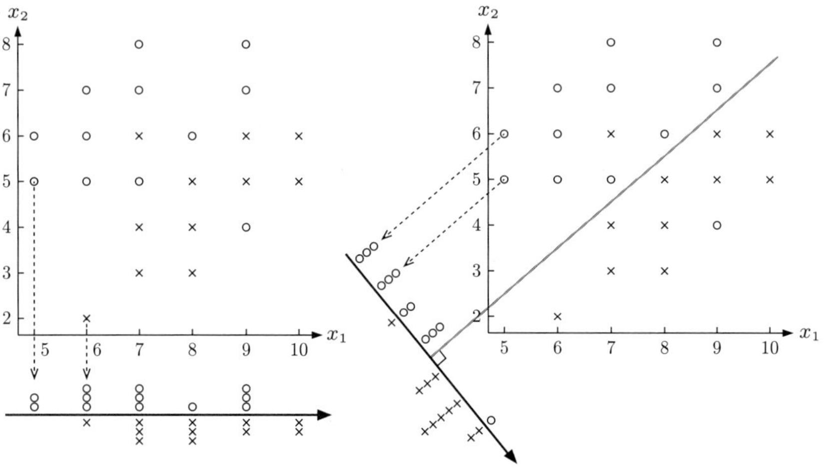

図 5.2　2次元データを1つの直線上に射影したイメージ

対応する．

図 5.2 左の場合，つまり $\boldsymbol{w} = (1, 0)^\top$ の場合，この軸上に射影した2群のデータが入り混じっているように見える．一方で，図 5.2 右に示す方向に $\boldsymbol{w}$ を定めた場合は，射影されたデータは2群が比較的よく分離されているように見える．そこで，図 5.2 右に示すグレーの直線のように，適当な箇所でこの軸に直交する直線を引けば，元の2変量データを適切に分類できそうである．

このように，データを関数 $f(\boldsymbol{X}; \boldsymbol{w})$ に代入したときに，その値がデータをよく2群に分離できるよう $f(\boldsymbol{X}; \boldsymbol{w})$ を構成しようというのが，フィッシャーの線形判別の考え方である．それでは，そのような関数をどのように構成すればよいだろうか．言い換えると，そのような $\boldsymbol{w} = (w_1, w_2)^\top$ をどのように求めればよいだろうか．それには，次に述べる2点がカギとなる．

5.3.2　分類のカギ1：群間変動

1つ目のカギは，各群のデータの重心（標本平均）どうしの距離である．いま，2つの特徴量からなるベクトル $\boldsymbol{X} = (X_1, X_2)^\top$ に関して n 個の観測値が得られたとし，うち i 番目の観測値を $\boldsymbol{x}_i = (x_{i1}, x_{i2})^\top$ とする．そしてこれら n 個のうち，n_a 個は a 群に，n_b 個は b 群に属しているとする．このとき，a 群，

b 群の各データに関する標本平均をそれぞれ

$$\overline{\boldsymbol{x}}_a = \frac{1}{n_a}\sum_{i\in a}\boldsymbol{x}_i,\quad \overline{\boldsymbol{x}}_b = \frac{1}{n_b}\sum_{i\in b}\boldsymbol{x}_i$$

と表す．ただし，$\sum_{i\in a}, \sum_{i\in b}$ はそれぞれ a 群，b 群に属する観測値の番号 i についてのみ和をとることを意味する．

次に，各群のデータの標本平均 $\overline{\boldsymbol{x}}_a, \overline{\boldsymbol{x}}_b$ を $f(\boldsymbol{x};\boldsymbol{w})$ に代入する．すると，これらはそれぞれ

$$f(\overline{\boldsymbol{x}}_a;\boldsymbol{w}) = \boldsymbol{w}^\top\overline{\boldsymbol{x}}_a = \frac{1}{n_a}\sum_{i\in a}\boldsymbol{w}^\top\boldsymbol{x}_i,\quad f(\overline{\boldsymbol{x}}_b;\boldsymbol{w}) = \boldsymbol{w}^\top\overline{\boldsymbol{x}}_b = \frac{1}{n_b}\sum_{i\in b}\boldsymbol{w}^\top\boldsymbol{x}_i$$

となる．これは，図 5.3 左に示すように，各群の重心を，$\boldsymbol{w}$ 方向の直線上に射影していることに対応する．いまは $\boldsymbol{w}$ が未知なのでこの方向は決まっていない．さまざまな方向の中で，2 群をよく分類するような直線は，$\boldsymbol{w}^\top\overline{\boldsymbol{x}}_a, \boldsymbol{w}^\top\overline{\boldsymbol{x}}_b$ ができるだけ離れている，たとえば，図 5.3 左の左下にある軸のような方向がよいと考えられる．それと比較して，同じ図の上部に描かれている横軸と同じ方向

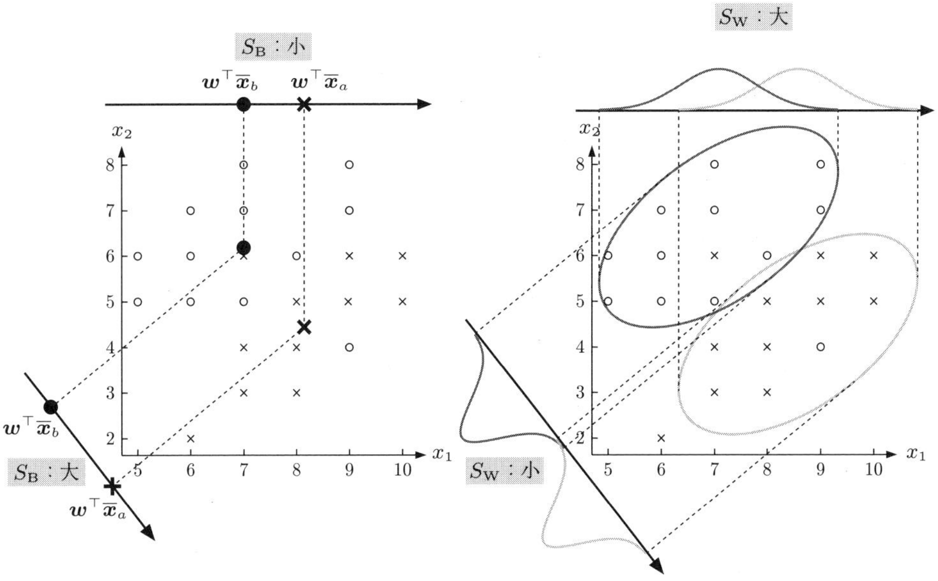

図 5.3　群間変動（左）と，群内変動（右）のイメージ

は2つの重心 $\boldsymbol{w}^\top\overline{\boldsymbol{x}}_a$, $\boldsymbol{w}^\top\overline{\boldsymbol{x}}_b$ が近く，データをこの直線上へ射影しても，2群が重複する領域が多く，1次元の直線での分類は困難だろう．

以上のことを数式を用いて表してみよう．2群をよく分類する方向 $\boldsymbol{w}$ は，$\overline{\boldsymbol{x}}_a$ と $\overline{\boldsymbol{x}}_a$ を $\boldsymbol{w}$ 方向の直線上に射影したものの距離の2乗

$$\begin{aligned} V_{\mathrm{B}} &= \left(\boldsymbol{w}^\top\overline{\boldsymbol{x}}_a - \boldsymbol{w}^\top\overline{\boldsymbol{x}}_b\right)^2 \\ &= \boldsymbol{w}^\top(\overline{\boldsymbol{x}}_a - \overline{\boldsymbol{x}}_b)(\overline{\boldsymbol{x}}_a - \overline{\boldsymbol{x}}_b)^\top\boldsymbol{w} \\ &= \boldsymbol{w}^\top S_{\mathrm{B}}\boldsymbol{w} \end{aligned}$$

が大きいものがよいと考えられる．ここで，$S_{\mathrm{B}} = (\overline{\boldsymbol{x}}_a - \overline{\boldsymbol{x}}_b)(\overline{\boldsymbol{x}}_a - \overline{\boldsymbol{x}}_b)^\top$ とおいた．V_{B} を**群間変動** (variation between subgroups) という．

5.3.3　分類のカギ2：群内変動

2つ目のカギは，各群のデータの散らばり具合，つまり分散である．(5.3) 式を用いると，$\boldsymbol{w}$ 方向の直線上に射影された各群のデータの標本不偏分散は，それぞれ

$$\begin{aligned} \frac{1}{n_a - 1}\sum_{i\in a}\left(\boldsymbol{w}^\top\boldsymbol{x}_i - \boldsymbol{w}^\top\overline{\boldsymbol{x}}_a\right)^2 = \boldsymbol{w}^\top S_a\boldsymbol{w}, \\ \frac{1}{n_b - 1}\sum_{i\in b}\left(\boldsymbol{w}^\top\boldsymbol{x}_i - \boldsymbol{w}^\top\overline{\boldsymbol{x}}_b\right)^2 = \boldsymbol{w}^\top S_b\boldsymbol{w} \end{aligned} \tag{5.4}$$

で与えられる．ここで，S_a, S_b はそれぞれ a 群と b 群に属するデータの標本不偏分散共分散行列で，

$$\begin{aligned} S_a &= \frac{1}{n_a - 1}\sum_{i\in a}(\boldsymbol{x}_i - \overline{\boldsymbol{x}}_a)(\boldsymbol{x}_i - \overline{\boldsymbol{x}}_a)^\top, \\ S_b &= \frac{1}{n_b - 1}\sum_{i\in b}(\boldsymbol{x}_i - \overline{\boldsymbol{x}}_b)(\boldsymbol{x}_i - \overline{\boldsymbol{x}}_b)^\top \end{aligned}$$

で与えられる．(5.4) 式は，図5.2右に示すように，方向 $\boldsymbol{w}$ の直線へ射影された各群のデータの分散を表している．2群をよく分類するような関数は，この2つの分散が総じて小さくなるものと考えられる．すなわち，図5.3右の左下に示すような方向である．一方で同図の上部に示す方向では，各群のデータの分散が大きく，2群の重複が大きいため，この直線上でデータを2群に分離することは困難だろう．

このことから，(5.4) 式で得られる 2 つの群の標本不偏分散の和

$$V_{\mathrm{W}} = \boldsymbol{w}^\top S_a \boldsymbol{w} + \boldsymbol{w}^\top S_b \boldsymbol{w}$$

が小さくなるような $\boldsymbol{w}$ の方向が，2 群をよく分類する重みではないかと考えられる．この V_{W} を**群内変動** (variation within subgroup) とよぶ．しかしここでは，この和の代わりに

$$V_{\mathrm{W}} = \boldsymbol{w}^\top S_{\mathrm{W}} \boldsymbol{w}$$

を用いる．S_{W} は，S_a, S_b に対して群のサイズに関する加重平均をとった

$$S_{\mathrm{W}} = \frac{1}{n_a + n_b - 2}\{(n_a - 1)S_a + (n_b - 1)S_b\} \tag{5.5}$$

で与えられるもので，**プールされた分散共分散行列** (pooled variance-covariance matrix) とよばれる．群内変動 V_{W} において，異なる 2 つの分散共分散行列 S_a, S_b の代わりに共通の分散共分散行列 S_{W} を用いる理由と，S_a, S_b をそのまま用いた場合にどのようになるかについては，5.5 節で説明する．

5.3.4 フィッシャーの線形判別関数の構築

以上の 2 つのカギを併せて，データを適切に分類する関数，つまりはベクトル $\boldsymbol{w}$ を，「群間変動 V_{B} ができるだけ大きく，かつ群内変動 V_{W} ができるだけ小さくなる」ようなものと考える．そのために，これらの比

$$\frac{\text{群間変動}}{\text{群内変動}} = \frac{V_{\mathrm{B}}}{V_{\mathrm{W}}} = \frac{\boldsymbol{w}^\top S_{\mathrm{B}} \boldsymbol{w}}{\boldsymbol{w}^\top S_{\mathrm{W}} \boldsymbol{w}} \tag{5.6}$$

を最大にするような $\boldsymbol{w}$ を求める．結果として，次の式が導かれる．

$$\widehat{\boldsymbol{w}} = {S_{\mathrm{W}}}^{-1}(\overline{\boldsymbol{x}}_a - \overline{\boldsymbol{x}}_b). \tag{5.7}$$

この結果の導出については，後の 5.7 節で述べる．

続いて，(5.7) 式の $\widehat{\boldsymbol{w}}$ を関数 $f(\boldsymbol{x}; \boldsymbol{w}) = \boldsymbol{w}^\top \boldsymbol{x}$ に代入して得られる関数

$$h(\boldsymbol{x}) = f(\boldsymbol{x}; \widehat{\boldsymbol{w}}) = (\overline{\boldsymbol{x}}_a - \overline{\boldsymbol{x}}_b)^\top {S_{\mathrm{W}}}^{-1} \boldsymbol{x} \tag{5.8}$$

を考える．この関数の $\boldsymbol{x}$ に観測値を代入し，ある閾値より大きければ a 群に，小さければ b 群に割り当てることで，データをよく 2 群に分類するルールを構築できる．具体的には，各群の標本平均をさらに平均した $\overline{\boldsymbol{x}} = (\overline{\boldsymbol{x}}_a + \overline{\boldsymbol{x}}_b)/2$ を代入した

$$h(\overline{\boldsymbol{x}}) = (\overline{\boldsymbol{x}}_a - \overline{\boldsymbol{x}}_b)^\top {S_{\mathrm{W}}}^{-1} \left(\frac{\overline{\boldsymbol{x}}_a + \overline{\boldsymbol{x}}_b}{2}\right)$$

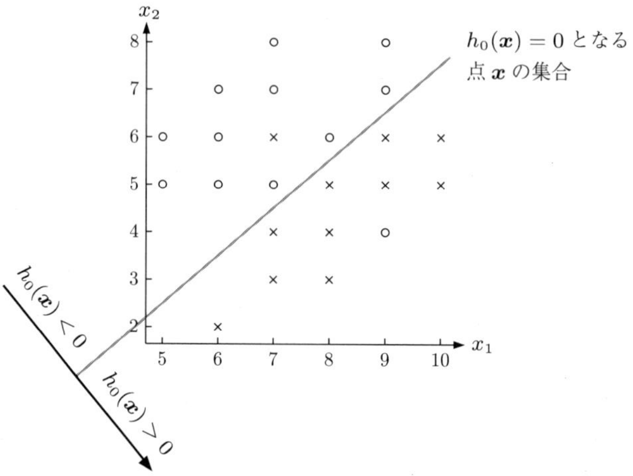

図 5.4　フィッシャーの線形判別

を閾値として，$h(\boldsymbol{x}) > h(\overline{\boldsymbol{x}})$ なら a 群に，$h(\boldsymbol{x}) < h(\overline{\boldsymbol{x}})$ なら b 群に観測値を分類する．しかし，これではその閾値がわかりにくい．そこで，(5.8) 式から $h(\overline{\boldsymbol{x}})$ を引いた次の関数を利用する．

$$h_0(\boldsymbol{x}) = (\overline{\boldsymbol{x}}_a - \overline{\boldsymbol{x}}_b)^\top S_{\mathrm{W}}{}^{-1}\left(\boldsymbol{x} - \frac{\overline{\boldsymbol{x}}_a + \overline{\boldsymbol{x}}_b}{2}\right). \tag{5.9}$$

このとき，$h_0(\overline{\boldsymbol{x}}) = 0$ となり，分類のための閾値が 0 となる．つまり，得られた観測値 $\boldsymbol{x}_i$ を (5.9) 式の $h_0(\boldsymbol{x})$ に代入したとき，$h_0(\boldsymbol{x}_i) > 0$ なら a 群に，$h_0(\boldsymbol{x}_i) < 0$ なら b 群にその観測値を分類する，というルールになる．(5.9) 式において重要なのは $\boldsymbol{x}$ の係数であって，$h(\boldsymbol{x})$ を平行移動しても（つまり，$h(\boldsymbol{x})$ に $\boldsymbol{x}$ に依存しない定数を加えても），判別関数としての機能は変わらない．このようにして分類を行うための関数 (5.9) 式のことを，**フィッシャーの線形判別関数** (Fisher's linear discriminant function) とよぶ．

2 次元データに対する，フィッシャーの線形判別関数と分類ルールの関係を図示したのが，図 5.4 である．特徴量の 2 次元平面で，フィッシャーの線形判別関数 (5.9) 式の値がちょうど 0 となる点の集合（＝直線）が，データを分類する境界線（決定境界）となる．フィッシャーの線形判別関数 $h_0(\boldsymbol{x})$ の値を海抜標高にたとえると，決定境界は海岸線，a 群の領域は陸地（海抜 0 m 以上），b 群の領域は海中（海抜 0 m 未満）に対応する．

ここまでは，2次元データに対するフィッシャーの線形判別関数について説明してきた．しかし，フィッシャーの線形判別関数の考え方は，p 個の特徴量 $\boldsymbol{X} = (X_1, \ldots, X_p)^\top$ に対しても同様に適用できる．この場合は，(5.3) 式の代わりに

$$f(\boldsymbol{X}; \boldsymbol{w}) = w_1 X_1 + \cdots + w_p X_p = \boldsymbol{w}^\top \boldsymbol{X}$$

を用いる．特徴量が2変数の場合と同様の流れで重みベクトル $\boldsymbol{w} = (w_1, \ldots, w_p)^\top$ を求めることができ，フィッシャーの線形判別関数は (5.9) 式の形で与えられる．特徴量が3変数の場合，フィッシャーの線形判別関数は直線ではなく平面を与える．さらに4変数以上の場合は，超平面を与える．

5.3.5 R による分析

フィッシャーの線形判別の適用例を1つ紹介しよう．ここでは，表5.1に示したアヤメのデータを扱う．ここでは簡単のために，2品種 (setosa, versicolor) 100 個体のアヤメの「がく片の長さ (`Sepal.Length`)」,「がく片の幅 (`Sepal.Width`)」の2つの特徴量を用いてフィッシャーの線形判別分析を適用する．R では，フィッシャーの線形判別は `lda` 関数で実行できる．R の実行プログラムおよび出力結果を，ソースコード5.1に示す．

ソースコード 5.1 フィッシャーの線形判別

```
library(MASS)  #lda関数実行のため
# アヤメの花データ
# x1, x2の 1列目にはがく片の長さ, がく片の幅がそれぞれ入る
x1 = iris[1:50,  1:2] #品種 setosa
x2 = iris[51:100,1:2] #品種 versicolor
X = rbind(x1, x2)
y  = iris[1:100, 5] #アヤメの品種

# 品種ごとの散布図
plot(X[,1], X[,2], col=y, pch=16, xlab="Sepal.length", ylab="Sepal.W
     idth")

# フィッシャーの線形判別分析
X = as.matrix(X)
y = as.numeric(y)
result.lda = lda(y~X)
# 分析結果の描画
plot(result.lda)
# 観測データに対するラベルの予測
pred.lda = predict(result.lda)
```

```
20 # 混同行列の表示
21 table(y, pred.lda$class)
22 ## y    1  2
23 ##   1 49  1
24 ##   2  0 50
```

このプログラムを実行することで得られる結果について解説する．lda 関数の出力結果を格納した変数 result.lda（15 行目）に対して plot 関数（17 行目）を実行することで描画される図 5.5 左は，各群に属するデータに対する (5.9) 式の値をヒストグラムで描画したものである．1 点の観測値を除いて，(5.9) 式の値が一方の群では正，もう一方の群では負となっている．このことから，2 群の分類がほぼ適切に行われていることが確認できる．また，result.lda に対して predict 関数（19 行目）を実行することで，データが 1 群，2 群どちらのデータへ分類されたかの情報が pred.lda という変数へ格納される．この情報を用いて，実際のラベルと，線形判別分析による予測ラベルとの混同行列を表示できる（21 行目）．

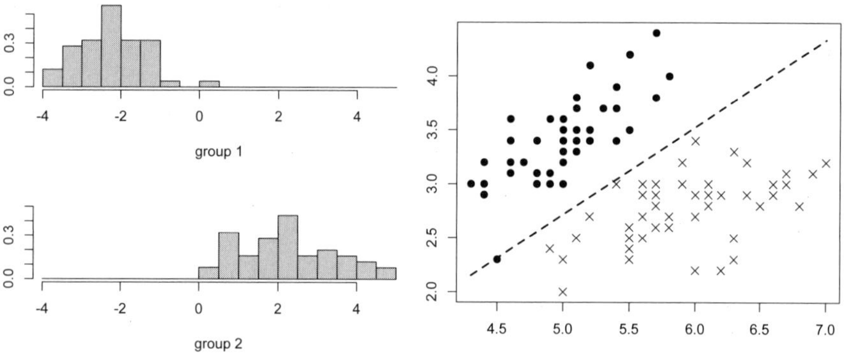

図 5.5　2 群の観測値をフィッシャーの線形判別関数に代入したヒストグラム（左）と決定境界（右）

5.4　マハラノビス距離による分類

本節では，分類問題に対するアプローチとして用いることができる，マハラノビス距離とよばれる距離について紹介する．そしてこのマハラノビス距離による分類ルールが，前節で紹介したフィッシャーの線形判別と密接に関連していることを説明する．

5.4.1 マハラノビス距離

いま，p 変量データ $\boldsymbol{x}_1, \ldots, \boldsymbol{x}_n$ が次のように平均ベクトル $\overline{\boldsymbol{x}}$，標本不偏分散共分散行列 S をもつとする．

$$\overline{\boldsymbol{x}} = \frac{1}{n}\sum_{i=1}^{n}\boldsymbol{x}_i, \quad S = \frac{1}{n-1}\sum_{i=1}^{n}(\boldsymbol{x}_i - \overline{\boldsymbol{x}})(\boldsymbol{x}_i - \overline{\boldsymbol{x}})^\top.$$

ここで，p 次元ベクトル $\boldsymbol{x}$ がデータ $\boldsymbol{x}_1, \ldots, \boldsymbol{x}_n$ を生成している分布からどれだけ離れているかを定量化することを考えよう．そのために，$\overline{\boldsymbol{x}}$ がデータを代表していると考えて，$\boldsymbol{x}$ と $\boldsymbol{x}_1, \ldots, \boldsymbol{x}_n$ との離れ具合を，$\boldsymbol{x}$ と $\overline{\boldsymbol{x}}$ とのユークリッド距離（の 2 乗）

$$D^2(\boldsymbol{x}) = (\boldsymbol{x} - \overline{\boldsymbol{x}})^\top(\boldsymbol{x} - \overline{\boldsymbol{x}}) = \|\boldsymbol{x} - \overline{\boldsymbol{x}}\|^2$$

によって定量化するのが 1 つの考え方であろう．しかし，データの分布まで考慮に入れると，この定量化は必ずしも適切ではない．

図 5.6 は，$p = 2$ の場合において，2 変量間の相関があるデータを散布図に描画したものである．このデータの標本平均ベクトルは $\overline{\boldsymbol{x}} = (0, 0)^\top$，標本不偏分散共分散行列は $S = \begin{pmatrix} 1 & 0.8 \\ 0.8 & 1 \end{pmatrix}$ とする．左の図は，標本平均ベクトル $\overline{\boldsymbol{x}} = (0, 0)^\top$（× 印）を中心にした同心円状の等距離線を併せて図示している．この円は，$\overline{\boldsymbol{x}}$ からユークリッド距離が等しくなる点をつなげたものである．実

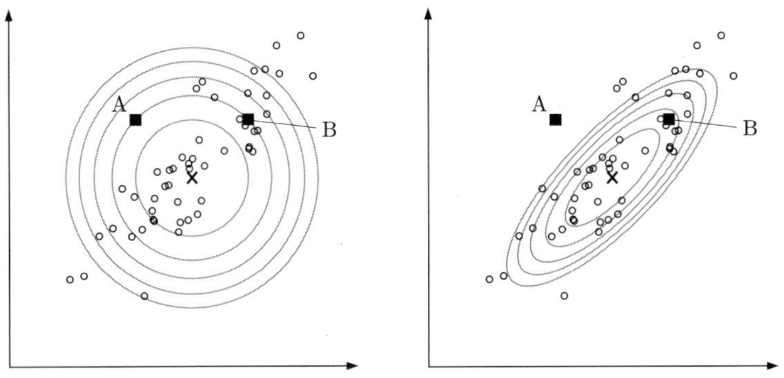

図 5.6 2 変量データの散布図に，標本平均（× 印）から同心円状の等距離線（左）と等確率の等高線（右）を重ねたもの

際，点A $(-1,1)$ と $\overline{\boldsymbol{x}}$ のユークリッド距離と，点B $(1,1)$ と $\overline{\boldsymbol{x}}$ とのユークリッド距離はともに $\sqrt{2}$ と等しい．しかし，点とデータとの離れ具合を考えると，点Aはデータから離れている一方で，点Bはデータに近いという印象をもつ．したがって，$\overline{\boldsymbol{x}}$ とのユークリッド距離は，点とデータ（分布）との離れ具合を定量化するには適切ではないと考えられる．

一方で右の図は，平均ベクトルが $\overline{\boldsymbol{x}}$，分散共分散行列が S の $p\,(=2)$ 変量正規分布の確率密度関数

$$\frac{1}{\sqrt{(2\pi)^p|S|}}\exp\left\{-\frac{1}{2}(\boldsymbol{x}-\overline{\boldsymbol{x}})^\top S^{-1}(\boldsymbol{x}-\overline{\boldsymbol{x}})\right\} \tag{5.10}$$

の値が等しくなる点をつなげた等高線である（この等高線は楕円になる）．ここで $|S|$ は行列 S の行列式を表す．これを見ると，点Aにおいてデータが発生される確率は，点Bにおけるそれよりも小さい．このことを利用して，点 $\boldsymbol{x}$ とデータ（分布）の離れ具合を定量化してみよう．(5.10) 式を見ると，$\boldsymbol{x}=\overline{\boldsymbol{x}}$ のときに exp の中身が0となり確率密度は最大に，そこから離れるにしたがって exp の中身は負の方向に大きくなり確率密度は小さくなる．したがって，(5.10) 式における exp の中身を抜き出した次の量を考えよう．

$$D^2(\boldsymbol{x})=(\boldsymbol{x}-\overline{\boldsymbol{x}})^\top S^{-1}(\boldsymbol{x}-\overline{\boldsymbol{x}}) \tag{5.11}$$

この $D^2(\boldsymbol{x})$ の平方根 $D(\boldsymbol{x})$ を，**マハラノビス距離** (Mahalanobis' distance) という[3)]．点Aと $\overline{\boldsymbol{x}}$，点Bと $\overline{\boldsymbol{x}}$ とのマハラノビス距離を計算すると，それぞれ $\sqrt{10}$, $\sqrt{1.1}$ となり，点とデータ（分布）との離れ具合を表現できていると考えられる．このように，マハラノビス距離は一般的に用いられる距離とは異なり，データの発生されやすさを考慮に入れたものである．ただし，マハラノビス距離はデータの分布が正規分布と仮定できる場合にのみ適切なものであることに注意しよう．

なお，$p=1$ のときは，分布の平均を $\overline{x}$，分散を s^2 とすると，

$$D(x)=\frac{|x-\overline{x}|}{s}$$

となり，x と $\overline{x}$ とのマハラノビス距離は標準化得点の絶対値を与える．

---

3) 正確には，2つのベクトル $\boldsymbol{x},\boldsymbol{y}$ に対して $D(\boldsymbol{x},\boldsymbol{y})=\sqrt{(\boldsymbol{x}-\boldsymbol{y})^\top S^{-1}(\boldsymbol{x}-\boldsymbol{y})}$ を与えるものがマハラノビス距離である．

5.4.2 マハラノビス距離を用いた分類

マハラノビス距離を用いて多変量データを分類する方法について説明する．いま，a 群と b 群があり，それぞれのデータの標本平均ベクトルを $\overline{\boldsymbol{x}}_a, \overline{\boldsymbol{x}}_b$，標本不偏分散共分散行列を S_a, S_b とする．p 変量観測値ベクトル $\boldsymbol{x}$ と a 群との距離，$\boldsymbol{x}$ と b 群との距離をマハラノビス距離（の 2 乗）を用いてそれぞれ

$$D_a{}^2(\boldsymbol{x}) = (\boldsymbol{x} - \overline{\boldsymbol{x}}_a)^\top S_a^{-1}(\boldsymbol{x} - \overline{\boldsymbol{x}}_a), \quad D_b{}^2(\boldsymbol{x}) = (\boldsymbol{x} - \overline{\boldsymbol{x}}_b)^\top S_b^{-1}(\boldsymbol{x} - \overline{\boldsymbol{x}}_b)$$

で与えるとする．これらに観測値 $\boldsymbol{x}$ を代入した $D_a{}^2(\boldsymbol{x})$ と $D_b{}^2(\boldsymbol{x})$ の小さいほうの群に，$\boldsymbol{x}$ を分類する，という分類ルールが考えられる．言い換えると，マハラノビス距離（の 2 乗）の差 $D_a{}^2(\boldsymbol{x}) - D_b{}^2(\boldsymbol{x})$ が負ならば a 群に，正ならば b 群にデータ $\boldsymbol{x}$ を分類する．

ここで，S_a, S_b の代わりに，(5.5) 式のプールされた分散共分散行列 S_{W} を用いると，

$$D_a{}^2(\boldsymbol{x}) - D_b{}^2(\boldsymbol{x}) = 2(\overline{\boldsymbol{x}}_b - \overline{\boldsymbol{x}}_a)^\top S_{\mathrm{W}}{}^{-1}\left(\boldsymbol{x} - \frac{\overline{\boldsymbol{x}}_a + \overline{\boldsymbol{x}}_b}{2}\right)$$

となる．これは (5.9) 式の -2 倍に一致することがわかる．つまり，プールされた分散共分散行列 S_{W} を用いた場合，マハラノビス距離による分類ルールは，フィッシャーの線形判別による分類ルールに一致するのである．

5.4.3 R による分析

R を用いて，アヤメのデータに対してマハラノビス距離を計算してみよう．ここでは 5.3 節で用いたものと同じ，2 品種のがく片の長さと幅のデータを扱う．その散布図を，図 5.7 に示す．各観測に対するマハラノビス距離を計算す

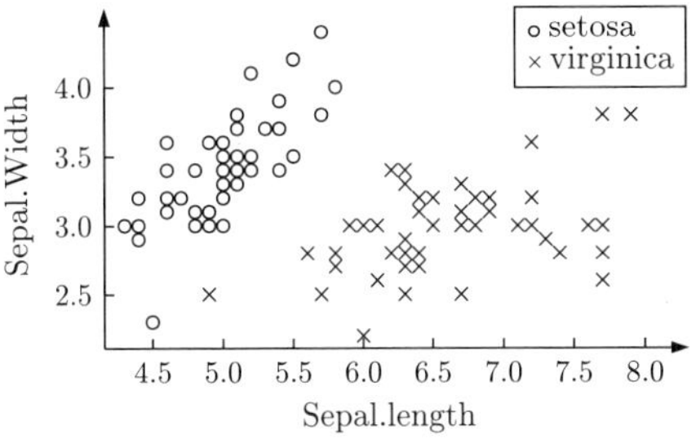

図 5.7 2 品種のアヤメの花における，がく片の長さと幅の散布図

るRプログラムを，ソースコード5.2に示す．Rでは，`mahalanobis`関数に距離を求めたいデータが属する各群の標本平均ベクトル，（プールされた）分散共分散行列を代入することで，マハラノビス距離を計算できる．

ソースコード5.2　マハラノビス距離の計算

```
# マハラノビス距離計算に必要な計算
xbar1 = colMeans(x1)  # x1の平均ベクトル
xbar2 = colMeans(x2)  # x2の平均ベクトル
v1 = var(x1)  # x1の分散共分散行列
v2 = var(x2)  # x2の分散共分散行列
S = ((50-1)*v1+(50-1)*v2)/(50+50-2) #プールされた分散共分散行列

# マハラノビス距離計算
mah11 = mahalanobis(x1,xbar1,S)    # 1群の平均からの1群のデータの距離
mah12 = mahalanobis(x2,xbar1,S)    # 1群の平均からの2群のデータの距離
mah21 = mahalanobis(x1,xbar2,S)    # 2群の平均からの1群のデータの距離
mah22 = mahalanobis(x2,xbar2,S)    # 2群の平均からの2群のデータの距離

# マハラノビス距離 plot
barplot(c(mah11-mah21, mah12-mah22))
```

図5.8は，各観測に対する，2つの群の標本平均のマハラノビス距離の2乗の差を可視化したものである．横軸のIDは前半の50個が品種setosa，後半の50個が品種versicolorのものに対応しており，マハラノビス距離の2乗の差が前半は負，後半は正であれば正しく分類できていることになる．この図から，前半でわずかに正になった1つを除いたすべての観測が，正しく分類できていることがわかる．

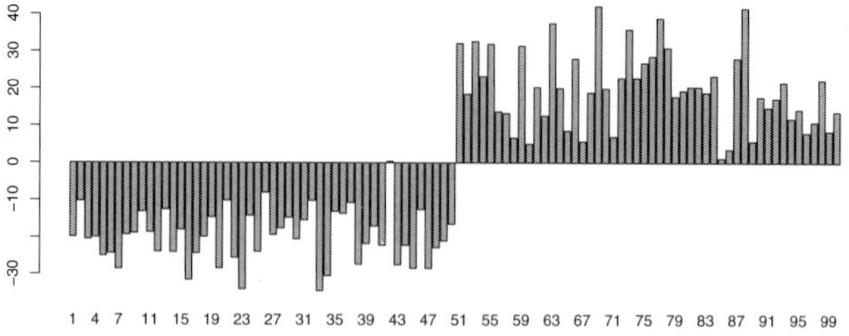

図5.8　アヤメのデータに対するマハラノビス距離．横軸は観測個体，縦軸はマハラノビス距離の2乗の差を表す．

5.5　非線形判別

これまでに紹介した，フィッシャーの線形判別およびマハラノビス距離に基づく分類は，決定境界が線形，つまり直線または（超）平面として与えられるものだった．しかし，図 5.9 右に示す例のように，実際のデータは非線形，つまり曲線や曲面の決定境界を用いることが適切な場合もある．本節では，はじめに正規分布に基づく分類について説明し，続いて非線形な決定境界を得るための方法を紹介する．

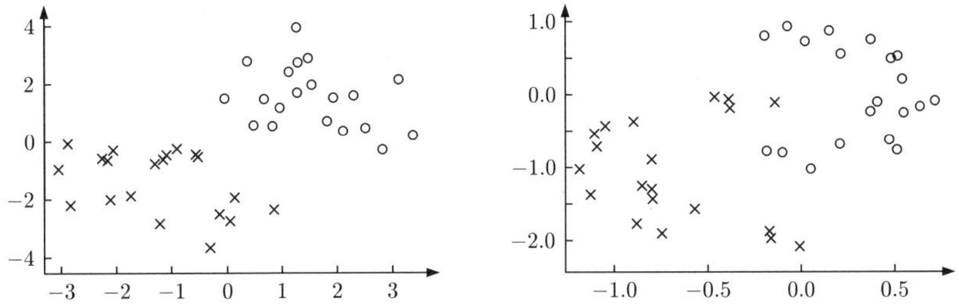

図 5.9　フィッシャーの線形判別が適切と考えられるデータ（左）と，非線形判別が適切と考えられるデータ（右）．

5.5.1　正規分布に基づく分類

2 つの群 a, b にそれぞれ属するデータが，標本平均ベクトル $\overline{\boldsymbol{x}}_a, \overline{\boldsymbol{x}}_b$，標本分散共分散行列 S_a, S_b の p 変量正規分布に従うと仮定する．つまり，各群のデータは次の確率密度関数をもつとする．

$$p(\boldsymbol{x}; \overline{\boldsymbol{x}}_a, S_a) = \frac{1}{\sqrt{(2\pi)^p |S_a|}} \exp\left\{-\frac{1}{2}(\boldsymbol{x} - \overline{\boldsymbol{x}}_a)^\top S_a^{-1}(\boldsymbol{x} - \overline{\boldsymbol{x}}_a)\right\},$$

$$p(\boldsymbol{x}; \overline{\boldsymbol{x}}_b, S_b) = \frac{1}{\sqrt{(2\pi)^p |S_b|}} \exp\left\{-\frac{1}{2}(\boldsymbol{x} - \overline{\boldsymbol{x}}_b)^\top S_b^{-1}(\boldsymbol{x} - \overline{\boldsymbol{x}}_b)\right\}.$$

いま，ある観測値ベクトル $\boldsymbol{x}$ を a 群，b 群のどちらかに分類する問題を考える．このとき，上の 2 つの確率密度関数に $\boldsymbol{x}$ を代入した値 $p(\boldsymbol{x}; \overline{\boldsymbol{x}}_a, S_a), p(\boldsymbol{x}; \overline{\boldsymbol{x}}_b, S_b)$ が大きいほうの群が，$\boldsymbol{x}$ が属する群としてもっともらしいと考えられる．そのために，2 つの確率密度の比に自然対数をとったものが 0 より大きいか小さいかで分類するというルールをつくる．まず，2 つの確率密度関数の比の対数を計

算すると，

$$\log \frac{p(\boldsymbol{x};\overline{\boldsymbol{x}}_a, S_a)}{p(\boldsymbol{x};\overline{\boldsymbol{x}}_b, S_b)} = \frac{1}{2}\{(\boldsymbol{x}-\overline{\boldsymbol{x}}_b)^\top S_b^{-1}(\boldsymbol{x}-\overline{\boldsymbol{x}}_b) + \log|S_b| - (\boldsymbol{x}-\overline{\boldsymbol{x}}_a)^\top S_a^{-1}(\boldsymbol{x}-\overline{\boldsymbol{x}}_a) - \log|S_a|\} \tag{5.12}$$

となる．

ここで，$|S_a| = |S_b|$ である場合を考えると，(5.12) 式は

$$\log \frac{p(\boldsymbol{x};\overline{\boldsymbol{x}}_a, S_a)}{p(\boldsymbol{x};\overline{\boldsymbol{x}}_b, S_b)} = \frac{1}{2}\left({D_b}^2(\boldsymbol{x}) - {D_a}^2(\boldsymbol{x})\right)$$

となる．ここで，${D_a}^2(\boldsymbol{x})$, ${D_b}^2(\boldsymbol{x})$ はそれぞれ $\overline{\boldsymbol{x}}_a$, $\overline{\boldsymbol{x}}_b$ からのマハラノビス距離の2乗である．よって，このときマハラノビス距離を用いた分類と同じ分類ルールとなる．特に，S_a, S_b を (5.5) 式のプールされた分散共分散行列 S_{W} に置き換えた場合は，フィッシャーの線形判別と同じルールが導かれる．

このように，フィッシャーの線形判別関数やマハラノビス距離に基づく分類ルールは，2つの群のデータが多変量正規分布に従うと仮定したとき，どちらの群に属するかについてのもっともらしさが大きいほうの群へ分類するというルールの特殊な場合とみなすことができる．

5.5.2　2次判別

マハラノビス距離の2乗の差

$${D_a}^2(\boldsymbol{x}) - {D_b}^2(\boldsymbol{x}) = (\boldsymbol{x}-\overline{\boldsymbol{x}}_a)^\top {S_a}^{-1}(\boldsymbol{x}-\overline{\boldsymbol{x}}_a) - (\boldsymbol{x}-\overline{\boldsymbol{x}}_b)^\top {S_b}^{-1}(\boldsymbol{x}-\overline{\boldsymbol{x}}_b)$$

による判別では，一般に判別関数が $\boldsymbol{x}$ の2次関数，つまり非線形になる．このような判別分析は，**2次判別分析** (Quadratic Discriminant Analysis; QDA) とよばれる．2変量データに対する2次判別の決定境界は，図5.10に示すような曲線となる．

線形判別に比べて，2次判別は決定境界を柔軟に構築でき，データが線形判別関数で分離できない場合でも適切な決定境界をつくれる場合がある．しかし，サンプルサイズが小さいときは2次判別の結果は不安定になる場合がある．これは，同じ実験を繰り返し，データ取得と判別を繰り返すと，その都度異なる決定境界が得られる可能性があるということである．

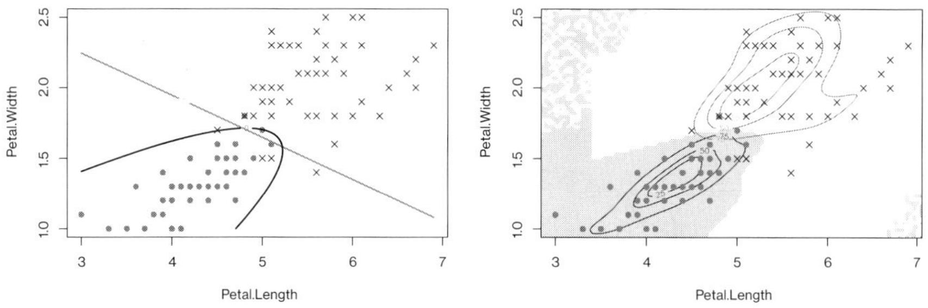

図 5.10 判別分析の結果．左は線形判別（グレーの直線），2 次判別（黒の曲線）による決定境界を表す．また，右はカーネル判別による決定境界と等高線図を表す．

5.5.3 カーネル判別

非線形な決定境界を構築するためのもう 1 つの方法として，カーネル判別分析とよばれる方法がある．ここでは，カーネル判別の概要について説明するが，判別関数の導出などの詳細については割愛する．なお，カーネル判別で用いられるカーネル法は以降の章でも用いられる方法であり，詳細については付録 A.2 を参照されたい．端的にいうと，カーネル判別は，これまで本章で述べてきた線形判別や 2 次判別で用いた判別関数よりも複雑な判別関数を用いることで，より柔軟な決定境界を構築できる方法である．

フィッシャーの線形判別では，p 次元の特徴量ベクトル $\boldsymbol{X} = (X_1, \ldots, X_p)^\top$ についての線形関数

$$f(\boldsymbol{X}; \boldsymbol{w}) = w_1 X_1 + \cdots + w_p X_p = \boldsymbol{w}^\top \boldsymbol{X} \tag{5.13}$$

に基づいて決定境界を構築した．この決定境界は直線または平面となる．また，(5.12) 式から得られる 2 次判別でも，決定境界は特定の形をした 2 次式による曲線または曲面である．これらの方法では，たとえば図 5.9 右のような複雑な形状をした決定境界をもつデータを適切に分類することは困難である．カーネル判別では，(5.13) 式の $\boldsymbol{X}$ の代わりに，$\boldsymbol{X}$ についての M 個の線形とは限らない関数 $\phi_1(\boldsymbol{X}), \ldots, \phi_M(\boldsymbol{X})$ を考える．たとえば，$p = 2$, $M = 5$ として

$$\phi_1(\boldsymbol{X}) = {X_1}^2,\ \phi_2(\boldsymbol{X}) = {X_2}^2,\ \phi_3(\boldsymbol{X}) = X_1 X_2,\ \phi_3(\boldsymbol{X}) = X_1,\ \phi_3(\boldsymbol{X}) = X_2$$

のようなものを考える．一般的に，この関数の個数 M は $\boldsymbol{X}$ の次元 (p) よりも大きい．そして，M 次元ベクトル $\boldsymbol{\phi}(\boldsymbol{X}) = (\phi_1(\boldsymbol{X}), \ldots, \phi_M(\boldsymbol{X}))^\top$ を用いた次

の関数

$$f(\boldsymbol{X};\boldsymbol{w}) = w_1\phi_1(\boldsymbol{X}) + \cdots + w_M\phi_M(\boldsymbol{X}) = \boldsymbol{w}^\top\boldsymbol{\phi}(\boldsymbol{X})$$

を判別関数として扱う．これは，元の変数 $\boldsymbol{X}$ を関数 $\boldsymbol{\phi}(\boldsymbol{X})$ で M 次元空間へうつし，この高次元空間上で線形判別を行うことに対応する．高次元空間での線形な決定境界は，元の p 次元空間では決定境界が曲線（非線形）になる．ただし，これを直接行うためには，$\phi_1(\boldsymbol{x}),\ldots,\phi_M(\boldsymbol{x})$ の具体的な式やその数 M をうまく決める必要があるが，これは非常に難しい．加えて，特に M が大きい場合は，計算量の多さが問題となってしまう．しかし，付録 A.2 節で述べるカーネルトリックを使えば，$\phi_1(\boldsymbol{x}),\ldots,\phi_M(\boldsymbol{x})$ を具体的に決めることなく決定境界を推定できる．このような判別方法を**カーネル判別分析** (Kernel Discriminant Analysis; KDA) という．ただし，カーネル判別はその柔軟さゆえに過適合を引き起こす可能性があるため，付録 A.1 節で述べる方法などを用いて過適合が起こっていないかを確認する必要がある．

5.5.4　R による分析

フィッシャーの線形判別，2 次判別，カーネル判別をそれぞれ R で行うことで得られる決定境界を見てみよう．R では，`qda`，`kda` 関数でそれぞれ 2 次判別，カーネル判別を実行できる．下記のソースコード 5.3 を実行することで，アヤメのデータのうち「花弁の長さ（Petal.Length)」，「花弁の幅（Petal.Width)」から virginica と versicolor の 2 品種を分類した結果が図 5.10 として得られる．図 5.10 左では線形判別と 2 次判別による決定境界を，図 5.10 右では，座標上の任意の点において，どの群に属している可能性が高いか，その確からしさを数値化したものが等高線で示され，また，分類結果を白と灰で色分けしている．これを見ると，線形判別や 2 次判別に比べて，カーネル判別はより柔軟な決定境界を構築できていることがわかる．ただし，柔軟であるがゆえに，データが観測されていない領域では白と灰が入り混じった，玉虫色の分類結果が得られていることもわかる．これは，この領域では分類モデルの推定に利用できるデータがなかったためであり，この領域ではこの分類結果をそのまま用いるべきではない．

ソースコード 5.3 さまざまな判別分析

```
library(MASS)
library(ks) #要インストール

# アヤメのデータ (2群) 取得
idx = 51:150
n = 100
Petal = iris[idx, c(3,4)]
Species = factor(iris$Species[idx])

# 線形判別実行
result.lda = lda(Petal, Species)
# 2次判別実行
result.qda = qda(Petal, Species)
# カーネル判別実行 (ksライブラリ)
result.kda = kda(Petal, Species)

# 描画の準備
xgrid = seq(min(Petal[,1]), max(Petal[,1]), length=n)
ygrid = seq(min(Petal[,2]), max(Petal[,2]), length=n)
grid.point = expand.grid(Petal.Length=xgrid, Petal.Width=ygrid)
pch = 1:n
pch[Species=="versicolor"] = 16
pch[Species=="virginica"] = 4

# 線形判別による決定境界描画
pred = predict(result.lda, newdata=grid.point)
pgrid = pred$posterior[,1] - pred$posterior[,2]
plot(Petal, xlim=range(xgrid), ylim=range(ygrid), pch=pch,
     xlab="Petal.Length",ylab="Petal.Width")
contour(xgrid, ygrid, matrix(pgrid, nrow=n), add=T, levels=0)

# 2次判別による決定境界描画
pred = predict(result.qda, newdata=grid.point)
pgrid = pred$posterior[,1] - pred$posterior[,2]
plot(Petal, xlim=range(xgrid), ylim=range(ygrid), pch=pch,
     xlab="Petal.Length",ylab="Petal.Width")
contour(xgrid, ygrid, matrix(pgrid, nrow=n), add=T, levels=0)

plot(result.kda)
points(Petal, pch=pch)
```

次に，分類結果からの考察事例を紹介する．ここでは，表 5.4 に示すスパムメールデータに対してフィッシャーの線形判別と 2 次判別の 2 つの方法を適用して 2 群分類を行う．このデータは，4601 通のメールそれぞれに対して，本文に含まれている単語（make, address, all など）の頻度と，各メールがスパム

表 5.4　スパムメールデータの例

make	address	all	···	type
0.00	0.64	0.64	···	spam
0.21	0.28	0.50	···	spam
0.06	0.00	0.71	···	spam
⋮	⋮	⋮		⋮
0.00	0.00	0.65	···	nonspam

(迷惑) メールか否か (type) を集計したものである．この単語の頻度を特徴量として，その傾向からメールがスパムメールか否かを分類することが，ここでの目的である．このデータに対してフィッシャーの線形判別と2次判別を行うプログラムを，ソースコード5.4に示す[4]．

ソースコード 5.4　スパムメールデータの分類

```
# スパムメールデータが格納されている kernlabパッケージ読み込み
# 要インストール
library(kernlab)
data(spam) # データ読み込み
#View(spam)  #データ表示

# スパムメールか否かをラベル変数として判別分析を実行
# 線形判別
result1 = lda(type~ . , data=spam)
# 混同行列を表示
table(spam$type, predict(result1)$class, dnn=c("正解", "予測"))
# 2次判別
result2 = qda(type~ . , data=spam)
# 混同行列を表示
table(spam$type, predict(result2)$class, dnn=c("正解", "予測"))
```

その結果，表5.5の混同行列が得られる．誤分類率，精度，感度はそれぞれ以下のとおりである．

線形判別：　$\mathrm{ERR} = 0.111, \quad \mathrm{Precision} = 0.873, \quad \mathrm{Recall} = 0.955.$

2次判別：　$\mathrm{ERR} = 0.167, \quad \mathrm{Precision} = 0.962, \quad \mathrm{Recall} = 0.754.$

[4] このデータに対してすべての特徴量を用いてカーネル判別を実行すると，計算時間が非常にかかってしまうので注意が必要である．分類に用いる特徴量の数を減らすなどしたほうがよい．

表 5.5　スパムメールデータに対する分類結果の混同行列

線形判別

		予測	
		非スパム	スパム
正解	非スパム	2663	125
	スパム	387	1426

2 次判別

		予測	
		非スパム	スパム
正解	非スパム	2101	687
	スパム	82	1731

このデータでは，非線形の決定境界を構築できる 2 次判別よりも，線形判別のほうが誤分類率が小さいという結果になった．その一方で，適合率は 2 次判別が，再現率は線形判別のほうがよいという結果になった．適合率と再現率の定義 (5.2) 式より，次のような考察が得られる．「スパムメールをできるだけ通常のメールと誤分類してほしくない」場合は，適合率が高い 2 次判別を用いるのがよいと考えられる．逆に，「通常のメールをできるだけスパムメールと誤分類してほしくない」場合は，再現率が高い線形判別を用いるのがよい．このように，分類精度だけに注目するのではなく，分類方法の結果の傾向から，どの分類方法（ルール）が分析目的に適っているかを吟味すべきである．

ここでは簡単のために，スパムメールデータのすべてに対して判別分析を適用した．しかし，この結果は学習データに対する予測結果である．実際に分析手法の性能を評価するためには，1.5 節で述べたように，テストデータに対して予測を行う必要がある．

5.6　多群分類

ここまでは，2 群データの分類方法について説明してきた．しかし，実際の分類問題では多群，すなわち 3 群以上のデータの分類問題を扱うことが多い．**多群分類** (multiclass classification) は，図 5.11 のように，3 つ以上の群の各群に対する決定境界を構築することである．本章で述べたフィッシャーの線形判別や 2 次判別，カーネル判別，さらに後の章で紹介するサポートベクターマシンや決定木といった分類手法は，多群分類に対しても適用できる．本節では，多群のデータを分類するための方法について簡単に紹介する．

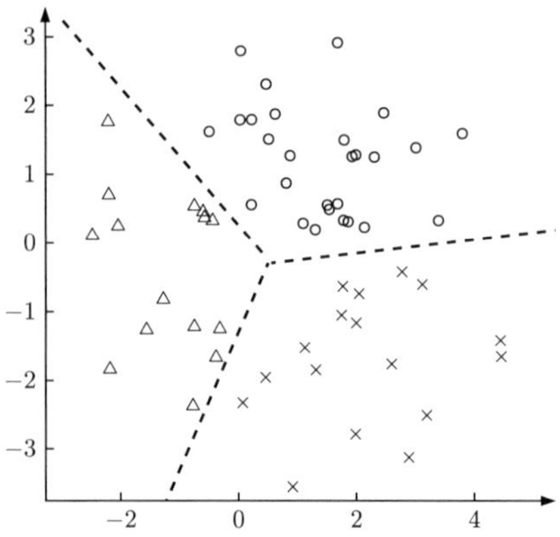

図 5.11　多群分類のイメージ.

5.6.1　多群分類の手順

本章で述べたマハラノビス距離に基づく多群分類の場合は，各群に対して (5.11) 式のようにマハラノビス距離の 2 乗を計算する．そして，群の数だけ計算されたものの中で値が小さい群へ，データを分類するというルールになる．

多群分類を行う他の方法としては，本章で述べたような 2 群分類のための方法を繰り返す方法が考えられる．これらの方法は，本章で紹介した分類方法だけでなく，他の分類方法に対しても用いることができる．ここでは，次の 2 つを紹介する．

(1) 1 対他：基準となる 1 つの群と，それ以外の群を 1 つの群とみなして 2 群分類を行い，基準となる群を変更して繰り返す

(2) 1 対 1：2 つの群のペアに対して 2 群分類を行い，それを繰り返す

フィッシャーの線形判別を例に，上の 2 つの方法で a, b, c の 3 群を分類する問題を考えてみよう．方法 (1) では，「a 群と b, c 群」，「b 群と a, c 群」，「c 群と a, b 群」の 3 つの 2 群分類を繰り返し行うというものである．これにより得られる 3 つの線形判別関数 $f_1(\boldsymbol{x}; \boldsymbol{w}_1)$，$f_2(\boldsymbol{x}; \boldsymbol{w}_2)$，$f_3(\boldsymbol{x}; \boldsymbol{w}_3)$ に観測値 $\boldsymbol{x}_i$ を代入した値が最大となる群へ，データを分類する．しかしこの方法では，判別関数の値のスケールが各分類問題によって異なり，単純比較を行うことが不適切となる場合がある．また，ある群とそれ以外の群とを分けることにより，各群のサン

プルサイズが不均衡になり，分類精度が悪くなる可能性がある．一方で方法 (2) は，「a 群と b 群」，「a 群と c 群」といったように，3 群のうち 2 群を選んで 2 群分類を繰り返し行う．いずれの方法についても，サンプルサイズが大きいデータや群の数が多いデータに対しては計算量が多くなるため，注意が必要である．

5.6.2　多群分類の評価

多群分類においても，5.2 節で述べたような分類結果の評価が行われる．2 群分類における混同行列は，表 5.2 のような形で与えられた．多群分類においても同様に，混同行列が用いられる．たとえば，3 群分類における混同行列は，3 つのラベル a, b, c を表す変数を g とおくと，表 5.6 のように，分類された個数の内訳を 3×3 行列で表す．正解率は，すべての観測数のうち，正しく分類された個体数の割合に対応する．たとえば表 5.6 の混同行列で考えると，3×3 行列のすべての要素の合計数に対する，対角要素の 3 か所の合計数の割合によって求められる．誤分類率は 1 から正解率を引いたものである．

表 5.6　多群分類における混同行列

		予測されたラベル		
		$\widehat{g} = a$	$\widehat{g} = b$	$\widehat{g} = c$
実際のラベル	$g = a$	a 群を a 群と分類	a 群を b 群と分類	a 群を c 群と分類
	$g = b$	b 群を a 群と分類	b 群を b 群と分類	b 群を c 群と分類
	$g = c$	c 群を a 群と分類	c 群を b 群と分類	c 群を c 群と分類

また，多群問題における偽陰性，偽陽性，真陰性は，多群のうち 1 つの群を陽性，それ以外を陰性とみなして計算される．たとえば，3 群分類問題において，a 群を陽性，残る b 群，c 群を陰性とした場合，群を表すラベル g とその予測ラベル $\widehat{g}$ の組合せに応じて，次のように与えられる．

- **真陽性** (TP)：$g = a$ を正しく $\widehat{g} = a$ と分類したもの
- **偽陰性** (FN)：$g = a$ を誤って $\widehat{g} = a$ 以外と分類したもの
- **偽陽性** (FP)：$g = a$ 以外を誤って $\widehat{g} = a$ と分類したもの
- **真陰性** (TN)：$g = a$ 以外を正しく $\widehat{g} = a$ 以外と分類したもの

偽陽性率，偽陰性率，精度，感度といった指標は，これらの定義に従って，5.2

節で述べた 2 群分類の指標と同様に計算される．

5.6.3　R による分析

フィッシャーの線形判別を用いてアヤメの品種のデータを 3 群に分類するプログラムを，ソースコード 5.5 に示す．

ソースコード 5.5　多群分類

```
library(MASS)

plot(iris[,1:4], col=iris[,5])
X = as.matrix(iris[,1:4])
y = iris[,5]
# 線形判別 (多群)
result.lda = lda(y~X)
# 予測結果
pred.lda = predict(result.lda)
# 混同行列の表示
table(y, pred.lda$class)
```

このプログラムを実行すると，表 5.7 に示す混同行列が得られる．前項で述べた評価指標は，次のように計算される．まず，正解率および誤分類率はそれぞれ

$$\text{正解率} = \frac{50+48+49}{50+48+2+1+49} = 0.98,\quad \text{誤分類率} = 1-0.98 = 0.02$$

で与えられる．また，品種 versicolor を真とみなしたとき，真陽性，偽陰性，偽陽性，真陰性の個体数は，それぞれ次で与えられる．

$$\mathrm{TP} = 48,\quad \mathrm{FN} = 0+2 = 2,\quad \mathrm{FP} = 0+1 = 1,\quad \mathrm{TN} = 50+0+0+49 = 99.$$

これをもとにして，偽陽性率 FPR，偽陰性率 FNR はそれぞれ次のように求められる．

$$\mathrm{FPR} = \frac{1}{1+99} = 0.01,\quad \mathrm{FNR} = \frac{2}{48+2} = 0.04.$$

表 5.7　アヤメのデータに対する多群分類結果

		予測されたラベル		
		setosa	versicolor	virginica
実際のラベル	setosa	50	0	0
	versicolor	0	48	2
	virginica	0	1	49

5.7　判別分析の計算*

本節では，フィッシャーの線形判別関数に関する計算の詳細として，(5.8) 式の導出について説明する．

いま，(5.6) 式を最大にする $\boldsymbol{w}$ を $\widehat{\boldsymbol{w}}$ とおくと，その定数倍 $c\widehat{\boldsymbol{w}}$ $(c \neq 0)$ もまた最大化問題の解となる．つまり，解 $\widehat{\boldsymbol{w}}$ はベクトルの方向のみが重要となるため，その大きさを適当な値で固定した下で，(5.6) 式を最大にする $\boldsymbol{w}$ を求める問題として定式化できる．このことから，(5.6) 式の最大化問題は，分母が $\boldsymbol{w}^\top S_{\mathrm{W}}\boldsymbol{w} = 1$ という制約の下で分子を最大化する問題としてよい．したがって，次の制約付き最適化問題を解くことで，求める $\widehat{\boldsymbol{w}}$ が得られる．

$$\max_{w} \boldsymbol{w}^\top S_{\mathrm{B}}\boldsymbol{w} \quad \text{subject to} \quad \boldsymbol{w}^\top S_{\mathrm{W}}\boldsymbol{w} = 1. \tag{5.14}$$

これは,「“subject to” 以降の式を満たすという条件（これを制約条件という）の下で, $\boldsymbol{w}^\top S_{\mathrm{B}}\boldsymbol{w}$（これを目的関数という）を $\boldsymbol{w}$ に関して最大化せよ」という問題である.

この問題は，**ラグランジュの未定乗数法** (method of Lagrange multiplier) を用いて解くことができる．つまり，ラグランジュ乗数を λ としたとき，次の関数の停留点（偏微分が 0 となる点）となる $\boldsymbol{w}, \lambda$ を求める．そのような $\boldsymbol{w}$ が，求める解の候補である．

$$f(\boldsymbol{w}, \lambda) = \boldsymbol{w}^\top S_{\mathrm{B}}\boldsymbol{w} - \lambda(\boldsymbol{w}^\top S_{\mathrm{W}}\boldsymbol{w} - 1).$$

そのために，この式を $\boldsymbol{w}$ で偏微分したものを零ベクトルとした方程式

$$\frac{\partial f(\boldsymbol{w}, \lambda)}{\partial \boldsymbol{w}} = S_{\mathrm{B}}\boldsymbol{w} - \lambda S_{\mathrm{W}}\boldsymbol{w} = \boldsymbol{0}$$

が得られる．この式の両辺に左から ${S_{\mathrm{W}}}^{-1}$ を掛けて

$${S_{\mathrm{W}}}^{-1}S_{\mathrm{B}}\boldsymbol{w} = \lambda\boldsymbol{w} \tag{5.15}$$

となる．したがって，$\lambda, \boldsymbol{w}$ はそれぞれ，行列 ${S_{\mathrm{W}}}^{-1}S_{\mathrm{B}}$ の固有値，固有ベクトルであることがわかる．特に，${S_{\mathrm{W}}}^{-1}S_{\mathrm{B}}$ は非負値定符号行列であるため，固有値は 0 以上となる．なお，(5.15) 式の両辺に左から $\boldsymbol{w}^\top S_{\mathrm{W}}$ を掛けると，(5.14) 式より $\boldsymbol{w}^\top S_{\mathrm{B}}\boldsymbol{w} = \lambda$ となることから，求める $\boldsymbol{w}$ は固有値 λ のうち最大のものに対応することがわかる．

ここで，(5.15) 式の左辺に $S_{\mathrm{B}} = (\overline{\boldsymbol{x}}_a - \overline{\boldsymbol{x}}_b)(\overline{\boldsymbol{x}}_a - \overline{\boldsymbol{x}}_b)^\top$ を代入すると，

$$\frac{1}{n}{S_{\mathrm{W}}}^{-1}(\overline{\boldsymbol{x}}_a - \overline{\boldsymbol{x}}_b)(\overline{\boldsymbol{x}}_a - \overline{\boldsymbol{x}}_b)^\top\boldsymbol{w} = \lambda\boldsymbol{w} \tag{5.16}$$

となる．この式中の $(\overline{\boldsymbol{x}}_a - \overline{\boldsymbol{x}}_b)^\top \boldsymbol{w}$ の部分はスカラーである．このことから，ベクトル $\boldsymbol{w}$ はベクトル ${S_\mathrm{W}}^{-1}(\overline{\boldsymbol{x}}_a - \overline{\boldsymbol{x}}_b)$ の定数倍なので，これと平行であることがわかる．先に述べたように，求める解 $\boldsymbol{w}$ は定数倍に依存しないので，(5.6) 式を最大にする $\boldsymbol{w}$ として，次を得る．

$$\widehat{\boldsymbol{w}} = {S_\mathrm{W}}^{-1}(\overline{\boldsymbol{x}}_a - \overline{\boldsymbol{x}}_b).$$

なお，(5.16) 式より $\overline{\boldsymbol{x}}_a - \overline{\boldsymbol{x}}_b$ と直交するベクトル $\boldsymbol{w}$ も ${S_\mathrm{W}}^{-1}S_\mathrm{B}$ の固有ベクトル（対応する固有値は 0）となるが，そのような $\boldsymbol{w}$ は $\boldsymbol{w}^\top S_\mathrm{B}\boldsymbol{w} = 0$ となるため，(5.14) 式の解とはならない（これは $\boldsymbol{w}^\top S_\mathrm{B}\boldsymbol{w}$ の最小値を与える）．

判別分析についての理論としては，文献 [16] にも丁寧な解説がある．

章 末 問 題

5-1 判別分析についての説明として，最も適切なものを 1 つ選べ．

(a) 分類結果は，正解率が 1 に近ければよい．

(b) フィッシャーの線形判別分析では，群間変動が小さく，群内変動が大きくなるような方向を求める．

(c) プールされた分散共分散行列を用いたマハラノビス距離による分類ルールは，フィッシャーの線形判別による分類ルールに一致する．

(d) 2 次判別やカーネル判別などの非線形判別を用いることで，線形判別よりも分類精度は必ずよくなる．

5-2 表 5.2 の混同行列の結果から，2 群分類に対する正解率，誤分類率，適合率，再現率，特異度を計算せよ．

5-3 ［R 使用］ 次のプログラムの X を特徴量からなるデータ，y をラベルデータとして，アヤメのデータに対してフィッシャーの線形判別，2 次判別，カーネル判別による 2 群判別を実行し，それぞれに対して混同行列を出力せよ．

```
# 特徴量に対応するデータ
X = iris[1:100, 1:4]
# ラベルに対応するデータ
y = iris[1:100, 5]
## ここにプログラムを書く ##
```

5-4 ［R 使用］ 図 5.5 のアヤメのデータに対する 2 群判別で，誤分類された観測値の番号と判別関数 $f(\boldsymbol{x}, \widehat{\boldsymbol{w}})$ の値を求めよ．

5-5 ［R 使用］ ソースコード 5.5 において，フィッシャーの線形判別の代わりに 2 次判別を用いて 3 群分類を実行せよ．また，品種 virginica を真とみなしたとき，偽陽性率と偽陰性率を求めよ．

第 6 章

サポートベクターマシーン

前章で述べたフィッシャーの線形判別や2次判別，カーネル判別と同様に，本章で述べるサポートベクターマシン[1)](Support Vector Machine; SVM) も，分類のために用いられる方法である．ただし，分類ルールの構築方法は前章で述べた方法とはまったく異なりる．サポートベクターマシンは，各群のデータの平均ベクトルや分散共分散行列などを用いず，群間の境界付近に注目して分類ルールを構築する．

本章では，サポートベクターマシンとはどのような考え方による分類方法なのかについて紹介する．そのために，まずは分類が比較的容易な設定での説明から始め，続いて，分類がより難しい設定でどのような工夫が行われるかについて紹介する．

6.1 サポートベクターマシンとは

サポートベクターマシンについて知るために，分離超平面とマージン，そしてマージン最大化という考え方について，順に説明する．

6.1.1 分離超平面

まずは簡単な状況として，図 6.1 左に示すデータのように，$\circ$ と $\times$ の 2 群からなるデータが，直線（線形関数）によって完全に分離できるような状況を考える．このような状況のことを**線形分離可能** (linearly separable) とよぶ．一般

---

1) サポートベクトルマシンともいう．「ベクトル」でなく「ベクター」を用いているのは，筆者の好みである．

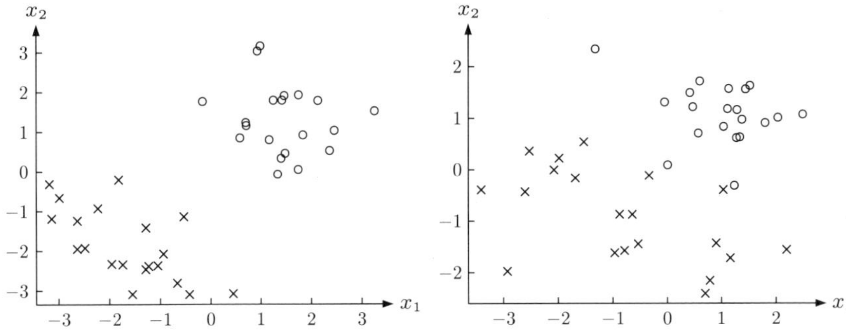

図 6.1 線形分離可能なデータ（左）と，線形分離可能でないデータ（右）の例

的には，データが線形分離可能であるような状況は稀で，図 6.1 右に示すデータのように，2 群のデータを直線で完全に分離できない（線形分離可能でない）状況がほとんどである．しかしここでは，サポートベクターマシンの考え方を説明するために，まずはデータが線形分離可能な状況から説明する．

いま，図 6.1 左のような 2 つの特徴量に対応する変数 $\boldsymbol{X} = (X_1, X_2)^\top$ に対して，2 群のデータを分離するような直線を

$$w_0 + \boldsymbol{w}^\top \boldsymbol{X} = w_0 + w_1 X_1 + w_2 X_2 = 0$$

で表す．ただし，$w_0, \boldsymbol{w} = (w_1, w_2)^\top$ は未知パラメータとする．このような直線を，分離直線とよぶ．この直線は，関数 $f(\boldsymbol{X}; w_0, \boldsymbol{w}) = w_0 + \boldsymbol{w}^\top \boldsymbol{X}$ が $f(\boldsymbol{X}; w_0, \boldsymbol{w}) = 0$ を満たす点の集合である．このとき，一方の群のデータを含む領域は $w_0 + \boldsymbol{w}^\top \boldsymbol{X} > 0$ を満たし，もう一方の群のデータを含む領域は $w_0 + \boldsymbol{w}^\top \boldsymbol{X} < 0$ を満たす．これを踏まえると，前者の群のデータのラベルを $y = +1$，後者の群のラベルを $y = -1$ として与えると，特徴量とラベルそれぞれについての n 個の観測値 $\boldsymbol{x}_i = (x_{i1}, x_{i2})^\top, y_i$ $(i = 1, \ldots, n)$ は，これらが線形分離可能なとき，すべての i に対して

$$y_i(w_0 + \boldsymbol{w}^\top \boldsymbol{x}_i) > 0 \tag{6.1}$$

を満たす．

次に，特徴量の数を p 個に一般化してみよう．p 次元特徴量ベクトル $\boldsymbol{X} = (X_1, \ldots, X_p)^\top$ と未知パラメータ $\boldsymbol{w} = (w_1, \ldots, w_p)^\top$ に対して，2 群のデータ

を分離するような超平面の方程式を

$$w_0 + \boldsymbol{w}^\top \boldsymbol{X} = w_0 + w_1X_1 + \cdots + w_pX_p = 0 \tag{6.2}$$

とする．これは，$p = 2$ であれば直線，$p = 3$ であれば平面となり，$p = 4$ 以上のときは超平面になる．超平面を図で表現することは難しいが，数式で表せば (6.2) 式のように，p の値が（自然数であれば）何であっても統一的に表現できる．分離直線のときと同様に，データを2群に分割するような超平面を，**分離超平面** (separable hyperplane) とよぶ．p が3以上の場合でも，特徴量とラベルそれぞれについての n 個の観測値 $\boldsymbol{x}_i = (x_{i1}, \ldots, x_{ip})^\top, y_i$ $(i = 1, \ldots, n)$ が線形分離可能な場合は，(6.1) 式を満たす．

6.1.2　マージン

ここからは，再び $p = 2$ のときを想定して話を進めるが，一般の p の場合でも同様のことが成り立つ．一般的にデータが線形分離可能な場合は，2群のデータを完全に分類する分離直線（分離超平面）は無数に存在する．しかし，データを2群に分類するモデルとして，これらがすべて同等に相応しいわけではない．では，無数にある分離超平面の中で最もよいものをどのように探せばよいだろうか．言い換えると，分離超平面 $w_0 + \boldsymbol{w}^\top \boldsymbol{x} = 0$ に含まれる未知パラメータ $w_0, \boldsymbol{w}$ を，どのように推定すればよいだろうか．

そのために，前章とは異なるアプローチとして，図6.2の灰色の領域のように，データを2群に分離する直線状の帯を考える．この帯の中には，データは入ってはいけないものとする．この条件の下で，帯の幅をできるだけ大きくすることを考える．このとき，帯の縁には必ず，各群の観測値がそれぞれ少なくとも1つずつ接することになる（図6.2右）．このような，帯の縁に接するデータのことを**サポートベクター** (support vector) とよび，帯の半分の幅のことを**マージン** (margin) とよぶ．この帯の中央を通る直線を，分離直線とする．図6.2左のように，分離直線のマージンが小さい場合は，分離直線のすぐ近くにデータがあることになる．一方で，図6.2右のように，分離直線のマージンが大きい場合は，分離直線に最も近いデータ（つまりサポートベクター）でも，分離直線からよく離れた位置にあることになる．

この違いは，分類の性能について次のような効果をもたらす．図左の分離直線

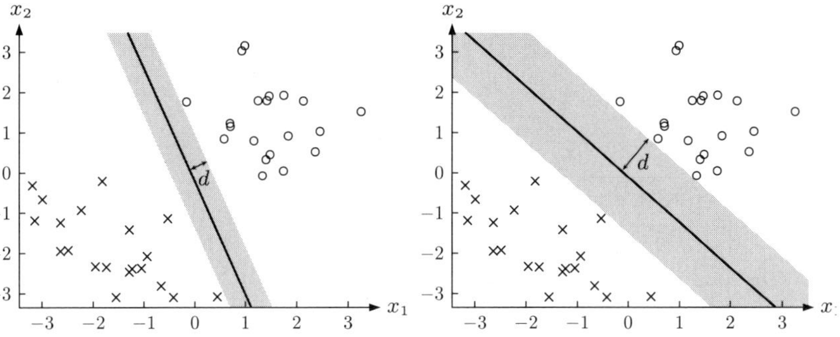

図 6.2　分離直線（実線）とマージン（灰色の領域）．マージンが小さい場合（左）と大きい場合（右）．

は，現在観測されているデータに対しては確かに完全に分離できているが，将来新たに観測されるであろうデータに対しては適切に分類ができない可能性が高い．たとえば，図 6.2 の座標 $(1, -2)$ の点に新たな観測値が得られたとき，図左の分離直線では $\circ$ の群に分類される一方で，図右では $\times$ の群に分類される．各群の観測値からの距離を考えると，$(1, -2)$ の点は $\times$ の群に属すると考えるのが自然だろう．つまり，観測値の近くを通る図左の分離直線よりは，すべての観測データから十分に離れた図右の分離直線のほうが，データを適切に分離できそうである．

1.5.3 項でも述べたように，現在観測されているデータだけでなく，将来観測されるデータに対しても適切に分類（予測）を行うことができるような性能を，**汎化能力** (generalization ability) という．ここでは，分離直線の中でマージンが最大になるようなものが，汎化能力の高いものだろうというアイデアに基づいている．データが線形分離可能な場合，2 つの群を完全に分離する分離直線は無数にあるが，マージンを最大にする分離直線はただ 1 つである．サポートベクターマシンは，このようにして得られる分離直線（分離超平面）により分類を行うルールを構築するものである．

前章で紹介したフィッシャーの線形判別やマハラノビス距離によるは，正規分布に基づく分類ルールに一致した．これに対してサポートベクターマシンは，データに対して何らかの確率分布に従うことを想定しておらず，また，平均ベクトルや分散共分散行列なども用いないため，より汎用的な方法である．

6.1.3　マージン最大化

分離超平面を定める問題は，**マージン最大化** (margin maximization) という最適化問題を解くことに対応する．この問題を解くためには，マージン d を数式で表す必要がある．マージン d は，分離超平面 $w_0 + \boldsymbol{w}^\top \boldsymbol{x} = 0$ とサポートベクター $\boldsymbol{x}_i$ との距離であることから，次のように求められる．

まず，分離直線 $w_0 + \boldsymbol{w}^\top \boldsymbol{x} = 0$ は，ベクトル $\boldsymbol{w}$ と直交する（章末問題 ***6-2***）．このとき，点 $\boldsymbol{x}_i$ から分離超平面へ下ろした垂線の足を $\boldsymbol{z}$ とすると，$\|\boldsymbol{z} - \boldsymbol{x}_i\|$ がマージン d である．$\boldsymbol{z} - \boldsymbol{x}_i$ は分離超平面と直交することから，$\boldsymbol{w}$ の定数倍で表されるため，ある実数 t を用いて $\boldsymbol{z} = \boldsymbol{x}_i + t\boldsymbol{w}$ と表すことができる．点 $\boldsymbol{z}$ は分離超平面上のものなので，$w_0 + \boldsymbol{w}^\top \boldsymbol{x} = 0$ に代入することで次が成り立つ．

$$0 = w_0 + \boldsymbol{w}^\top (\boldsymbol{x}_i + t\boldsymbol{w}) = w_0 + \boldsymbol{w}^\top \boldsymbol{x}_i + t\|\boldsymbol{w}\|^2.$$

このことから，t は次で表される．

$$t = -\frac{w_0 + \boldsymbol{w}^\top \boldsymbol{x}_i}{\|\boldsymbol{w}\|^2}.$$

求めたいマージンの大きさは $d = \|\boldsymbol{z} - \boldsymbol{x}_i\| = \|t\boldsymbol{w}\|$ より，次が得られる．

$$d = \frac{|w_0 + \boldsymbol{w}^\top \boldsymbol{x}_i|}{\|\boldsymbol{w}\|}. \tag{6.3}$$

したがって，マージン d を最大にするには，(6.3) 式を最大にする $w_0, \boldsymbol{w}$ を求めればよい，といいたいところだが，これだけでは不十分である．なぜなら，$|w_0|$ の値を大きくして超平面をサポートベクターからどんどん離していけば，(6.3) 式の値をいくらでも大きくできてしまう．また，サポートベクター $\boldsymbol{x}_i$ が特定されていることが前提となっているが，一般にはどのデータがサポートベクターに対応するかは事前にはわからない．そこで，データが分離超平面 $w_0 + \boldsymbol{w}^\top \boldsymbol{x} = 0$ で 2 群に完全に分離され，なおかつデータは分離超平面の帯よりも外側にあるという条件を反映させることを考える．これらの条件についても数式で表してみよう．分離超平面からマージンだけ離れた点 $\boldsymbol{x}$，すなわち帯の縁にある点は，$+1$ 群と -1 群とでそれぞれ次を満たす．

$$\frac{w_0 + \boldsymbol{w}^\top \boldsymbol{x}}{\|\boldsymbol{w}\|} = d, \quad \frac{w_0 + \boldsymbol{w}^\top \boldsymbol{x}}{\|\boldsymbol{w}\|} = -d.$$

また，すべての点 $\boldsymbol{x}$ が分離超平面よりも外側にあるということは，$+1$ 群の場合

と -1 群の場合でそれぞれ，次を満たすことになる．

$$\frac{w_0 + \boldsymbol{w}^\top \boldsymbol{x}}{\|\boldsymbol{w}\|} \geq d, \quad \frac{w_0 + \boldsymbol{w}^\top \boldsymbol{x}}{\|\boldsymbol{w}\|} \leq -d.$$

よって，いずれの群の場合も，すべての $\boldsymbol{x}_i, y_i$ は次を満たす．

$$\frac{y_i(w_0 + \boldsymbol{w}^\top \boldsymbol{x}_i)}{\|\boldsymbol{w}\|} \geq d.$$

以上を踏まえると，サポートベクターマシンは，次の制約付き最適化問題を解くことで得られる．

$$\max_{w_0, \boldsymbol{w}} d \quad \text{subject to} \quad \frac{y_i(w_0 + \boldsymbol{w}^\top \boldsymbol{x}_i)}{\|\boldsymbol{w}\|} \geq d, \quad i = 1, \ldots, n. \tag{6.4}$$

この制約付き最適化問題の解 $\widehat{w}_0, \widehat{\boldsymbol{w}}$ を代入した式 $f(\boldsymbol{x}; \widehat{w}_0, \widehat{\boldsymbol{w}}) = \widehat{w}_0 + \widehat{\boldsymbol{w}}^\top \boldsymbol{x} = 0$ が，分離超平面になる．この $f(\boldsymbol{x}; \widehat{w}_0, \widehat{\boldsymbol{w}})$ に観測値 $\boldsymbol{x}$ を代入し，その正負によってデータを 2 群に分類する，というルールになる．

なお，

$$\widetilde{w}_0 = \frac{1}{d\|\boldsymbol{w}\|} w_0, \quad \widetilde{\boldsymbol{w}} = \frac{1}{d\|\boldsymbol{w}\|} \boldsymbol{w} \tag{6.5}$$

とおくと，最適化問題 (6.4) はより簡潔な次の最適化問題に置き換えることができる（章末問題 ***6-3***）．

$$\min_{\widetilde{w}_0, \widetilde{\boldsymbol{w}}} \|\widetilde{\boldsymbol{w}}\|^2 \quad \text{subject to} \quad y_i\big(\widetilde{w}_0 + \widetilde{\boldsymbol{w}}^\top \widetilde{\boldsymbol{x}}_i\big) \geq 1, \quad i = 1, \ldots, n. \tag{6.6}$$

(6.4) 式の最適化問題と比べて，(6.6) 式には d が現れておらず，純粋に $\widetilde{w}_0, \widetilde{\boldsymbol{w}}$ の最適化問題になっていることがわかる．本書ではこの最適化問題の解法は割愛するが，解として

$$\widehat{w}_0 = -\frac{1}{2} \widehat{\boldsymbol{w}}^\top (\boldsymbol{x}_+ + \boldsymbol{x}_-), \quad \widehat{\boldsymbol{w}} = \sum_{i=1}^{n} \widehat{\alpha}_i y_i \boldsymbol{x}_i$$

を得る．ここで，$\boldsymbol{x}_+$, $\boldsymbol{x}_-$ はそれぞれ $+1$ 群，-1 群のサポートベクターである[2)]．また，$\widehat{\alpha}_i$ $(i = 1, \ldots, n)$ は最適化問題を解くことで得られる重みであり，サポートベクターに対応する $\boldsymbol{x}_i$ の番号 i 以外は $\widehat{\alpha}_i = 0$ となる．このことから，w_0, $\boldsymbol{w}$ の推定値の計算には，サポートベクター以外は必要ないことがわかる．この点は，すべてのデータを用いるフィッシャーの線形判別関数とは異なる点である．(6.6) 式の最適化問題を解くためには，逐次最小問題最適化法（Sequential

---

[2)] $\boldsymbol{x}_+$, $\boldsymbol{x}_-$ がそれぞれ複数ある場合は，そのうち適当な 1 つを選べばよい．

Minimal Optimization; SMO）とよばれる方法などのアルゴリズムが用いられるが，その詳細は本書では割愛する．

6.1.4　R による分析

ここで，R による SVM の実行例を紹介しよう．ここでは，kernlab ライブラリの関数 ksvm を使って，5 章でも用いたアヤメのデータの分類を行う．アヤメのデータのうち，品種 setosa と versicolor のデータは花弁の長さと幅という 2 つの特徴量で線形分離可能である．これらのデータに対して下記のソースコード 6.1 を実行することで，図 6.3 の図が得られる．なお，図に示されているグラデーションは $f(\boldsymbol{x}; w_0, \boldsymbol{w}) = w_0 + \boldsymbol{w}^\top \boldsymbol{x}$ の等高線を表したもので，値が 0 となる直線が分離直線である．

ソースコード 6.1　SVM の実行

```
# ライブラリ読み込み
library(kernlab)

# 品種 setosa, versicolorの花びらの長さと幅のデータ
idx = 1:100
X = as.matrix(iris[idx, 3:4])
y = as.factor(iris[idx, 5])

# SVM実行
res = ksvm(X, y, type="C-svc", kernel="vanilladot", C=10)
# 決定境界の描画
plot(res, data=X[,2:1])
```

6.2　ソフトマージン SVM

前節では，データが線形分離可能な状況の下で，サポートベクターマシンを構築する方法について紹介した．しかし，前節でも述べたとおり，データが線形分離可能という状況は稀であり，図 6.1 右のような，線形分離可能でない状況が一般的である．データが線形分離可能でない場合は，前節で紹介したサポートベクターマシンの構築における最適化問題の制約条件を満たすことができず，解が存在しない．この問題に対処するために，前節の方法に，ソフトマージンとカーネル法という 2 つの方法を適用した方法が主に用いられる．本節では，そのうちの 1 つであるソフトマージンという考え方について紹介する．

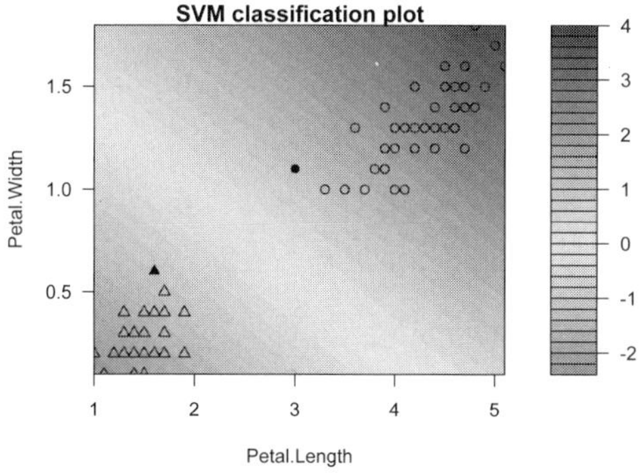

図 6.3 SVM 実行結果．グラデーションの値が 0 に対応する直線が分離直線である．また，黒い点はサポートベクターを表す．［本書サポートページのカラー図版集参照］

6.2.1 ソフトマージン

前節で述べたサポートベクターマシンの方法では，汎化能力の高いモデルを得るために，分離超平面にマージンの幅をもたせた帯の中にデータが入ってはいけないという制約を課した最適化問題を考えた．しかし，線形分離可能でないデータに対してこのような制約をおくと，この制約を満たす解が存在しなくなってしまう．そこで，この制約を緩め，多少のデータであれば帯に入っても構わないという形に変形してみよう．

線形分離可能なデータに対するサポートベクターマシンにおいて，最適化問題の制約条件は (6.6) 式で与えられた．この式の右辺に，次のように，非負の値をとる変数 ξ_i を引いた制約付き最適化問題を考える．

$$\min_{w_0,\boldsymbol{w}} \|\boldsymbol{w}\|^2 \quad \text{subject to} \quad y_i\bigl(w_0 + \boldsymbol{w}^\top \boldsymbol{x}_i\bigr) \geq 1 - \xi_i, \quad \xi_i \geq 0, \ i = 1, \ldots, n. \tag{6.7}$$

この変数 ξ_i は，**スラック変数** (slack variable) とよばれる．これにより，帯に入り込む，あるいは，分離超平面すら超えて他方の群の領域に入り込んでしまうようなデータ $\boldsymbol{x}_i$ に対しても，十分大きな ξ_i の値をとれば，その入り込みを許容し，解を得ることができる．

図 6.4 は，線形分離可能でないデータに対して，スラック変数を導入したことで得られる分離直線である．この図では，4 つの観測値に対してスラック変数の効果が反映されている．マージンの中に入り込んでいる観測値 $\boldsymbol{x}_i$ に対しては，

スラック変数の値は $\xi_i > 0$ となる．その中でも特に，分離直線を超え誤分類されるような観測値に対しては，$\xi_i > 1$ となり，(6.7) 式の制約条件（不等式）の右辺は負となる．一方で，正しく分類されマージンの外側にある観測値については，対応するスラック変数の値は $\xi_i = 0$ となる．このように，スラック変数を導入することでマージンの条件を緩める方法を**ソフトマージン** (soft margin) といい，ソフトマージンを用いた SVM を**ソフトマージン SVM** (soft margin SVM) という．これと対比して，前節で紹介した，スラック変数を用いない方法は**ハードマージン SVM** (hard margin SVM) ともよばれる．また，ソフトマージン SVM では，帯の縁に接するデータに加えて，スラック変数が正の値をとるデータもサポートベクターとよぶ．

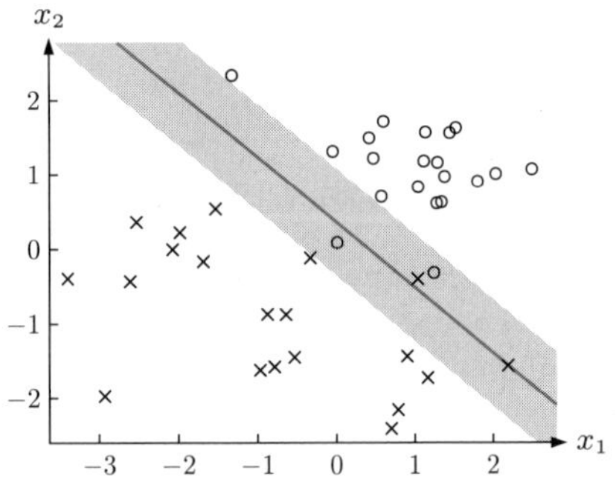

図 6.4　スラック変数を導入することで得られる分離直線

6.2.2　ソフトマージン SVM の最適化

ここまでで説明したように，ソフトマージン SVM では，スラック変数を導入することで最適化問題の制約条件を緩めることができる．しかし，この制約が厳しすぎても緩すぎても，分類モデルとしては不適切になる可能性がある．たとえば図 6.5 左の結果は，スラック変数 ξ_i の総和を小さくすることで，マージンへの侵入の許容を少なくしたものである．この場合，現在観測されているデータの誤分類は抑えられる一方で，マージンは小さくなり，汎化能力が落ちる恐れがある．図 6.5 右の結果は逆に，ξ_i の総和を大きくすることで，マージンへの侵入を多く許容したものである．この場合マージンは大きくなるが，より多

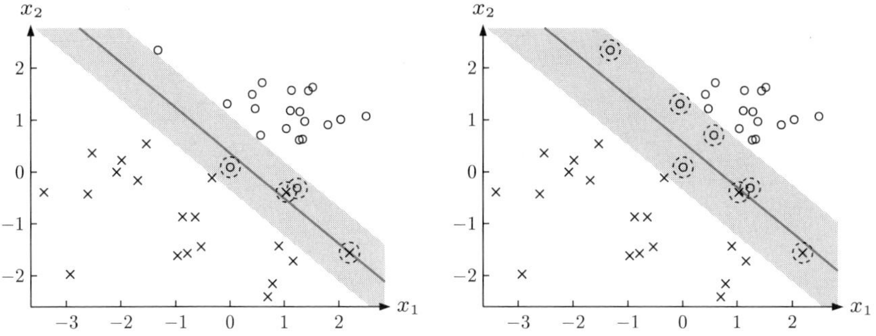

図 6.5　スラック変数を多く許容した場合（左）と，制限した場合（右）．スラック変数の値が正となるデータを破線の丸で囲んでいる．

くの誤分類を許容することになり，結果として汎化能力が悪くなる可能性がある．以上をまとめると，マージンを最大化したい一方で，スラック変数 ξ_i の総和はできるだけ小さいほうがよいという**拮抗関係** (トレードオフ; trade off) があることになる．このことを最適化問題の形で数式にしたものが，次である．

$$\min_{w_0,\boldsymbol{w}} \|\boldsymbol{w}\|^2 + \lambda \sum_{i=1}^{n} \xi_i$$
$$\text{subject to} \quad y_i\big(w_0 + \boldsymbol{w}^\top \boldsymbol{x}_i\big) \geq 1 - \xi_i, \quad \xi_i \geq 0, \quad i = 1, \ldots, n. \tag{6.8}$$

ただし，λ は正の定数である．最小化を行う対象である目的関数の第 2 項は，スラック変数の総和が大きくなりすぎないよう制約を課しているものである．そしてその制約の強さを，λ という正のパラメータで調整している．この λ のように，モデルそのものに含まれるパラメータ $(w_0, \boldsymbol{w})$ ではないが，モデルの推定結果に影響を及ぼすパラメータを，**調整パラメータ** (tuning parameter)（またはハイパーパラメータ）という．

調整パラメータ λ の値が大きい場合は, (6.8) 式の目的関数の第 2 項の重要度が上がり, スラック変数の総和が小さい, つまり, 図 6.5 左のような, データが帯にあまり入らないような分離直線が構築されやすくなる．しかし，線形分離可能でないデータに対しては，そのような状況だと解が存在しなくなる可能性がある．一方で λ の値が小さければ, (6.8) 式の目的関数において第 2 項の重要度は下がるため，第 1 項である $\|\boldsymbol{w}\|^2$ を小さくしようとする，すなわち，図 6.5 右のようにマー

ジンを大きくするようにモデルが選ばれる．しかし，それは正のスラック変数をより増やし，多くのデータが帯の中に入ることを許すことになる．以上の性質をまとめると，表6.1のようになる．このように，λはマージンの大きさに強く影響を及ぼす調整パラメータであり，この値はデータに応じて最適なものを選択する必要がある．この値は，付録A.1で紹介する交差検証法などを用いて決定する．

表 6.1　調整パラメータとスラック変数，マージンの関係

λ	スラック変数の総和	マージン
大	小	小
小	大	大

6.2.3　Rによる分析

アヤメのデータの一部に対して，ソフトマージンSVMを適用して2群分類を行うRプログラムを，ソースコード6.2に示す．スラック変数をどれだけ許容するかについては，`ksvm`関数の引数`C`の値に依存している．この値は(6.8)式のλの役割に対応しており，大きいほどスラック変数の総和は小さく抑えられ，逆に小さいほどスラック変数の総和は大きくなる．図6.6は，`ksvm`関数の引数`C`の値として2種類でソフトマージンSVMを適用した結果である．2つの図を見ると，スラック変数が0以上の値をとる観測値（黒点），つまりサポートベクターの数が変わっていることがわかる．`ksvm`関数の引数`C`の値を色々変えて，どのような結果が得られるか確認してみよう．

ソースコード 6.2　ソフトマージンSVM

```
library(kernlab)

# 線形分離可能でないデータ
idx = 51:150
X = as.matrix(iris[idx, 3:4])
y = as.factor(iris[idx, 5]) #アヤメの品種

# スラック変数少なめ
res = ksvm(X, y, kernel="vanilladot", C=10)
# 決定境界描画
plot(res, data=X[,2:1])

# スラック変数多め
```

```
res = ksvm(X, y, kernel="vanilladot", C=0.1)
# 決定境界描画
plot(res, data=X[,2:1])
```

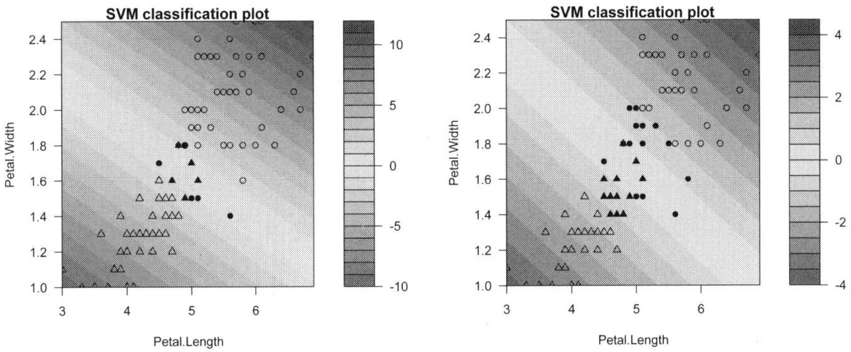

図 6.6 アヤメのデータに対してソフトマージン SVM を適用した結果．スラック変数を制限した場合（左）と，多く許容した場合（右）．[本書サポートページのカラー図版集参照]

6.3 カーネル SVM

線形分離可能でないデータに対して SVM を適用するためのもう 1 つの方法は，5 章でも用いたカーネル法を用いるものである．本章ではこれまで，線形の決定境界を構築するための SVM の方法について紹介してきた．これに対して，カーネル法を用いることでより柔軟な非線形の決定境界を構築できる．カーネル法を導入した SVM を，**カーネル SVM** (kernel SVM) という．これに対して，前節までに紹介した，カーネル法を導入しない SVM を**線形 SVM** (linear SVM) とよぶ．ここでは，カーネル SVM の詳細には踏み込まず，概要についてのみ説明する．カーネル法そのものの概要については，付録 A.2 を参照されたい．

6.3.1 カーネル SVM の概要

カーネル SVM では，線形 SVM で用いた分離超平面 (6.1) 式の代わりに，p 次元特徴量ベクトル $\boldsymbol{X}$ による M 個の関数 $\phi_1(\boldsymbol{X}), \ldots, \phi_M(\boldsymbol{X})$ による線形結合

$$w_0 + w_1\phi_1(\boldsymbol{X}) + \cdots + w_M\phi_M(\boldsymbol{X}) = w_0 + \boldsymbol{w}^\top \boldsymbol{\phi}(\boldsymbol{X}) = 0 \qquad (6.9)$$

を考える．ただし，$\boldsymbol{w} = (w_1, \ldots, w_M)^\top$, $\boldsymbol{\phi}(\boldsymbol{X}) = (\phi_1(\boldsymbol{X}), \ldots, \phi_M(\boldsymbol{X}))^\top$ である．そして，線形SVMにおける最適化問題(6.6)の $w_0 + \boldsymbol{w}^\top \boldsymbol{x}_i$ を $w_0 + \boldsymbol{w}^\top \boldsymbol{\phi}(\boldsymbol{x}_i)$ に置き換えた，次の制約付き最適化問題を解く．

$$\min_{w_0, \boldsymbol{w}} \|\boldsymbol{w}\|^2 + \lambda \sum_{i=1}^{n} \xi_i \quad \text{subject to} \quad y_i(w_0 + \boldsymbol{w}^\top \boldsymbol{\phi}(\boldsymbol{x}_i)) \geq 1 - \xi_i,$$
$$\xi_i \geq 0, \quad i = 1, \ldots, n.$$

これは，関数 $\boldsymbol{\phi}$ によって p 次元観測値ベクトル $\boldsymbol{x}_i$ を高次元の M 次元空間へ変換し，その変換先において6.2節で述べたソフトマージン線形SVMを適用していることに対応する．この最適化問題の解 $\widehat{w}_0, \widehat{\boldsymbol{w}}$ を(6.9)式の $w_0, \boldsymbol{w}$ へそれぞれ代入することで，結果として元の p 次元空間において非線形な決定境界を構築できる．しかし，この方針はカーネル判別（5.5.3項）で述べたことと同様に実用上の困難が生じる．そこで，この場合にもカーネルトリックを適用することが考えられる．このように，カーネル法を用いてSVMを実行する方法を，カーネルSVMとよぶ．

6.3.2　Rによる分析

RによるカーネルSVMの実行例を1つ紹介する．ここでは，図6.7に示す，2群のデータが渦状に分布した人工データを用いる．このデータは明らかに線形分離可能ではないし，スラック変数を導入しても適切にデータを分類できるとは考えにくい．そこで，カーネルSVMを適用する．カーネルSVMをRで実行するプログラムを，ソースコード6.3に示す．ここで，プログラム中の`param`という変数の値を変えることで，異なる決定境界が得られる．この値は，付録A.2にあるカーネル関数に含まれる調整パラメータの値に対応しており，ソフトマージンSVMにおける λ の値と同様，交差検証法などで決定される．なお，この値の設定方法はカーネル関数の種類によって異なる．詳細については，Rにて`ksvm`関数のヘルプを参照されたい．図6.7に，ソースコード6.3を実行することで得られる2群分類の結果のうち，ガウスカーネルを用いたカーネルSVMによる決定境界を示す．なお，線形カーネルを用いた場合は，線形SVMと同様の結果が得られ，決定境界は直線になる．図6.7を見ると，調整パラメータ`kpar`に応じて決定境界が大きく変わっており，特にガウスカーネルで`kpar`の値を 1 にすると，2 群のデータをほぼ完全に分類するような複雑な決定境界が得られていることがわかる．

ソースコード 6.3　カーネル SVM

```
# ライブラリ読み込み（要インストール）
library(kernlab) #ksvm関数実行のため
library(mlbench) #mlbench.spiralsデータ読み込みのため

# 線形分離可能でないデータ
dat = mlbench.spirals(200,cycles=1,sd=0.05) # 200個の学習データを作成
plot(dat)
x = dat$x #入力データ
y = dat$classes #ラベル

# 線形カーネル
linsvm = ksvm(x,y,kernel="polydot", kpar=list(degree=1))
# 決定境界描画
plot(linsvm,data=x)

# ガウスカーネル
rbfsvm = ksvm(x,y,kernel="rbfdot", kpar=list(sigma=0.1))
# 決定境界描画
plot(rbfsvm,data=x)

# ガウスカーネル（調整パラメータの値変更）
rbfsvm = ksvm(x,y,kernel="rbfdot", kpar=list(sigma=1))
# 決定境界描画
plot(rbfsvm,data=x)
```

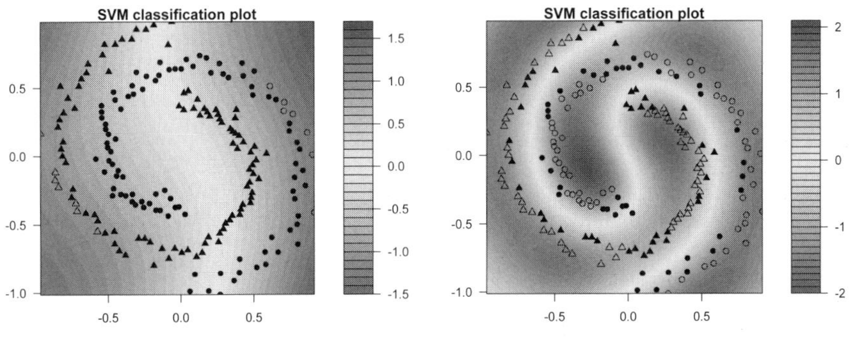

図 6.7　人工データに対して，ガウスカーネルに基づくカーネル SVM を適用した結果．調整パラメータ param の値を 0.1 にしたもの（左）と 1 にしたもの（右）．［本書サポートページのカラー図版集参照］

もう1つの適用例として，5章でも用いたスパムメールデータ spam に対してカーネル SVM を適用してみよう．下記のソースコード6.4では，ksvm 関数の引数 kernel の値を"vanilladot"と"rbfdot"と2つ指定している．これによって，それぞれ線形 SVM，カーネル SVM が実行される．得られる混同行列を見ると，線形 SVM よりもカーネル SVM のほうが正解率が非常に高くなっている様子がわかる．ただし，カーネル SVM は柔軟な決定境界を構築できるために過適合が発生し，学習データ（モデルの推定に用いたデータ）に対しては当てはまりがよくても，テストデータ（新たに発生させたデータ）に対しては当てはまりが悪くなってしまう可能性があるため，注意が必要である．

ソースコード 6.4　スパムメールデータに対する SVM

```
library(kernlab)
# スパムメールデータ
data(spam)
# 線形 SVM
linsvm = ksvm(type~., data=spam, kernel="vanilladot")
# 予測値出力
predict1 = predict(linsvm)
# 混同行列
table(spam$type, predict1, dnn=c("正解", "予測"))
# 出力
##           予測
##正解       nonspam spam
##   nonspam    2663  125
##   spam        185 1628

# カーネル SVM
rbfsvm = ksvm(type~., data=spam, kernel="rbfdot", kpar=list(sigma=0.1))
# 予測値出力
predict1 = predict(rbfsvm)
# 混同行列
table(spam$type, predict1, dnn=c("正解", "予測"))
# 出力
##           予測
##正解       nonspam spam
##   nonspam    2754   34
##   spam         91 1722
```

6.4 回帰への応用

SVM の考え方は，分類だけでなく回帰分析にも応用されている．この方法は**サポートベクター回帰** (Support Vector Regression; SVR) とよばれている．本章で述べたように，分類のための SVM は，マージンの中にデータが入らないように決定境界を構築するものだった．これとは逆の発想で，サポートベクター回帰では，なるべく狭いマージンの中にできるだけデータが含まれるような帯をつくり，その中央の直線を回帰直線とみなすというものである．6.2 節や 6.3 節でそれぞれ述べたソフトマージンやカーネル法も，サポートベクター回帰に応用できる．特に，カーネル法を用いることで，非線形な回帰モデルを構築できる．サポートベクター回帰の詳細については，たとえば文献 [13] などを参照されたい．

章末問題

6-1 サポートベクターマシンに関する説明として，最も適切なものを1つ選べ．

(a) 2変数データが線形分離可能な場合，データを完全に分類できるような直線はただ1つ存在する．

(b) 分離超平面から最も遠い観測値までの距離を最大化することを目的としている．

(c) スラック変数を多く許容するほど，将来新たに観測されるデータに対する分類性能は向上する．

(d) カーネルSVMを適用することで，非線形な決定境界を構築できる．

6-2 超平面 $w_0 + \boldsymbol{w}^\top \boldsymbol{x} = 0$ は，重みベクトル $\boldsymbol{w}$ と直交することを示せ．ここで，超平面とベクトル $\boldsymbol{w}$ が直交するとは，超平面上の任意の2点 $\boldsymbol{a}, \boldsymbol{b}$ に対して，ベクトル $\boldsymbol{b} - \boldsymbol{a}$ と $\boldsymbol{w}$ が直交することを意味する．

6-3 (6.5)式を用いて，最適化問題(6.4)が(6.6)式と表されることを示せ．

6-4［R使用］`lgrdata` ライブラリの `icecream` のデータに対して，章末問題 ***4-5*** と同じ特徴量とラベルを用いて，線形SVMを適用せよ．スラック変数に対する調整パラメータ（Rの `ksvm` 関数における引数 `C`）の値を色々変えて，それぞれ決定境界を描画せよ．

6-5［R使用］ソースコード6.3の6行目のデータ `dat` データに対して，線形SVM，カーネルSVMを適用し，それぞれに対して誤分類率を計算せよ．なお，カーネルSVMの調整パラメータの値は何でもよい．

第 7 章

決定木

5章および6章で述べた方法と同様，本章で紹介する決定木も，分類のために用いられる方法である．決定木では，複数の特徴量それぞれの値の大小に応じて，観測値がどの群に属するかを分類するというルールを構築する．その手順から，分類ルールの解釈が容易な方法とみなされている．さらに，決定木をベースとしてそれを発展させた方法も多い．

本章では，決定木およびその構築方法について，その概要を紹介する．さらに，決定木を発展させた方法の1つであるランダムフォレストについても簡単に紹介する．

7.1 決定木とは

7.1.1 条件分岐による分類

図7.1は，気温と湿度の組合せによって人が不快に感じるか否かを集計した架空のデータを，散布図で示したものである．気温が30℃以上であれば，湿度が何%であるかによらず不快と感じるが，30℃以下でも湿度によっては不快と感じる傾向にあるようである．たとえば，その日の気温と湿度に応じてエアコンを作動させるか否かを自動的に制御するセンサーを開発しているとしよう．そのために，気温と湿度という特徴量がどのような条件であれば，人が不快と感じるかを分類するルールをつくりたい．5章で述べたフィッシャーの線形判別や，6章で述べたSVMは，気温や湿度といった複数の特徴量の線形結合によって分類ルールを構築したため，特徴量ごとの分類条件を考えることが難しい．その

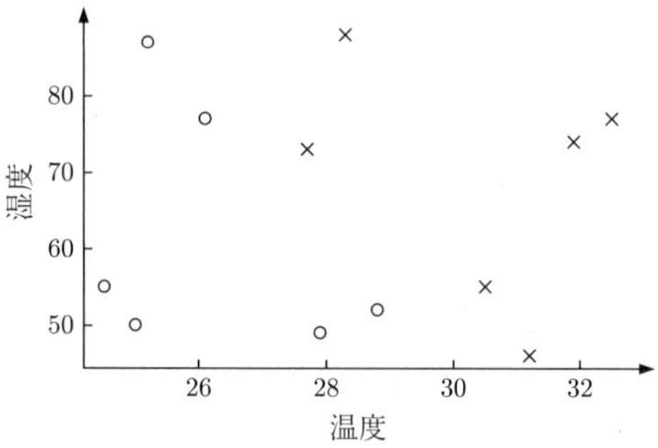

図 7.1　気温と湿度による，不快と感じたか否かのデータの散布図．○は不快と感じなかった場合，×は不快と感じた場合を表す．

ため，フィッシャーの線形判別や SVM とは異なる分類方法を考える．

この問題に取り組むために，図 7.2 左のように，気温や湿度に応じて不快と感じるか否かを分類するための条件分岐を考えてみよう．このデータでは，まず「気温が 30 ℃以上」であれば湿度によらず必ず不快と感じるため，これを 1 つ目の条件分岐とする．次に，「気温が 30 ℃未満」でありかつ「湿度が 65 %未満」ならば必ず不快でないと感じるため，これを 2 つ目の条件分岐とする．最後に，「湿度が 65 %以上」のとき「気温が 27 ℃以上」か否かで条件分岐をつくれば，図 7.2 右のようにデータを完全に分類できる．これは，温度や湿度といった特徴量から，不快と感じるか否かを分類するという分類問題に対するアプローチの 1 つである．このように，特徴量の値の大小に応じて，目的変数に対応する値（ラベル）を決定するためのルールを構築する方法は**決定木** (decision tree) とよばれる．

図 7.2 左のような，決定木における条件分岐のルールは，上端の始点を「根」，最終的に判定されるラベル（出力）を「葉」とみなし，それらを「枝」でつないだ「木」とみなすことができることから，この名がつけられた．また，図 7.2 左のような図を，ここでは**樹形図** (tree diagram) とよぶ．条件分岐のたびに分割されるデータ集合は，**ノード** (node) とよばれる．特に，条件分岐前のすべてのデータ集合（図 7.2 左の上部）は根ノード，条件分岐が終わった最後のデータ集合（図 7.2 左の下部）を終端ノードまたは葉ノードという．また，ノードとノー

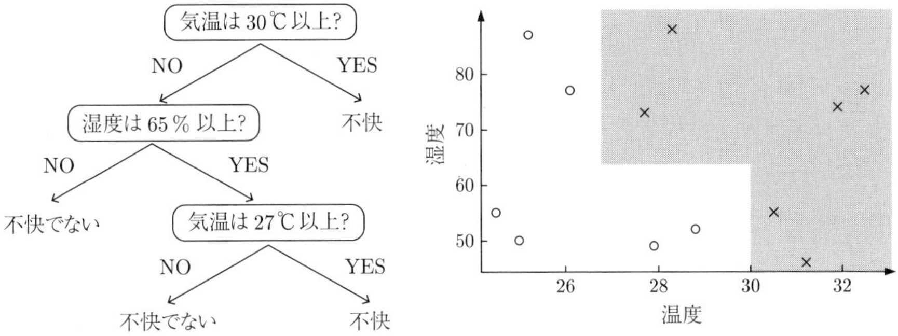

図 7.2　条件分岐により構成される樹形図（左）と，得られる散布図上の分類（右）．

ドを繋ぐ矢印を**エッジ** (edge) という．

データを分類するための適切な「木」を構築することで，分類モデルが得られる．特徴量の値がどの程度であればどの群に属しやすいか，といったように，特徴量とラベルとの関係性についての解釈がわかりやすいという点が，決定木の特長の 1 つである．

7.1.2　決定木を構築する方法

決定木を構築するための方法としては，これまでに ID3 やその改良版である C4.5，C5.0 とよばれる方法などが考案されている（文献 [28]）．また，**CART** (Classification And Regression Tree) とよばれる方法は，目的変数に対応する変数が質的変数の場合だけではなく，量的変数の場合にも決定木を構築できる．前者の場合は，5 章で述べたような，分類のために用いられるもので，**分類木** (classification tree) とよばれる．分類木では，図 7.2 のような木と分類結果を与える．一方で後者の場合は，2 章や 3 章で述べたような，量的変数を予測するために用いられるもので，**回帰木** (regression tree) とよばれる．たとえば，先ほどの気温と湿度の例について，出力が不快と感じたか否かという 2 値のラベルではなく，「不快指数」のような連続値である状況に対応する．このときも，図 7.3 左のような条件分岐に基づいて，出力の値の予測が行われる．

特徴量が 2 つの場合，回帰木を用いることで，たとえば図 7.3 右のような区分的な回帰平面が得られる．このように，CART という方法を用いることで，分類に対しても回帰に対しても，決定木は同様の方法でモデルを構築できる．

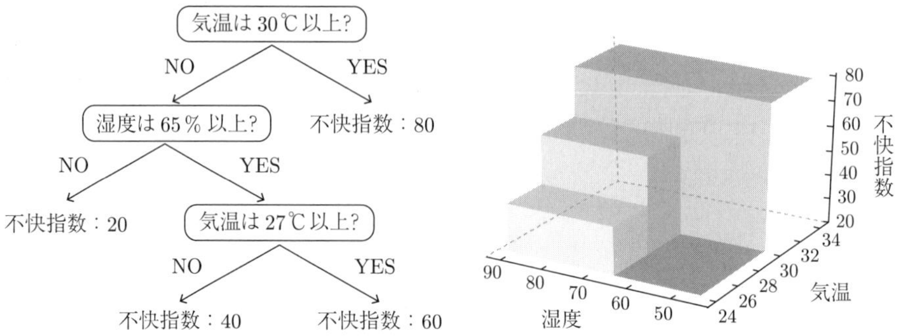

図 7.3　出力値が連続量の場合の樹形図（左）と，これにより得られる回帰平面（右）

7.2　決定木の構築

それでは，前節で述べたような決定木の条件分岐を，どのように構築すればよいだろうか．本節では，CART のアルゴリズムについてその概要を説明する．CART は回帰と分類，いずれの目的に対しても用いることができ，その方法も類似している．しかし，いくつか異なる箇所もある．ここでは，はじめに分類木について，続いて回帰木について説明する．

7.2.1　分類木

いま，p 個の特徴量 $X_1, \ldots, X_p$ からなるデータが，K 群からなるラベルのいずれかに属しているとする．分類木では，図 7.4 のように，特徴量 $X_1, \ldots, X_p$ によって張られる空間を，重複のない小領域 $R_1, R_2, \ldots$ に分割していく．では，この分割をどのように構築すればよいだろうか．言い換えると，どの特徴量に対して，どの値で分割のための境界線を引けばよいだろうか．

図 7.4 の例では，はじめに気温が 30℃，つまり $X_1 = 30$ を境界線にして R_1 とそれ以外に分割している．この境界線は，次のように誤分類に基づく指標を最小化することで得られている．いま，「不快と感じる群」を 1 群，「不快と感じない群」を 0 群としよう．$X_1 = 30$ でデータを分割したとき，図 7.1 の散布図を見てみると，$X_1 > 30$ の領域には 1 群の観測値が 4 個，0 群の観測値が 0 個含まれており，$X_1 \leq 30$ の領域には 1 群の観測値が 2 個，0 群の観測値が 6 個含まれている．この場合，$X_1 > 30$ の小領域（図 7.4 の R_1）全体は 1 群，$X_1 \leq 30$

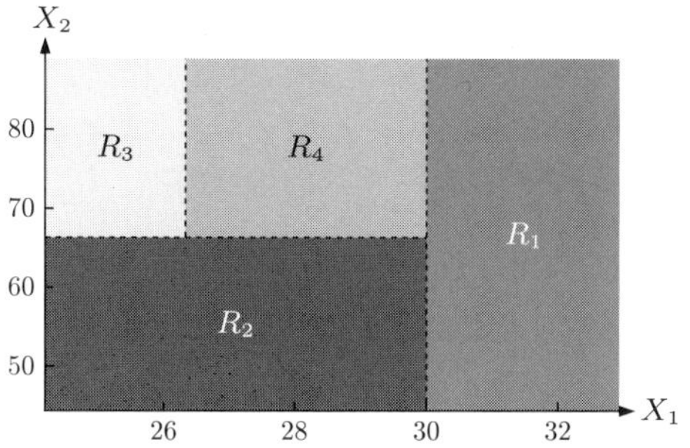

図 7.4 特徴量の数が $p = 2$ の場合の，小領域による分割

の小領域（図 7.4 の R_1 以外）全体は 0 群というようにラベル付けすれば，誤分類率の小さい分類になりそうである．このように，各小領域に含まれる観測値のうち最も多い（多数決の）群に，その小領域をラベル付けする．$X_1 = 30$ という境界線は，各変数の各値の中で，後述する誤分類に基づく基準が最小になるものとして選ばれる．

次に，$X_1 > 30$ の領域と $X_1 \leq 30$ の領域のうち，誤分類率が小さくなる新しい分割を考える．図 7.4 の場合，$X_1 \leq 30$ の領域のうち湿度が 65％，つまり $X_2 = 65$ を境界線にして，R_1 以外の領域でさらに R_2 とそれ以外の領域に分割している．このとき，$X_1 \leq 30$ の領域の中では，$X_2 > 65$ の領域には 1 群の観測値が 2 個，0 群の観測値が 2 個含まれており，$X_2 \leq 65$ の領域には 1 群の観測値が 0 個，0 群の観測値が 4 個含まれている．したがって，$X_1 \leq 30$ かつ $X_2 \leq 65$ の領域を 0 群の領域としてラベル付けすれば，さらに誤分類が少ない分類になりそうである．CART では，このような分割を繰り返して，R_1 から逐次的に $R_2, \ldots$ という順で小領域を構成し，決定木を得る．

いま，K 群からなるデータに対して CART を適用し，$R_{\ell-1}$ までの分割が行われたとき，次の小領域 R_ℓ を構成する方法を説明する．各小領域 R_ℓ は，基準 E_ℓ の値が小さくなるように決定する．この基準 E_ℓ としては，以下のいずれかを用いることが多い．

- **誤り率** (error rate)：$E_\ell = 1 - \max_c \left(\dfrac{n_{\ell c}}{n_\ell} \right)$

- **ジニ係数** (Gini index)：$E_\ell = 1 - \sum_{c=1}^{K} \left(\frac{n_{\ell c}}{n_\ell} \right)^2$
- **交差エントロピー** (cross-entropy)：$E_\ell = - \sum_{c=1}^{K} \left(\frac{n_{\ell c}}{n_\ell} \right) \log_2 \left(\frac{n_{\ell c}}{n_\ell} \right)$

ここで，n_ℓ は小領域 R_ℓ に含まれるサンプルサイズ，$n_{\ell c}$ は小領域 R_ℓ に含まれる観測のうち c 群 $(c = 1, \ldots, K)$ に属するサンプルサイズである．$\frac{n_{\ell c}}{n_\ell}$ は，領域 R_ℓ に属するデータを c 群と分類したときの正解率である．また，$\log_2$ は底が 2 の対数とする[1)]．誤り率は，上で述べたような，小領域 R_ℓ に多数決の群をラベル付けしたときの誤分類率に対応する．ジニ係数は，1 つの小領域 R_ℓ 内に異なる群のデータが混在していないほど小さくなり，特に，データを完全に分類できている場合（ある c で $n_{\ell c} = n_\ell$ で，$d \neq c$ で $n_{\ell d} = 0$ のとき）は 0 となる．誤り率とジニ係数は，いずれも 0 から 1 の値をとる．交差エントロピーもジニ係数と同様，小領域 R_ℓ にラベル付けされた群とは異なる群の観測値の数が少ないほど 0 に近づく基準である．この意味で，ジニ係数や交差エントロピーは各領域における分類の**不純度** (impurity) を表したものといえる．

すべての特徴量のうちいずれか 1 つで，ある値を境界としてデータを 2 つの領域に分割し，適切にラベル付けすることで，この不純度は必ず減少する．この不純度の減少具合が最大となる分割を探索する．この処理を繰り返すことで，決定木の枝を増やし，木を「成長」させていく．なお，小領域を探索するための具体的な方法（アルゴリズム）については，本書では割愛する．詳細については，文献 [17] を参照されたい．

7.2.2　回帰木

回帰木も分類木とほぼ同様の流れで，分割ごとに誤差が小さくなるように小領域 R_ℓ $(\ell = 1, \ldots, L)$ を決定していく．回帰木では，各領域内において，すべての点に対して同じ予測値を与える．その予測値には，たとえばその領域に含まれる目的変数に対応する観測値の標本平均などを用いる．回帰木では分類木とは異なり，次の誤差二乗和 E_ℓ が最小になるように小領域 R_ℓ を決定する．

$$E_\ell = \sum_{i \in R_\ell} (y_i - \widehat{y}_{R_\ell})^2.$$

---

1) $x = 0$ のときは，便宜上 $x \log_2 x = 0$ とする．

ここで，$\widehat{y}_{R_\ell}$ は小領域 R_ℓ に含まれる観測値に対する，目的変数の予測値を表し，$\sum_{i \in R_\ell}$ は小領域 R_ℓ に含まれる観測番号 i のみについて和をとることを意味する．

例として，ある小領域 R を 2 つの小領域に分割することを考えてみよう．いま，j 番目の特徴量 X_j に対して，値 s を境界線とした 2 分割により得られる，次の 2 つの小領域を考える．

$$R_{\mathrm{a}}(j,s) = \left\{(X_1,\ldots,X_p)^\top \in R \mid X_j \leq s\right\},$$

$$R_{\mathrm{b}}(j,s) = \left\{(X_1,\ldots,X_p)^\top \in R \mid X_j > s\right\}.$$

そして，次の値が最小になるような変数番号 j と値 s を定め，分割を決める．

$$\sum_{i \in R_{\mathrm{a}}(j,s)} \left(y_i - \widehat{y}_{R_{\mathrm{a}}(j,s)}\right)^2 + \sum_{i \in R_{\mathrm{b}}(j,s)} \left(y_i - \widehat{y}_{R_{\mathrm{b}}(j,s)}\right)^2.$$

これにより得られた 2 つの小領域それぞれに対して，再び上記の基準が最小になる次の分割を探し，さらなる小領域を得る．この操作を繰り返すことで，回帰木が構築される．

7.3 分割数の決定

7.3.1 決定木の過適合

前節で述べた方法により，決定木を構築できたとしよう．これを用いて実際のデータを分類，回帰により予測したいところであるが，前節で述べた決定木の構築方法には問題がある．それは，木をどこまで「成長」させるか，言い換えると，分割をどこまで繰り返すか，である．前節の方法で木を成長させ続けるほど，つまり，小領域の分割を続ければ続けるほど，前節で用いた誤り率や誤差二乗和といった基準は小さくなっていく．

極端な場合として，最終的な小領域の数を $L = n$（サンプルサイズ）とすれば，各小領域に観測値が 1 つだけ含まれることになり，対応する目的変数の値をそのまま当てはめることができる．その結果として，分類木の誤り率や，回帰木の誤差二乗和はいずれも 0 になる．前節で述べた基準を小さくするという考え方からすれば，よい結果のように思われる．しかしこの状況は，明らかに過適合である．つまり，現在観測されているデータに対しては完全な分類・回帰を行うことができるが，将来新たに観測されるデータに対する予測には不適切である．また，このとき構築される決定木は，分類には意味のない条件分岐が入るなどして非常に複雑になることが想定され，分類の解釈がしづらくなる可能性が高い．

7.3.2　複雑さに対する制約

この問題を解消するために，前節で述べた基準に代わるものが考えられている．たとえば回帰木の場合，次の基準の最小化が考えられる．

$$E_\lambda = \sum_{\ell=1}^{L} \sum_{i \in R_\ell} (y_i - \widehat{y}_{R_\ell})^2 + \lambda L. \tag{7.1}$$

この式の右辺第1項は，前節でも紹介した誤差二乗和である．一方で第2項は，分割の数 L に正の重み λ が掛かったものになっている．木を成長させ分割の数を増やすほど，データへの当てはまりはよくなるため，(7.1) 式の第1項は小さくなる．その一方で，分割の数は増えるため，第2項は大きくなる．逆に，木が単純であれば，分割の数が少ないため第2項が小さくなるが，その分当てはまりが悪くなり，第1項は大きくなる．このように，(7.1) 式は，データへの当てはまりのよさと，決定木の複雑さの拮抗関係を考慮に入れた基準である．

(7.1) 式第2項にある λ は，第2項の強さを調節する役割をもつ調整パラメータである．λ の値が小さいほど，第2項の重要度は小さくなり，より複雑な木が構築される傾向が強くなる．一方で λ の値が大きいほど，第2項をより小さくする必要があるため，比較的単純な木が構築される．調整パラメータ λ の値は，付録 A.1 で紹介している交差検証法などによって決定される．

調整パラメータ λ の適切な値を決定したうえで (7.1) 式を最小にすることで，これらの2つが総じて小さくなるような，過適合を防ぐような木が構築される．このようにして得られる決定木は，(7.1) 式の第1項のみを最小にすることで得られる木に比べて，葉ノード，あるいは小領域の数は小さくなる．このことから，(7.1) 式を用いて決定木を構築することを，**剪定** (pruning) などと表現することもある．

7.3.3　R による分析

R を使って，決定木を実行してみよう．ここでは，アヤメのデータ `iris` に対して分類木を，`ISLR` パッケージに格納されている MLB（メジャーリーグ）の選手の成績のデータ Hitters に対して回帰木を適用する．アヤメのデータでは，アヤメの花弁の長さと幅，がく片の長さと幅の 4 つの特徴量から，3 品種を分類する問題を考える．また MLB のデータでは，あるシーズンにおける選手の MLB 在籍年数 (Years) と安打数 (Hits) の 2 つを特徴量として，年俸 (Salary) を予測する問題を考える．

R では，tree パッケージの tree 関数によって決定木の構築を実行できる．決定木を実行する R プログラムは，ソースコード 7.1 のとおりである．なお，tree 関数では，小領域を決定する基準 E_ℓ として，次の基準が用いられる（文献 [26]）．まず分類問題では，7.2.1 項で述べたジニ係数や，次式が用いられる．

$$E_\ell = -2\sum_{c=1}^{K} n_{\ell c}\log\left(\frac{n_{\ell c}}{n_\ell}\right).$$

ただし，$n_{\ell c}$ は ℓ 番目の終端ノードに含まれる c 群に属するサンプルサイズとする．一方で回帰問題では，7.2.2 項で述べた誤差二乗和が用いられる．

また，tree パッケージでは，prune.tree 関数によって剪定を行うことができる．ソースコード 7.1 の 15 行目のように，tree 関数の出力結果を cv.tree 関数に入力することで，交差検証法による検証誤差が計算される．その出力を plot 関数に代入することで（16 行目），検証誤差が最小となる分割数が視覚的にわかる．この分割数を prune.tree 関数に代入することで（18 行目），対応する分割数の決定木を構築できる．

ソースコード 7.1 決定木の実行

```
1  # ライブラリの読み込み
2  library(tree) # tree関数実行のため（要インストール）
3  library(ISLR) # Hittersデータ利用のため（要インストール）
4  
5  # アヤメデータ（分類木）
6  fm = as.formula(Species~., iris)
7  res.iris = tree(fm, data=iris)
8  plot(res.iris); text(res.iris)
9  
10 # MLB選手の成績データ（回帰木）
11 fm = as.formula(Salary~Hits+Years)
12 res.hitters = tree(fm, data=Hitters)
13 plot(res.hitters); text(res.hitters)
14 # MLB選手の成績データに対する木の剪定
15 res.cv.hitters = cv.tree(res.hitters)
16 plot(res.cv.hitters)
```

```
# 分割数3でCVが最小となるため，分割数を3に指定
res.prune.hitters = prune.tree(res.hitters, best=3)
plot(res.prune.hitters); text(res.prune.hitters)
```

アヤメのデータに対して分類木を適用することで得られる樹形図を，図7.5に示す．この図を上から見てみると，はじめに花弁の長さが2.45 cmより大きいか小さいかで分割されている．小さい場合（左）はその品種はすべてsetosaに分類され，大きい場合（右）はさらに花弁の幅やがく片の長さに応じて分割が得られている様子がわかる．なお，この樹形図の高さは誤りの基準 E_ℓ に比例して決まっている．

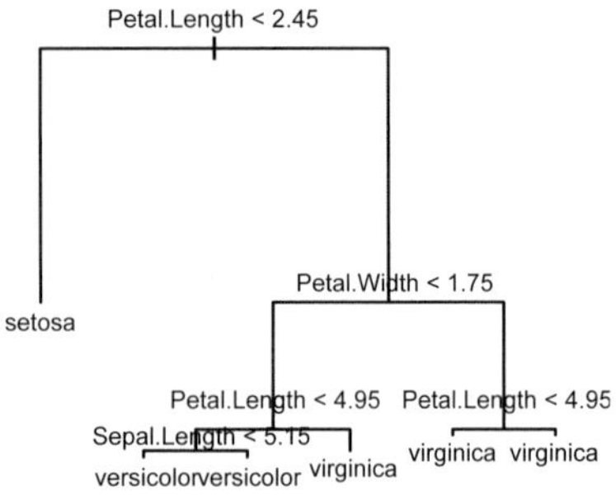

図7.5　アヤメのデータに対する分類木の結果．分割ルールを表す式を満たすものが左側，満たさないものが右側に分割される．

次に，MLBのデータに対して`tree`関数を適用することで得られる結果を，図7.6に示す．まず，左の図を見てみると，はじめに勤続年数が4.5年を境界として分割が行われており，次に安打数の大小で分割が行われている．最終的に得られる「葉」の部分では，これまでの条件分岐を満たしている選手はすべて，そこに書かれている数値の年俸と予測する．なお，安打数(`Hits`)が39.5本より少ない「葉」において，安打数が39.5本より多い選手よりも年俸が高いという一見おかしな予測値が得られていることに注意したい．これは，この「葉」に，安打数があまり評価の対象にならない投手のデータが割り当てられたためと考えられる．また，図7.6右は，`prune.tree`関数によって剪定された決定木である．左の（剪定されていない）決定木に比べて条件分岐が単純になっており，説明しやすい分岐となっていることがわかる．

このように決定木では，各特徴量がどのような値であれば，目的変数がどの

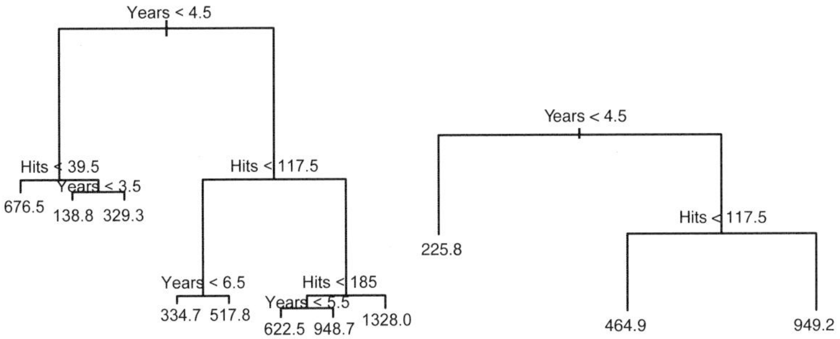

図 7.6 MLB のデータに対する回帰木の結果．剪定を行わなかった場合（左）と剪定を行った場合（右）．

ラベル，またはどの程度の値と予測されるかといった解釈が容易にできる．ただし，構築された木がより複雑になると，その解釈も困難になる場合があるため，注意が必要である．

7.4 ランダムフォレスト

7.4.1 決定木の問題点

これまでに述べたように，決定木は分類や回帰に至る過程の解釈が容易な方法である．しかし，さまざまな問題点も指摘されており，6 章で述べたサポートベクターマシンなど他の分類手法と比べると分類精度は劣るとされている．その理由の 1 つとして，決定木の観測データへの依存性が強く，過適合を起こす傾向が強いとされている．また同様の理由で，推定結果が不安定になることが指摘されている．これは，同じ実験を繰り返して新たにデータセットを得ても，そのたびに得られる決定木が大きく異なる傾向が強いということである．本来は同様の傾向をもつデータであるはずなので，推定結果は類似してほしいところだが，決定木ではそのような結果が得られない場合が多い．

7.4.2 木から森へ

この問題を解消するために，1 つのデータセットに対して 1 つの決定木を適用するのではなく，繰り返して複数の決定木を構築し，各決定木の分類（回帰）結果を融合させたものを用いる方法が考えられた．ただし，1 つのデータセットに対して繰り返して決定木を構築するといっても，まったく同じデータではまったく同じ決定木が得られるだけである．そこで，次に述べる方法で，擬似的に複数のデータセットを生成する．図 7.7 に，その概要を示す．

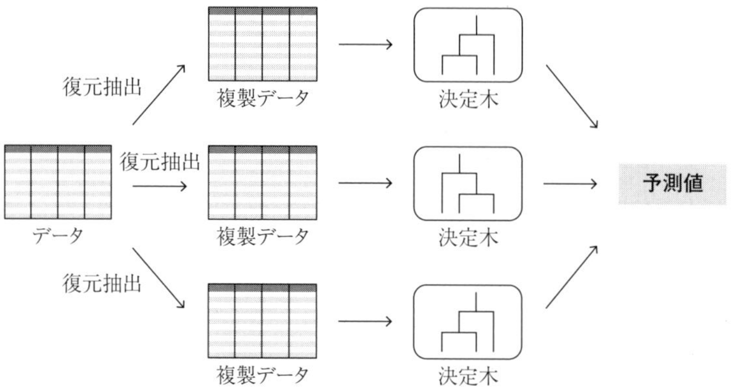

図 7.7　ランダムフォレストの概要

まず，p 個の特徴量からなるサンプルサイズ n の標本から n 個の観測をランダムに復元抽出し，これを 1 つの標本（データセット）とする．続けて，まったく同様に同じ標本から n 個の観測を復元抽出することで，2 つ目の標本が得られる．この新しい 2 つの標本はいずれも，もととなった標本の観測値から構成されているが，復元抽出をしているために，異なる標本となっている．このようにして，1 つの標本から，復元抽出を繰り返すことで得られる複数の異なる標本のことを，**ブートストラップ標本** (bootstrap sample) という．ブートストラップ標本 1 つ 1 つに対してそれぞれ決定木を構築することで，その推定結果を複数得ることができる．これにより，たとえば複数の推定値の平均を計算することでより安定した推定値を得たり，推定値の分散を用いた推論を行うことができる．このような方法は総称して**ブートストラップ法** (bootstrap method) として広く用いられている．

ランダムフォレストは，複製されたデータセット（ブートストラップ標本）それぞれに対して決定木を適用し，分類木であれば多数決，回帰木であれば平均値などで予測値を得る方法である．ランダムフォレストではさらに，各ブートストラップ標本において，特徴量すべてではなくランダムに一部のみを抽出したものに対して決定木を適用している．たとえば，1つ目のブートストラップ標本では1, 4, 5番目の特徴量，2つ目のブートストラップ標本では2, 3, 5番目の特徴量のみが含まれる，といった形である．このように，各ブートストラップ標本に含まれるデータは，観測値の組合せが異なる上，特徴量の組合せも異なる．抽出する特徴量の数としては，元の特徴量の数 p よりも小さいものが用いられ，分類木の場合は $\sqrt{p}$，回帰木の場合は $p/3$ 程度がよいとされている．このようにして得られる複数の標本に対して決定木を適用し，その結果を融合させる方法を，**ランダムフォレスト** (random forest) という．

7.4.3 ランダムフォレストの特徴

ランダムフォレストの利点として，相関が小さい複数の木が構成されることで，結果としてモデルの分散（不安定さ）を抑えることができるという点が挙げられる．もう1つの利点として，ランダムフォレストでは過適合が起こりにくいという点がある．単独の標本に対する決定木では枝の数を増やすほど過適合の傾向が生じるが，ランダムフォレストではブートストラップ標本の数（決定木の数）を増やし，その結果の多数決や平均値をとることで，過適合を防ぐことができる．ただし，ブートストラップ標本の数が多いほど推定結果は安定する一方で，その分計算コストも大きくなるため注意が必要である．

ランダムフォレストでは，オリジナルの観測値を復元抽出することで得られたブートストラップ標本に対して決定木を適用するというものだった．復元抽出をするということは，決定木の推定に用いられなかった（抽出されなかった）データが存在するということである．このようなデータのことを **Out-Of-Bag** (OOB) データという．この Out-Of-Bag データをテストデータとして扱い誤差を計算することで，将来新たに観測されるデータに対する予測性能を評価することができる．

ランダムフォレストの欠点は，モデルの解釈がしづらくなることである．ランダムフォレストは，モデルとしては決定木よりも複雑になるため，推定されたモデルから解釈を得ることは難しい．その代わりに，ランダムフォレストでは木の構築において，各特徴量が不純度の減少にどの程度寄与したかを定量化した，**変数重要度** (variable importance) とよばれる指標が考えられている．この値を特徴量間で比較することで，どの特徴量が相対的にランダムフォレストによる分類・回帰と関連しているかの判断に用いられる．ただし，変数重要度は，あくまで「ランダムフォレストの構築において」重要とされている基準であり，目的変数の予測精度を上げる変数のランキングとは必ずしも言い切れないことに注意されたい[2]．ランダムフォレストの詳細については，文献 [25] を参照されたい．

7.4.4　R による分析

アヤメのデータに対してランダムフォレストを適用した R プログラムを，ソースコード 7.2 に掲載する．ランダムフォレストは `randomForest` ライブラリの `randomForest` 関数によって実行される．

ソースコード 7.2　ランダムフォレストの実行

```
library(randomForest)  #要インストール

# データ
n = nrow(iris)
s = sample(n, n * 0.5) #標本の半分を抽出
iris.train = iris[s,]
iris.test = iris[-s,]

# ランダムフォレスト実行
model = randomForest(Species ~ ., data = iris.train)

# テストデータに対する予測値出力
pred.model = predict(model, newdata = iris.test, type = 'class')
# 混同行列
table(pred.model, iris.test[,5])
# 木を増やしたことによる誤差の推移
plot(model)
# 変数重要度
importance(model)
# 重要度の視覚化
varImpPlot(model)
```

図 7.8 左は，決定木の数を増やしたことによる，各群と全体における誤分類率の推移を表したグラフである．4 つの曲線は，それぞれ 3 つの品種 (setosa, versicolor, virginica) と，Out-Of-Bag データに対する誤分類率を表している．

---

2) 実際，あるデータに対して，変数重要度が最大となった変数を除外して再度ランダムフォレストを実行したほうが，予測誤差が小さくなったという報告がある（文献 [23]）．

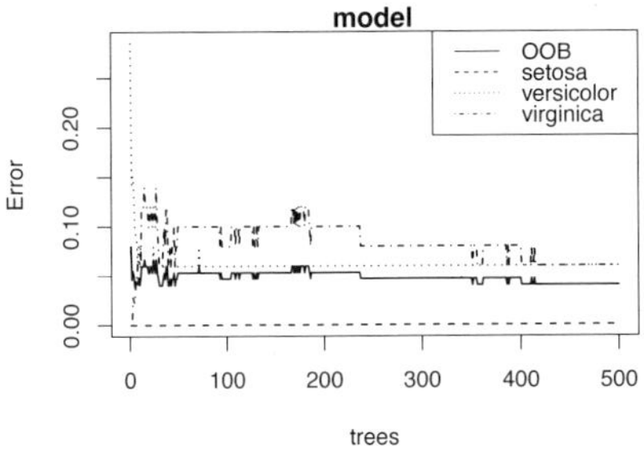

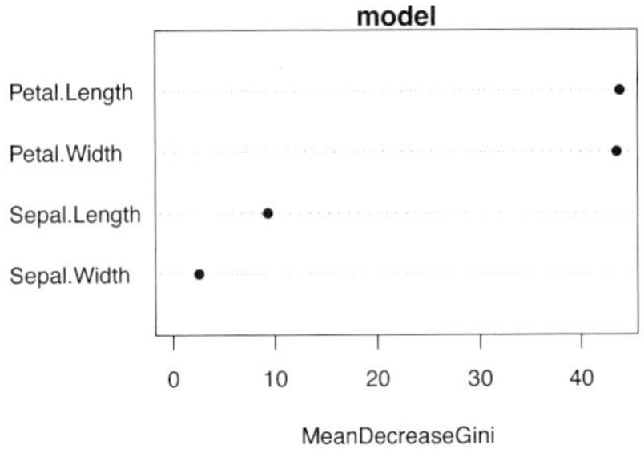

図 7.8 誤分類率の推移（左）と，特徴量の重要度（右）

木の数が増加するにつれて，誤分類率が減少している様子が見て取れる．

また，図 7.8 右は，`importance` 関数によって出力される，変数重要度を表したものである．この値により，ランダムフォレストにおける各特徴量の分類または回帰への関連度の強さを定量化できる．今回の分析では，花びらの長さ (`Petal.Length`) と幅 (`Petal.Width`) が比較的重要であるという結果が得られている．

7.4.5 決定木の発展

本節では，決定木の発展の１つとしてランダムフォレストについて紹介した．ランダムフォレスト以外にも，決定木をベースとした分類，回帰の方法が開発されており，幅広く用いられている．その１つに，**勾配ブースティング決定木** (Gradient Boosting Decision Tree; **GBDT**) とよばれる方法がある．GBDT は，ブースティングとよばれる回帰や分類のための方法を用いて，決定木を繰り返し構築し改善していく方法である．さらに，GBDT を組み込んだソフトウェアである **lightGBM**[3] や **XGboost**[4] が，分類や回帰の目的で広く用いられている．（章末問題 ***7-6***）．GBDT の詳細については，たとえば文献 [25] を参照されたい．

---

3) `https://lightgbm.readthedocs.io/`
4) `https://xgboost.readthedocs.io/en/stable/`

7.5　最適な分類手法は

本書ではこれまでに，フィッシャーの判別分析，サポートベクターマシン，決定木，ランダムフォレストといったさまざまな分類のための方法を紹介してきた．ここで，これらの分類手法のうち，どれを用いるのが最もよいかという疑問をもった読者がいるかもしれない．この疑問に対する明確な答えはない．いずれの方法についても，データによっては予測結果がよくも悪くもなる．ただし，これらの分類方法にはそれぞれ長所と短所がある．

たとえば，分類に特徴量がどのように関わっているかなど，分類の解釈を得たい場合は，決定木やロジスティック回帰モデルを用いるのがよい．逆にサポートベクターマシンは，それらに対する答えを出すことが困難である．一方で，決定木そのものは分類性能があまりよくないとされており，これを発展させたランダムフォレストなどが用いられることが多い．ただし，ランダムフォレストでは結果の解釈を得ることが困難となる．フィッシャーの線形判別や2次判別も，各特徴量が決定境界の構築にどのように関わっているかを係数（重み）の推定値から評価できるが，モデルの柔軟性に限界があり，分類精度に問題がある．カーネル判別は線形判別や2次判別よりも柔軟な決定境界を構築でき分類性能が高い一方で，分類モデルの解釈が困難である上，計算コストが大きく，結果の出力に時間がかかってしまう．サポートベクターマシンは，特徴量の数が大きくても比較的計算が速いという利点があるが，サンプルサイズが大きい場合は計算コストが大きくなるという欠点もある．

このように，データの規模や分析目的に適した方法をその場面ごとに使い分けることが望ましいと考えられる．

章末問題

7-1　決定木についての説明として，最も適切なものを 1 つ選べ．

(a) まったく同じデータであれば，決定木とフィッシャーの線形判別とでまったく同じ決定境界を構築できる．

(b) ジニ係数は，決定木における分割数を決定するための基準である．

(c) 決定木は，樹形図が大きくなればなるほど，新たに観測されるデータに対する予測精度が高くなる．

(d) ランダムフォレストでは，決定木に比べてモデルの解釈が困難になる．

7-2　図 7.1 の散布図で，$X_1 = 30$ のみを境界線として分割した決定木に対して，誤り率とジニ係数をそれぞれ求めよ．

7-3　図 7.5 左の決定木の結果から，次の値のデータはどの品種であると予測されるか．
`Petal Length = 4.0, Petal Width = 1.5,`
`Sepal Length = 5.6, Sepal Width = 2.5.`

7-4［R 使用］`lgrdata` パッケージの `icecream` のデータ（章末問題 ***6-3*** 参照）に対して決定木とランダムフォレストを適用し，決定木の予測値と，ランダムフォレストの予測値を比較せよ．

7-5［R 使用］R には，lightGBM を実行するパッケージ `lightgbm` と，XGboost を実行するパッケージ `xgboost` がある．7.4.5 項で挙げた注釈の URL などを参考にして，lightGBM と XGboost を R で実行してみよ．

第 8 章

クラスター分析

クラスター分析は，観測値間の距離の情報をもとに，データをいくつかのグループ（クラスター）に「仲間分け」するための分析である．クラスター分析のための方法はクラスタリングとよばれる．クラスター分析では，観測値間，あるいはクラスター間の近さ，すなわち距離をどのように測るかが重要となる．本章では，クラスター分析とはどのような方法か，そして，観測値またはクラスター間の近さを測る距離としてどのような種類があるかについて紹介する．そして，クラスター分析のための方法として，階層型クラスタリングと，非階層型クラスタリングについて紹介する．

8.1　クラスター分析とは

これまでに扱ったフィッシャーの判別分析やサポートベクターマシン，決定木といった判別手法は，1 つまたは複数の特徴量と，ラベル変数の組がデータとして与えられたとき，図 8.1 左に示すように，ラベルに基づいてデータを分類するためのルールを構築することを目的として用いられるものだった．一方で，本章で扱うクラスター分析は，データを分類するという点ではこれまでの判別手法と類似しているが，ラベル変数がないという点が決定的に異なる．**クラスター分析** (cluster analysis) では，観測値間の類似性のみに基づいて，図 8.1 右のように，データを「仲間分け」することが目的となる．クラスター分析によりデータを仲間分けする処理のことを**クラスタリング** (clustering) といい，クラスタリングにより得られる，1 つ以上の観測値をまとめた集合のことを**クラス**

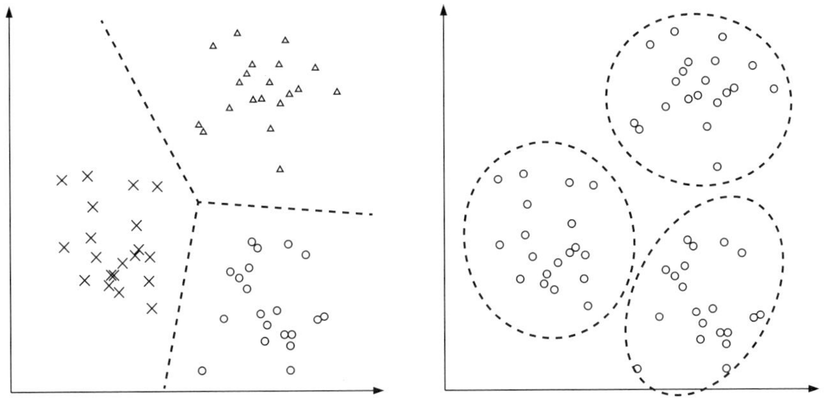

図 8.1　判別分析による 3 群分類の例（左）と，クラスター数 3 によるクラスター分析の例（右）

ター (cluster) という．

クラスター分析の重要な特徴として，クラスタリング結果に明確な正解が存在しないという点が挙げられる．なぜなら，判別分析のようにラベル変数に対応するデータがないためである．そのため，得られたクラスターがそれぞれどのような意味をもっているかを，分析者自身が考察する必要がある．出力に対応する変数を利用せず，分析結果に明確な正解がないという点で，クラスター分析は教師なし学習に位置づけられる（1 章参照）．また，ラベル変数がないために，クラスターの個数についても正解がないことが多い．

クラスター分析では，観測値間の類似性を距離の近さで図る．この「距離」には，さまざまな種類のものがある．さらに，クラスター分析では，観測値間の距離だけでなく，クラスターと点，クラスターとクラスターとの距離の測り方を定める必要もある．クラスター分析における距離の測り方については，8.2 節で詳しく述べる．

クラスター分析のための方法には大きく分けて階層型，非階層型の 2 種類がある．本章では，階層型クラスタリング，非階層型クラスタリングについて，それぞれ 8.3 節，8.4 節で説明する．

8.2　観測値およびクラスター間の距離

8.2.1　観測値間の距離

クラスター分析では，「観測値，あるいはクラスター間の距離が近ければ，同じクラスターに属するだろう」という考え方に基づいてデータを仲間分けする．ここで「距離」というと，三平方の定理によって定める距離を想像するだろう．しかし実は，これ以外にもさまざまな種類の「距離」が存在する．さらに，馴染みのある2次元3次元上の距離だけでなく，p 変量からなる観測値間の距離を測る場合は，p 次元上での距離を考える必要がある．

ここで，「距離」の数学的な定義を紹介しておく．いま，2つの p 次元ベクトルを $\boldsymbol{x} = (x_1, \ldots, x_p)^\top$, $\boldsymbol{y} = (y_1, \ldots, y_p)^\top$ とおく．このとき，p 次元ベクトルの組 $\boldsymbol{x}$, $\boldsymbol{y}$ に実数を対応させる関数 d で，次の条件を満たすものを**距離関数** (distance function) とよび，その値 $d(\boldsymbol{x}, \boldsymbol{y})$ を，$\boldsymbol{x}$ と $\boldsymbol{y}$ との**距離** (distance) という．

[1] $d(\boldsymbol{x}, \boldsymbol{y}) \geq 0$ で，$d(\boldsymbol{x}, \boldsymbol{y}) = 0 \Leftrightarrow \boldsymbol{x} = \boldsymbol{y}$
　［距離は負になることはなく，また距離が0であることと2点が同じ点であることは同値である.］

[2] $d(\boldsymbol{x}, \boldsymbol{y}) = d(\boldsymbol{y}, \boldsymbol{x})$
　［2つの点を入れ替えても，距離は等しい.］

[3] $\boldsymbol{z}$ を p 次元ベクトルとして，$d(\boldsymbol{x}, \boldsymbol{y}) \leq d(\boldsymbol{x}, \boldsymbol{z}) + d(\boldsymbol{z}, \boldsymbol{y})$[1)]
　［別の点を経由すると，総距離は大きくなる.］

これら3つの性質さえ満たすものであれば何でも「距離」である．よく用いられる p 次元ベクトルの距離の例を，次に挙げる．

ユークリッド距離 (Euclid distance)

多くの読者が想定していると思われる，一般的に用いられている「距離」を p 次元に一般化したもので，次の式で与えられる．

$$d(\boldsymbol{x}, \boldsymbol{y}) = \sqrt{(x_1 - y_1)^2 + \cdots + (x_p - y_p)^2}.$$

---

1) この不等式を**三角不等式** (triangle inequality) という．

マンハッタン距離 (Manhattan distance)

マンハッタン距離は，2 点間を，碁盤目状に並んだ通路を通ったときに最短となる道のりに対応する[2]．これは，次の式で与えられる．

$$d(\boldsymbol{x}, \boldsymbol{y}) = |x_1 - y_1| + \cdots + |x_p - y_p|.$$

ミンコフスキー距離 (Minkowski distance)

ミンコフスキー距離は，次の式で与えられる距離である．ただし，q は 1 以上の実数とする[3]．

$$d(\boldsymbol{x}, \boldsymbol{y}) = \left(|x_1 - y_1|^q + \cdots + |x_p - y_p|^q\right)^{1/q}.$$

ミンコフスキー距離は，$q = 2$ のときはユークリッド距離，$q = 1$ のときはマンハッタン距離に対応する．つまり，ミンコフスキー距離はこれらを一般化した距離とみなすことができる．なお，$q \to \infty$ の極限をとると

$$d(\boldsymbol{x}, \boldsymbol{y}) = \max_j |x_j - y_j|$$

となる．これは**チェビシェフ距離** (Chebyshev distance) とよばれる．

離散距離 (discrete distance)

離散距離は，2 つの点が異なっていれば 1，一致していれば 0 とするものである．離散距離は，分類において誤分類率を求める際にも用いられる．

$$d(\boldsymbol{x}, \boldsymbol{y}) = \begin{cases} 1 & (\boldsymbol{x} \neq \boldsymbol{y}) \\ 0 & (\boldsymbol{x} = \boldsymbol{y}). \end{cases}$$

マハラノビス距離 (Mahalanobis distance)

5 章で扱った，データの散らばり具合を考慮に入れたマハラノビス距離も，上記の 3 つの性質を満たす「距離」である．観測されたデータの標本分散共分散行列を S とおくと，2 つの観測値 $\boldsymbol{x}$ と $\boldsymbol{y}$ とのマハラノビス距離は，次で与えられる．

$$d(\boldsymbol{x}, \boldsymbol{y}) = \sqrt{(\boldsymbol{x} - \boldsymbol{y})^\top S^{-1} (\boldsymbol{x} - \boldsymbol{y})}.$$

---

[2] ニューヨーク州にある地区マンハッタンの道路が碁盤目状になっており，ある地点から別のある地点へ車で移動する際に必要な道のりに由来する．

[3] $0 < q < 1$ の場合でも $d(\boldsymbol{x}, \boldsymbol{y})$ を計算することはできるが，距離関数の定義の 1 つである三角不等式を満たさないため，距離関数とならない．

ユークリッド距離，マンハッタン距離，マハラノビス距離の違いのイメージを，図8.2に示す．マンハッタン距離は，ユークリッド距離以上となる．また，マハラノビス距離はユークリッド距離と比べると，データの散らばりが大きい方向に比べて，小さい方向ほど小さくなるという傾向がある．これらの距離が，実際に距離の定義[1]～[3]を満たすことを各自で確認してみよう．観測値間の距離としては，ユークリッド距離が最も多く用いられる．

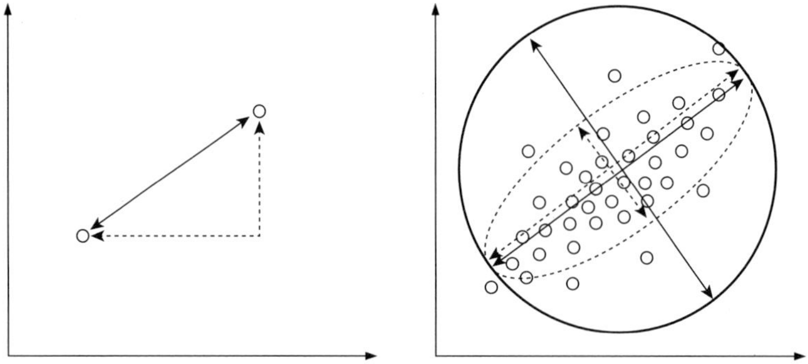

図8.2　さまざまな距離のイメージ．左：ユークリッド距離（実線）とマンハッタン距離（破線）．右：ユークリッド距離（実線）とマハラノビス距離（破線）．円（楕円）は中心からの距離が等しくなる点の集まり（等距離線），矢印はそれぞれで距離が等しいものを表す．

8.2.2　クラスター間の距離

ここまでで述べた距離は，観測値と観測値という，点と点の間の近さを測るものであった．クラスター分析ではこれに加えて，クラスターと点，クラスターとクラスターとの間の距離を測る必要がある．クラスター間の距離としては，たとえば次のようなものが考えられている．

単連結法 (single linkage method)

一方のクラスターに含まれる1つの観測値と，もう一方のクラスターに含まれる1つの観測値とのペアのすべての組合せの中で，最も距離が小さいものをクラスター間距離とする．

完全連結法 (complete linkage method)

一方のクラスターに含まれる1つの観測値と，もう一方のクラスターに含まれる1つの観測値とのペアのすべての組合せの中で，最も距離が大きいものをクラスター間距離とする．

重心法 (centroid method)

2つのクラスターそれぞれの重心（標本平均）どうしの距離を，クラスター間距離とする．

群平均法 (group average method)

一方のクラスターに含まれる1つの観測値と，もう一方のクラスターに含まれる1つの観測値とのペアのすべての組合せの距離を平均したものを，クラスター間距離とする．

ウォード法 (Ward's method)

2つのクラスターそれぞれの散らばり具合と，2つのクラスターをまとめて1つとしたクラスターの散らばり具合との差を，クラスター間距離とする．

クラスター間距離のイメージを，図8.3にまとめた．単連結法は，2つのクラスターの各重心がどれだけ離れていても，距離が近い観測値のペアが1組でもあればクラスター間の距離は小さくなるという性質をもつ．逆に完全連結法では，1組でも互いのクラスターから離れている観測値があれば，クラスター間距離は大きくなる．したがって，データに外れ値が含まれているような状況では，単連結法および完全連結法は距離として適切ではない可能性がある．一方で重心法や群平均法は外れ値の影響を受けにくく，外れ値があっても比較的安定したクラスター間距離を計算できる．重心法はまた，2つの標本平均と1つの距離を計算するだけでよいので，他のクラスター間距離と比べて計算量が少なくて済む．ウォード法は，計算量は多いが，距離として各クラスターの散らばり具合を用いているため，1つ1つのクラスターがより凝集されやすくなるという望ましい傾向がある．ウォード法の計算はやや煩雑なため，詳細については8.7節で述べる．

点と点の間の距離の種類や，クラスター間の距離の計算方法が異なれば，ク

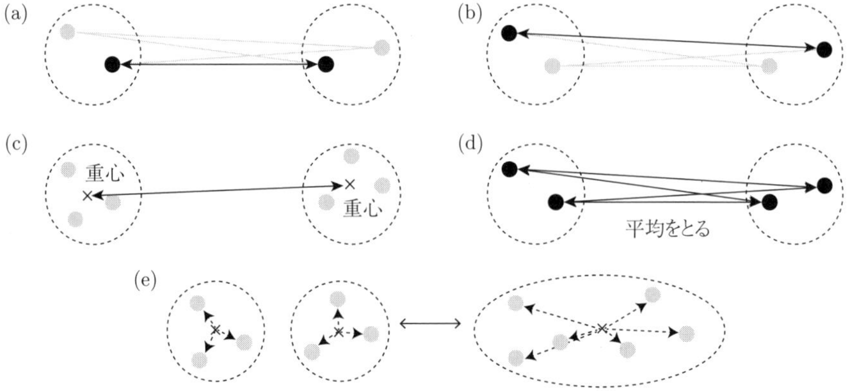

図 8.3　クラスター間距離のイメージ．(a) 単連結法，(b) 完全連結法，(c) 重心法，(d) 群平均法，(e) ウォード法．

ラスター分析の結果も異なる．これらの決め方の中でどれが最適かという絶対的な答えはないが，観測値間の距離としてはユークリッド距離が，クラスター間の距離としてはウォード法が多く用いられている．

8.3　階層型クラスタリング

8.1 節でも述べたように，クラスタリング手法は大きく分けて階層型と非階層型の 2 種類に分かれる．本節では，階層型クラスタリングについて述べる．

8.3.1　階層型クラスタリングの構築法

階層型クラスタリング (hierarchical clustering) は，次のような流れで逐次的に小さなクラスターから大きなクラスターを構成していく．はじめに，観測値 1 つ 1 つをそれぞれ 1 つのクラスターとして扱い，「クラスター数 = サンプルサイズ (n)」とするところから始まる．そして，観測値（クラスター）のうち 2 点のペアすべてについて距離を計算し，それが近いペアを 1 つのクラスターとして構成する．これにより，クラスター数は 1 つ減少して $n-1$ となる．これを，クラスター間の距離の計算も含めながら繰り返し，最終的に「クラスター数 = 1」となった時点で終了する．階層型クラスタリングでは，クラスターの構成の計算と同時に，その様子を可視化した図 8.4 のような図（これを**デンド**

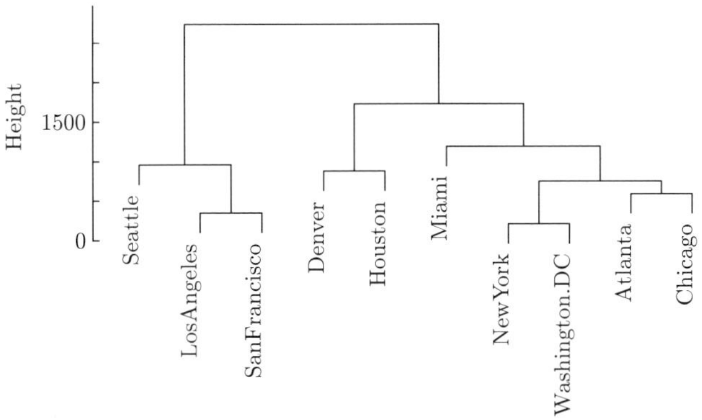

図 8.4 デンドログラムの例

ログラム (dendrogram) という）が作成される．

より具体的に，図 8.5 に示す 5 点からなるデータを例に用いながら，クラスターとデンドログラムの構成の手順を説明しよう．

[1] まず，すべての観測値のうち 2 点の組合せの中で，距離が最も小さいものを探す．その 2 点を 1 つのクラスターとしてまとめる．そして，図 8.5 ①のように，対応する 2 点の距離が縦軸の値に対応するように線分を引いて繋ぐことで，デンドログラムを更新する．

[2] 次に，[1] で構成されたクラスターと，残りの観測値のすべての組合せの中で，距離が最小となる 2 点を探す．ここで，クラスターと観測値との距離については，前節で紹介したクラスター間距離を用いる．この距離に応じて，[1] と同様にクラスターを構成し，デンドログラムを図 8.5 ②のように更新する．

[3] さらに，クラスターおよび観測値の中で距離が最小となるものを探す．距離が最小となるものがクラスターどうしであれば，クラスターどうしをまとめて新たなクラスターとし，デンドログラムを図 8.5 ③のように更新する．

[4] [1] から [3] までの操作を，クラスターが 1 つになるまで繰り返し，デンドログラムにおける線分をすべて繋げて完成となる（図 8.5 ④）．

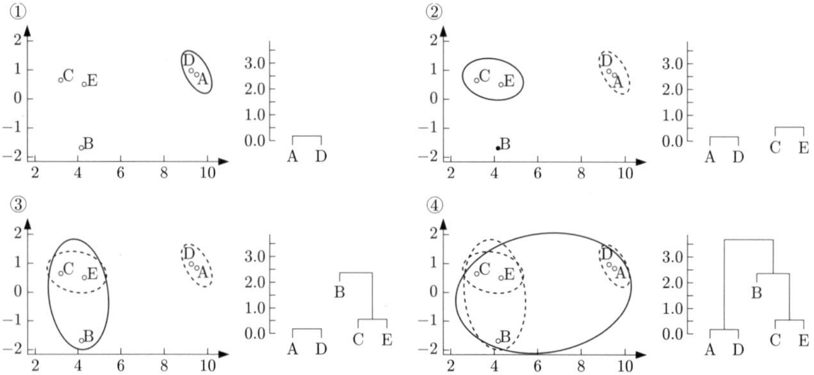

図 8.5　階層型クラスタリングにおけるデンドログラムの作成手順．左上，右上，左下，右下の順に構成される．

このような手順で得られるデンドログラムから，各観測値がどのような形でクラスターを形成しているかが，視覚的にわかるようになる．

8.3.2　クラスター数の選択

クラスター分析では，「クラスター数は何個が最適か」という問題を考える必要がある．この問題に対して，階層型クラスタリングでは明確な答えを出すことが難しい．1 つの基準としては，階層型クラスタリングの手順において，次のクラスターを結合するまでの距離が長い，つまり，デンドログラムの縦の線分が長くなる段階で結合を止めたときのクラスターを，最適なクラスターとみなす考え方がある．たとえば図 8.6 のように，クラスターが構成される縦軸の位

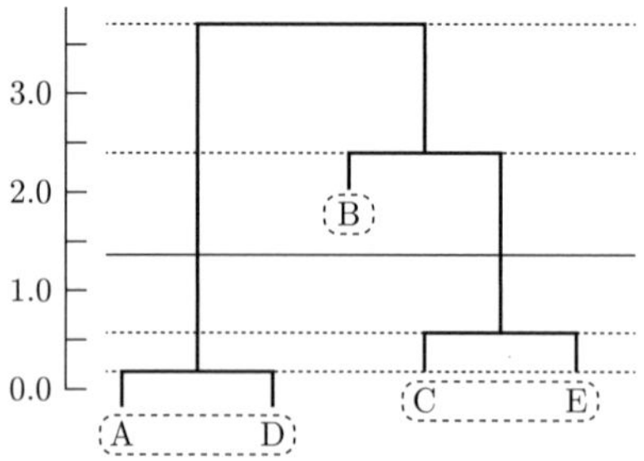

図 8.6　デンドログラムによるクラスター数の選択

置（鎖線）の間隔が最も広い区間に破線を引く．このとき，破線の時点で構成されている 3 つのクラスター (AD, B, CE) を選択する．

ただし，クラスター間の距離として重心法を用いた場合は，注意が必要である．重心法を用いた場合，結合前の 2 つのクラスター間距離よりも，この 2 つを結合したクラスターと他の点（またはクラスター）との距離のほうが逆転し小さくなることがある．この場合，デンドログラムは図 8.7 のような形になる．この図を見てみると，アトランタ (Atlanta) とシカゴ (Chicago) がクラスターとなることで，他のクラスターとの距離が小さくなっている．このような場合，クラスター数の決定が困難になる場合がある．

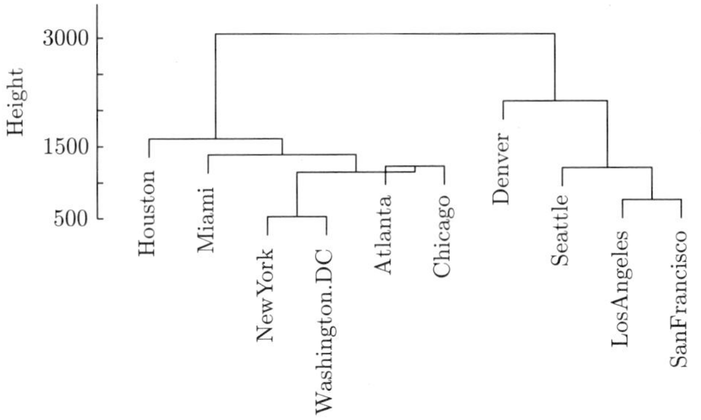

図 8.7 クラスター間距離を重心法で求めた場合のデンドログラム

8.3.3 R による分析

R で階層型クラスタリングを実行してみよう．まずは，図 8.4 に示したデンドログラムを描画するためのプログラムをソースコード 8.1 に示す．このプログラムにより，アメリカ合衆国の都市間の距離からなるデータ `UScitiesD` を利用してデンドログラムが描画される．ここで，`UScitiesD` は都市間の距離を要素にもつ，距離行列とよばれる形式であり，R 内部では dist 型という特別なオブジェクトとして読み込まれていることに注意されたい．距離行列については 11.1 節で改めて取り上げる．階層型クラスタリングを実行する関数 `hclust` では，この dist 型変数を引数に用いる，図 8.4 のデンドログラムを見て，どの順にクラスターが構成されているか確認してみよう．

ソースコード 8.1　階層型クラスタリングの実行

```
# 距離データ
# distオブジェクトという特殊な型なので注意
UScitiesD  #アメリカの都市間の距離データ
# eurodist  #ヨーロッパの都市間の距離データ こちらも利用可能

# 階層型クラスタリング実行
# dist型のオブジェクトを引数に用いる
res = hclust(UScitiesD)
# デンドログラム描画
plot(res)
```

次に，距離行列そのものではなく，多変量データに対して階層型クラスタリングを適用してみよう．ここでは，世界のさまざまな地域（国や都市）で観測された2014年の月別平均気温のデータ[4]を分析対象とする．地域の数（サンプルサイズ）は40で，また年間月別平均気温のデータなので，変数の数は12である．このデータは，本書サポートページにあるファイル“weather.csv”をRに読み込むことで分析できる．実行プログラムを，ソースコード8.2に示す．

ソースコード 8.2　世界の気温データに対する階層型クラスタリング

```
# データ読み込み
dat = read.csv("weatherdata.csv", header=T)
# 気温データの距離行列計算
temp_dist = dist(dat[, 3:14])
# 気温データに対して階層型クラスタリング
# クラスター間距離にウォード法を使用
res = hclust(temp_dist, method="ward.D2")
# デンドログラム plot
plot(res, labels = dat[,2], xlab="", main="")

# 引数 methodの選択肢は次のとおり
# "ward.D2"：ウォード法
# ("ward.D"もあるが，本来のウォード法ではない)
# "single"：単連結
# "complete"：完全連結（初期設定)
# "average"：群平均
# "mcquitty"：McQuitty法
# "median"：メディアン法
# "centroid"：重心法
```

4) 気象庁のウェブサイト (https://www.data.jma.go.jp/gmd/cpd/monitor/mainstn/obslist.php) より取得した．

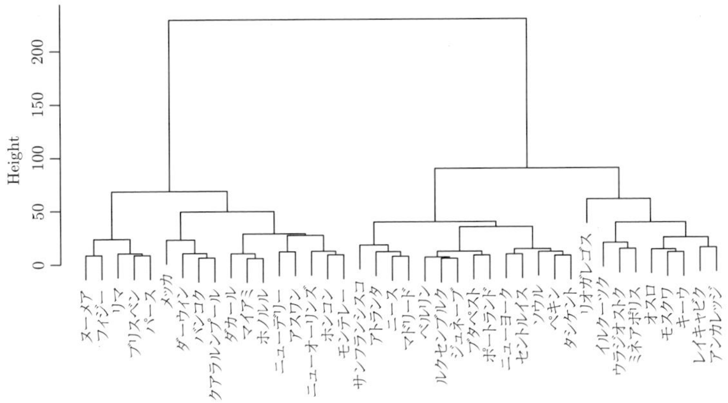

図 8.8 世界の気温データに対して階層型クラスタリングを行うことで得られるデンドログラム

このソースコードでは，2 行目でデータを読み込んでから，4 行目で `dist` 関数で観測値間の距離を求め，dist 型の距離行列である変数 `temp_dist` を得る．そして，これに対して 7 行目で `hclust` 関数を実行することで階層型クラスタリングを適用する．ここでは，クラスター間距離としてウォード法 (`ward.D2`) を選択した．これにより，図 8.8 のデンドログラムが得られる．

デンドログラムを見ると，大きく分けて世界の地域が 2 つのクラスターに分かれていることがわかる．左側は 1 年を通して温暖な地域からなるクラスター，右側は冬に寒くなるクラスターといえる．右側のクラスターはさらに，夏と冬の温度差がある地域と，夏も低温の地域の 2 つのクラスターに分けられることがわかる．ここでは気温のみのデータに対してクラスタリングを行ったが，月別降水量も含めた 24 変量のデータでクラスタリングを行うと，実際の気候により即したクラスタリング結果が得られるかもしれない．

8.3.4 クラスタリングが不適切な例

どのようなデータに対しても，クラスター分析を適用することで価値のある結果が得られるとは限らない．図 8.9 左に示す散布図は，次のように，格子状に並ぶよう配置された 8 点の 2 次元データを描画したものである．

$$(1,1),(2,1),(3,1),(4,1),(1,2),(2,2),(3,2),(4,2).$$

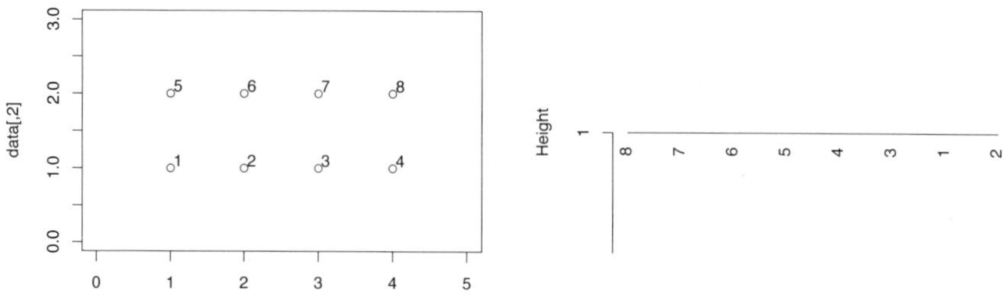

図 8.9　クラスター分析が適切でないデータ（左）．このデータに対して階層型クラスタリングを適用すると，右のデンドログラムが得られる．

このデータに対して，クラスター間距離として単連結を指定して階層型クラスタリングを適用すると，距離1で同時に8つのクラスター（観測点）が1つのクラスターにまとめられることになり，図8.9右のようなデンドログラムが得られる．これは，このデータではクラスターが個々の観測値(8個)か，観測値すべて(1個)かのどちらかのみで与えられることを意味している．クラスター分析は観測値またはクラスター間の距離に基づきクラスターを構成することを考えれば，このような格子状に並んだデータに対してクラスター分析を適用しても，あまり意味のある分析ができているとはいえないだろう．図8.9を描画するプログラムをソースコード8.3に示す．

ソースコード 8.3　クラスタリングが適当でない例

```
# 格子状のデータ生成
data=matrix(nr=8, nc=2)
data[,1] = c(1,2,3,4,1,2,3,4)
data[,2] = c(1,1,1,1,2,2,2,2)

# 単連結による階層型クラスタリング
res = hclust(dist(data), method="single")
# デンドログラム描画
plot(res)
```

8.4　非階層型クラスタリング

8.4.1　非階層型クラスタリングの概要

前節で紹介した階層型クラスタリングでは，観測値一つ一つをクラスターとみなすことから始め，距離の近い観測値（クラスター）どうしを逐次的に融合し，最終的に 1 つの大きなクラスターを構成していくものだった．これに対して，本節で扱う**非階層型クラスタリング** (non-hierarchical clustering) では，あらかじめクラスターの数を決めたうえでクラスターを大雑把に構成し，距離などの指標に基づいて適切なクラスターに更新していくという方法である．

非階層型クラスタリングのための方法としてはさまざまなものが考えられているが，共通して大まかに次のような手順で行われる．

[1] はじめに，分析者が決めたクラスター数でデータを適当に分割する．
[2] 特定の指標に基づいて，分割結果を改善するように分割を更新する．
[3] [2] の更新を繰り返し，十分改善されたところで更新を終了する．

ここでは，非階層型クラスタリングの中でも代表的な方法の 1 つである K-平均法について紹介する．

8.4.2 K-平均法

K-平均法 (K-means method) は，クラスターの重心（標本平均）からの距離に基づきデータを分割することでクラスターを構成する方法である．クラスターの個数を K 個としたときの K-平均法の流れを，図 8.10 を用いながら説明する．

[1] n 個の観測値の中から，K 個の代表点をランダムに決める（図 8.10 左上の × 印）．
[2] すべての観測値それぞれに対して，最も近い代表点を求める．そして，最も近い代表点が同じである観測値の集合を 1 つのクラスターとみなし，K 個のクラスターを構成する（図 8.10 右上）．
[3] 手順 [2] で得られた K 個のクラスターそれぞれに対して重心を計算し，これを代表点として更新する（図 8.10 左下）．
[4] 手順 [2], [3] を，クラスターが変化しなくなるまで繰り返し，反復を終了する（図 8.10 右下）．

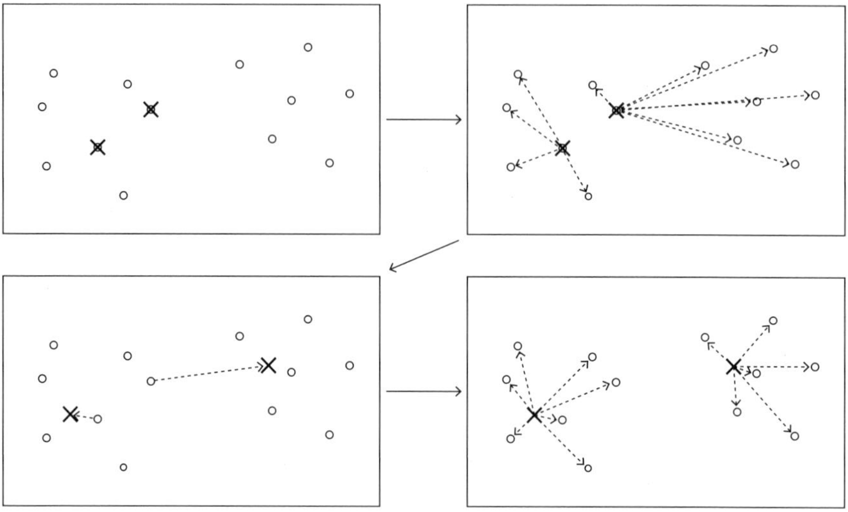

図 8.10　K-平均法のイメージ（$K=2$ の場合）

上記の手順は，次の式を小さくするクラスター C_k $(k=1,\ldots,K)$ を探すことに対応している．

$$S=\sum_{k=1}^{K}\sum_{i\in C_k}\|\boldsymbol{x}_i^{(k)}-\overline{\boldsymbol{x}}^{(k)}\|^2 \tag{8.1}$$

ここで，$\overline{\boldsymbol{x}}^{(k)}$ はクラスター C_k に属する観測値の標本平均，$\sum_{i\in C_k}$ は C_k に属する観測値の番号 i についてのみ和をとることを意味する．(8.1) 式は，各クラスター C_k において，クラスターの重心と，そのクラスターに属している観測値との距離の 2 乗の総和をとり，それをさらにすべてのクラスターについて和をとったものである．クラスタリング結果は，各クラスターがコンパクトにまとまっているほどよく，この場合，(8.1) 式の基準は小さくなる．したがって，(8.1) 式はクラスタリング結果のよさを評価する指標として扱うことができる．また，次節で述べる最適なクラスター数の選択のための基準としても用いられる．

K-平均法は次のような特徴をもつ．

- 階層型クラスタリングでは，はじめに観測値一つ一つをクラスターとみなして，観測値のすべてのペアの距離を計算する必要があった．これに対して K-平均法では，観測値と，代表点との距離を計算するだけでよい．

一般的に，観測値の数（サンプルサイズ）に比べてクラスターの数は大幅に少ないため，K-平均法は階層型クラスタリングに比べて計算量が少なくて済む．

- 最初の代表点としてどれを選ぶかによって，クラスタリングの結果が異なることが多い（このことを「初期値依存性が強い」などという）．つまり，まったく同じデータに対しても，K-平均法を実行するたびに異なるクラスタリング結果が得られる可能性がある．したがって，たった1回の K-平均法によるクラスタリングで得られる結果を鵜呑みにするべきではない．そこでたとえば，初期値を変えてそれぞれで K-平均法によるクラスタリングを複数回実行し，その中で (8.1) 式の値が小さくなるものを選ぶのがよい．

8.4.3 R による分析

R では kmeans という関数で K-平均法を実行できる．ここでは，人工的に生成されたデータに対してそれぞれ K-平均法を適用する．cluster パッケージに内蔵されている人工データ ruspini は，サンプルサイズ 75 の 2 変数データで，図 8.11 左にその散布図を示している．K-平均法を実行する R プログラムを，ソースコード 8.4 に掲載する．

ソースコード 8.4 K-平均法によるクラスタリング

```
library(cluster) # ruspiniデータ使用のため 要インストール
# 人工データ (ruspini)
plot(ruspini)
# クラスター数 4でクラスタリング
res = kmeans(ruspini, centers=4)
# クラスター番号出力
res$cluster
# クラスタリング結果描画
plot(ruspini, col = res$cluster)
points(res$centers, col = 1:5, pch = 8)  #クラスター重心 plot
res$tot.withinss  #クラスター内距離の総和
# 上の 3行を繰り返し実行してみよう
# 繰り返し実行するたびに，結果が変わってしまう
```

ruspini データに対するクラスタリング結果を，図 8.11 右に示す．クラスターごとに異なる記号で観測値を描画しており，図中の ● は各クラスターの重

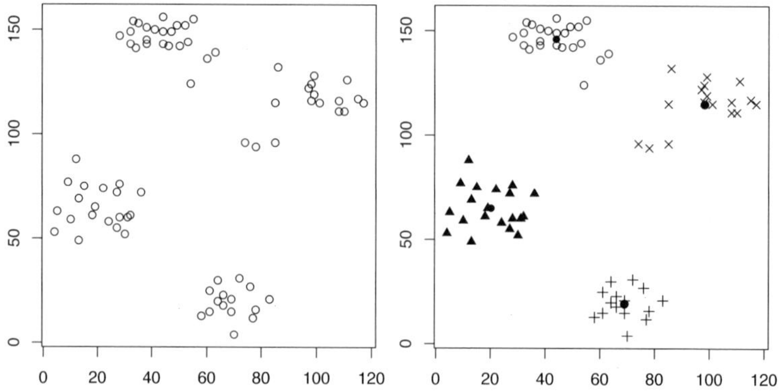

図8.11　ruspini データの散布図（左）と，クラスター数4の K-平均法によるクラスタリング結果（右）

心を表す．観測値間の近さに応じて，適切にクラスタリングができているように見える．また，プログラム9行目の res$cluster は各観測値に対するクラスターの番号を，プログラム11行目の res$tot.withinss は，(8.1) 式に示すクラスター内距離の総和をとった値を出力する．

ここで，クラスタリング結果について補足すべきことが2点ある．1点目として，ruspini データに対して，繰り返して K-平均法を適用してみよう．K-平均法を実行するたびに，クラスタリング結果が変わってしまう様子が見て取れる（章末問題 ***8-5***）．図8.11右の結果は，それらのうちの1つである．このことから，前項でも述べたように，K-平均法は初期値依存性が強いことが確認できるだろう．そこで，たとえば K-平均法を繰り返し実行し，それぞれの結果のうち (8.1) 式の基準が最小となるクラスタリング結果を採用すればよい．なお，kmeans 関数では，nstart という引数に1より大きい数値を指定することで，初期値依存性を緩和できる．nstart に数値を指定することで，その回数ほど繰り返してランダムに初期値を設定したうえで K-平均法を実行し，最適なクラスタリング結果を出力する[5]．

2点目として，K-平均法をはじめとする非階層型クラスタリングを2回繰り返すことで，クラスター構造は同じだが，クラスター番号（ソースコード8.4の

---

[5] nstart に数値を指定しない場合は，K-平均法は一度だけ実行される．

9行目で出力される番号）が入れ替わっているという2つの出力結果が得られる場合がある．一見するとこれらは異なるクラスタリング結果のように見えるかもしれないが，この2つは，クラスター構造は同じものなので，同じ結果とみなせる．なぜなら，クラスター番号は各クラスターに対してプログラムが便宜上つけるラベルであり，実質的な意味はないためである．クラスター分析にはラベルに対応するデータが存在しないので，得られたクラスターがそれぞれ「何番目のものか」という情報をもっていないため，どちらの番号でもよい．

8.4.4　データの標準化

ここで，K-平均法によって適切なクラスタリングが得られない例を紹介する．図8.12左は，2変量のデータに対して，クラスター数2でK-平均法を適用した結果である（○と×で属するクラスターを表している）．直感的には，左右で2つのクラスターに分かれそうだが，上下で分かれてしまっている．これはなぜだろうか．

その答えは，散布図の目盛りにある．実はこの散布図は，X座標とY座標の縮尺が大きく異なっており，実際は図8.12中央に示すように，Y座標の縮尺が大きな縦長のデータになっている．したがって，観測値間の距離に基づいてクラスタリングを行おうとすると，X座標の距離よりもY座標の距離が大きくなる傾向があるため，結果として図8.12左のようなクラスタリング結果が得られたのである．しかしこの結果は，データの仲間分けという観点では適切でない

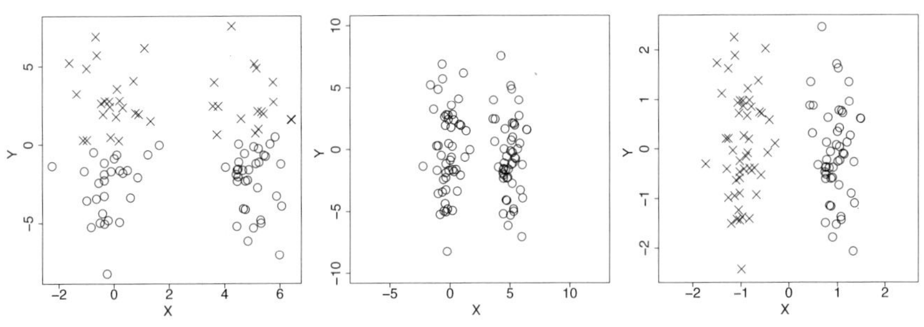

図8.12　標準化される前のデータに対するクラスタリング結果（左），X座標，Y座標のスケールを合わせた図（中央），標準化されたデータに対するクラスタリング結果（右）．

場合が多い．そこで，X 座標と Y 座標のスケールを揃えるために，各変数で標準化を行うことが望ましい．標準化されたデータに対してクラスター分析を行うことで，図 8.12 右に示すような，直感に合ったクラスタリング結果が得られる．図 8.12 の図を出力するプログラムを，ソースコード 8.5 に示す．

ソースコード 8.5　クラスタリングに失敗している例

```
library(MASS)

# 人工データ生成
Sigma = diag(c(0.5,10)) #分散共分散行列
x1 = mvrnorm(50, c(0,0), Sigma) #クラスター1のデータ
x2 = mvrnorm(50, c(5,0), Sigma) #クラスター2のデータ
data = rbind(x1,x2)
plot(data,pch=16, xlab="X", ylab="Y")

# 生成されたデータに対してそのまま K-平均法適用
res = kmeans(data, centers=2)
plot(data, col = res$cluster, pch=16)

# 標準化したデータに対して K-平均法適用
data_s = scale(data)
res_s = kmeans(data_s, centers=2)
plot(data_s, col = res_s$cluster, pch=16)
```

8.5　クラスター数の選択

8.4 節で述べたように，非階層型クラスタリングは，事前に分析者がクラスターの数を指定したうえで実行される．分析目的において，クラスターの数がわかっているような状況であればその数を指定すればよいが，一般的にはクラスターの数に正解があるわけではない．もちろん，分析者の主観で適当な値を決めることもできるが，それでは誰が分析するかによってクラスター数もクラスタリング結果も異なってしまう．そのために，何らかの客観的な指標で決定する方法が考えられている．

非階層型クラスタリングでは，クラスター数を，後に紹介する基準を利用して，次の手順で決定する．

[1]　クラスター数の候補（2 個，3 個，4 個，. . .）を決める．

[2]　各クラスター数で，非階層型クラスタリングを実行する．

[3] [2] で得られたクラスタリング結果それぞれに対して，基準となる値を計算する．

[4] 各クラスター数に対応する基準を比較し，最適なクラスター数を決める．

この手順は，3 章の線形重回帰モデルにおける，変数選択の手順に類似している．では，線形重回帰モデルで用いられたモデル評価基準に対応するような，最適なクラスター数を選択するための基準には，どのようなものがあるだろうか．以下では，このための基準をいくつか紹介する．

8.5.1 エルボー法

クラスター数を決定する方法の 1 つに，**エルボー法** (elbow method) とよばれるものがある．エルボー法では，K-平均法の計算で用いた (8.1) 式の値 D^2 を用いる．この値は，クラスター数が増加するほど減少する傾向があるが，クラスタリングが適切であるほど，つまり，各クラスターがコンパクトにまとまっているほど小さくなる．このことから，D^2 はクラスタリングのよさを測る指標と考えることができる．

いま，クラスターの数を $2, 3, 4, \ldots$ と増やしていき，それぞれに対してクラスタリングを実行し (8.1) 式の D^2 の値を計算したとする．その結果，D^2 の推移が図 8.13 のように得られたとしよう．この結果は，次のように解釈することができる．クラスター数が 3 になるまでは，クラスター数が増えるたびに (8.1) 式の値が大きく減少しているため，クラスター数を増やしたことに意味があったと考えられる．一方でクラスター数を 4 以上にしても，D^2 の値はあまり減少しなくなる．これは，クラスターの数を 4 以上にしても，クラスタリングとしてあまり改善が見られていないものと考えられる．むやみにクラスターの数を増やすと，各クラスターがどのような特徴をもつかについての解釈が困難になってしまうため，その手前である 3 を最適なクラスター数とする．このように，D^2 の値があまり減少しなくなる手前のクラスター数を最適なクラスター数として選択するのが，エルボー法である．エルボー法という名前は，図 8.13 のグラフの曲線が，曲がった「肘」のように見えることに由来する．エルボー法は古くから用いられている方法であるが，実際のデータでは図 8.13 ほど明確に肘の部分が現れないことが多い．特に，場合によっては誤った結果をもたらすことが

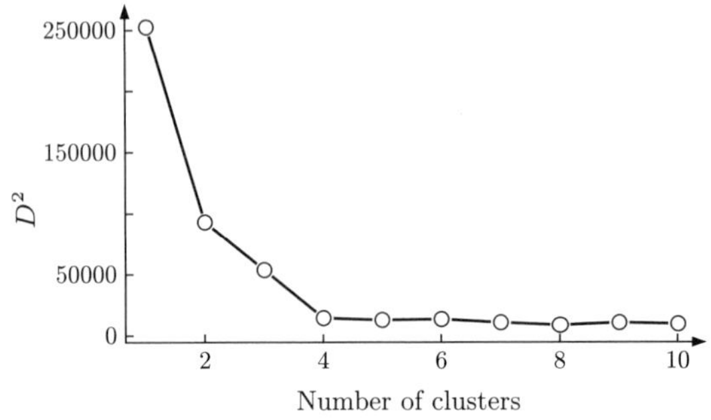

図 8.13 クラスター数（横軸）に応じて K-平均法を適用することで得られる D^2 の値

文献 [30] によって指摘されている．

8.5.2 シルエット

シルエット (silhouette) は，同じクラスターに属している観測値間の距離と，隣接するクラスターに属している観測値との距離に基づいて，「自身が属するクラスターの重心にどれだけ近いか」，言い換えると，どれだけ各クラスターがコンパクトにまとまっているかを数値化した指標である．

次の値を，第 i 観測値 $\boldsymbol{x}_i$ のシルエット値という．

$$s_i = \frac{b_i - a_i}{\max\{b_i, a_i\}} \tag{8.2}$$

ここで，a_i は観測値 $\boldsymbol{x}_i$ と，$\boldsymbol{x}_i$ が属するクラスター内の他の観測値との距離の平均値を表し，b_i は観測値 $\boldsymbol{x}_i$ と，$\boldsymbol{x}_i$ が属するクラスターに最も近い（クラスター間距離が最小の）別のクラスター内の観測値との距離の平均値を表す．クラスタリング結果が適切であれば，各クラスター内における観測値の散らばりが小さく，かつ異なるクラスターが互いによく離れている状態である．この状態というのはそれぞれ，(8.2) 式における a_i が小さく，b_i は大きいときに相当する．したがって，クラスタリング結果が適切であるほど，シルエット値 s_i はすべての i に対して大きくなり，逆に不適切であるほど，シルエット値は小さくなる傾向にある．このことから，シルエット値 $s_1, \ldots, s_n$ の総和または平均値が最大となるクラスター数を選ぶのがよい．

(8.2) 式の s_i をすべての i に対してそれぞれ計算し，クラスターごとにシル

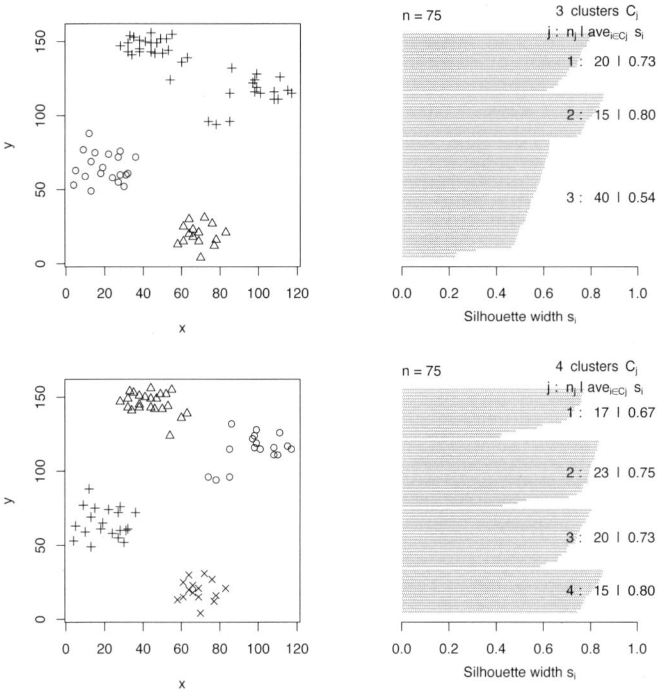

図 8.14　クラスター数 3, 4 の場合におけるクラスタリング結果（左）と，対応するシルエット図（右）．上がクラスター数 3 の場合，下がクラスター数 4 の場合を示す．

エット値 s_i の値を大きさの順に並べ替え棒グラフにすることで，図 8.14 右のようなグラフが得られる．これをシルエット図という．シルエット図中に表示されている「1:20 | 0.73」といった数字は，「1 番目のクラスターには 20 個の観測値があり，そのシルエット値 s_i の平均値は 0.73 である」ことを示している．図 8.14 は，左の散布図に示すデータに対してクラスター数 3 と 4 でそれぞれクラスタリングを行い，得られたクラスタリング結果と，シルエット図を並べたものである．クラスター数 3 では，観測値が最も多く含まれる 3 番目のクラスターのシルエット値が全体的に小さい（図 8.14 右上）．実際に散布図を確認すると，1 つのクラスターの中で観測値が二分されていることがわかる（図 8.14 左上）．シルエット値が小さいのは，このクラスターのすべての観測値が重心から離れていることが原因であると考えられる．一方でクラスター数が 4 のとき

は，ほとんどの観測値に対してシルエット値が大きくなっていることがわかる（図8.14右下）．対応する散布図を見ても，クラスター数3のときに比べて，クラスター数4のときのほうがクラスターがコンパクトにまとまっているように見える（図8.14右下）．

8.5.3　ギャップ統計量

クラスター数を決定するもう1つの基準に，**ギャップ統計量** (GAP statistic) とよばれるものがある．ギャップ統計量は，クラスター内の散らばりを表す (8.1) 式の値と，その期待値との離れ具合をもとに計算される値である．ギャップ統計量を計算することで，図8.15のような図が得られる．この図は，クラスター数（横軸）に応じてギャップ統計量の値（縦軸）とその標準偏差（縦方向のひげ）を描画したものである．

ギャップ統計量による最適なクラスター数の選択方法は，少し複雑だが次のとおりである．各クラスター数でのギャップ統計量の値と，次に大きいクラスター数でのギャップ統計量に標準偏差を加えたもの（図8.15における上側のひげの値）との差を求める．このとき，この差が正になるものの中で最小のクラスター数を，最適なクラスター数とする．図8.15では，ギャップ統計量の値が急激に下がる直前の4が，最適なクラスター数となる．

またギャップ統計量は，もしデータに実際にはクラスター構造がない，つま

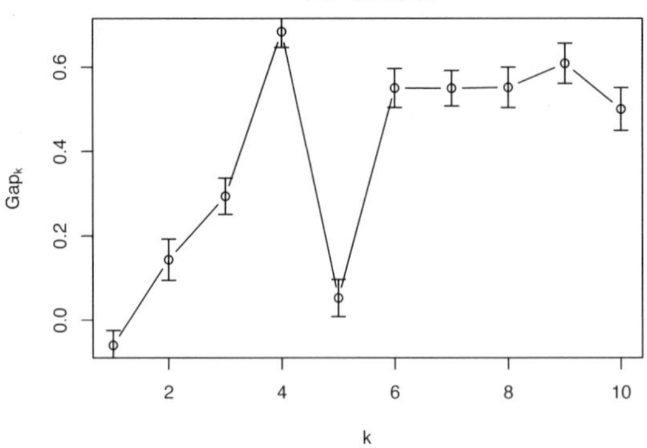

図 8.15　クラスター数（横軸）に応じて K-平均法を適用することで得られるギャップ統計量の値

りクラスター数として1が適切である場合，最適なクラスター数が1であると選択する性質がある．たとえばエルボー法ではそのようなデータであった場合でも「クラスター構造はない」という結論を導くことは難しいが，ギャップ統計量ではその答えを与えてくれやすい．

ギャップ統計量の厳密な説明はやや難解であるため，ここでは大まかな説明にとどめる．興味がある人は文献 [31] を参照されたい．

8.5.4 R による分析

本節で紹介した，クラスター数を決定するための基準を，ソースコード 8.6 に示す．ここでは，ソースコード 8.4 でも用いた ruspini データに対して基準を計算している．

ソースコード 8.6 シルエット計算

```
library(cluster) # 要インストール

## エルボー法
res_elbow = 1:10  # D2を格納する変数
# クラスター数を1から10まで変化させながらK-平均法実行
for(k in 1:10){
  res = kmeans(ruspini, k)
  res_elbow[k] = res$tot.withinss  # D2の値を格納
}
# D2の値をplot
plot(res_elbow, type="b")

## シルエット
# クラスター数3でK-平均法実行
res = kmeans(ruspini, 3)
# シルエット値計算
res.sil = silhouette(res$cluster, dist(ruspini))
# クラスタリング結果とシルエット値をplot
par(mfrow=c(1,2), mar=c(4,4,2,2))
plot(ruspini, pch=res$cluster)
plot(res.sil, main="")

# 上と同じ処理をクラスター数4で実行
res = kmeans(ruspini, 4)
res.sil = silhouette(res$cluster, dist(ruspini))
par(mfrow=c(1,2), mar=c(4,4,2,2))
plot(ruspini, pch=res$cluster)
plot(res.sil, main="")
par(mfrow=c(1,1))
```

```
30
31 ## ギャップ統計量
32 # ギャップ統計量計算
33 res.gap = clusGap(ruspini, FUN = kmeans, K.max = 10)
34 # ギャップ統計量 plot
35 plot(res.gap, main="GAP statistic")
```

(8.1) 式の D^2 の値は，K-平均法を実行する関数 kmeans の出力結果の項目の 1 つである tot.withinss から取得できる．この値を，クラスター数が 1 の場合から 10 の場合までそれぞれ算出し，散布図として描画したものが図 8.13 である（ソースコード 5〜11 行目）．ただし，8.4.2 節で述べたように，K-平均法は初期値依存性が強いために，実行するたびにクラスタリング結果が異なる可能性がある．そのため，読者がプログラムを実行しても，図 8.13 とまったく同じ結果が得られるとは限らないことに注意されたい．

シルエット値は，silhouette 関数にクラスタリング結果とデータの距離行列を入力することで計算できる（17 行目）．また，その出力結果を plot 関数に入力することで，シルエット図をそのまま描画できる（21 行目）．

ギャップ統計量についても，clusGap 関数により簡単に計算できる（33 行目）．引数 FUN で用いるクラスタリング手法を，引数 K.max でギャップ統計量を計算するクラスター数の上限を指定できる．さらに，その出力結果を plot 関数に入力することで図 8.15 のようなグラフを描画することができる（35 行目）．

8.6　クラスター分析手法の発展

本章ではここまで，階層型クラスタリングと非階層型クラスタリングそれぞれについて，基本的な方法を紹介してきた．本節では，これ以外に考えられているクラスタリング手法について，その特徴と併せて概要を説明する．詳細については，文献 [3] などを参照されたい．

非階層型クラスタリングの代表例でもある K-平均法は，観測値間の距離に基づいてデータをグループ分けするものだった．しかし，K-平均法を直接適用しただけでは妥当な結果が得られない場合がある．その例が，図 8.16 に示すデータである．このデータは，渦状に分布しているデータが 2 つ，入り組んだ状態で観測値を得ている．この 2 次元データに対して，クラスター数 2 で K-平均法を

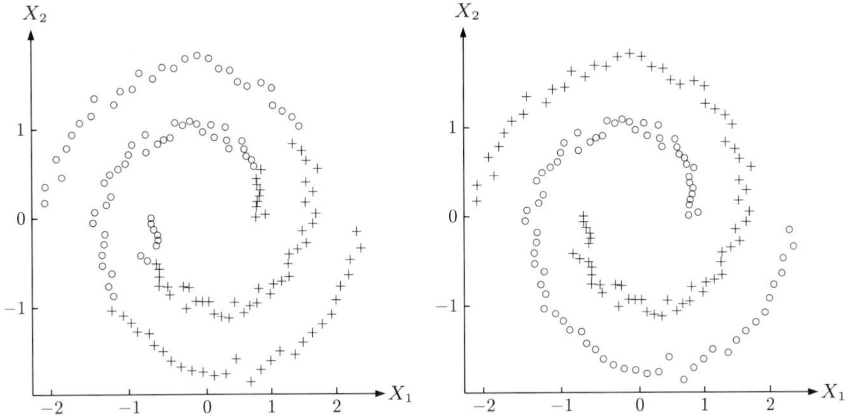

図 8.16 渦状データに対して，直接 K-平均法を適用した結果（左）と，スペクトラルクラスタリングを適用した結果（右）.

直接適用すると，図 8.16 左のようなクラスタリング結果が得られるが，この結果は不自然だと感じるだろう．これに対して，観測値間の連結（つながり）具合を表す情報を取り入れてデータを変換し，これに対して K-平均法を適用することで，図 8.16 右のような結果が得られる．このような方法は**スペクトラルクラスタリング** (spectral clustering) とよばれている．図 8.16 に示すデータのように各クラスターの境界線が複雑に入り組んでいると考えられる場合は，スペクトラルクラスタリングが有効な場合がある．

これまでに紹介したクラスタリング手法は，1 つの観測値を，K 個のクラスターのうちいずれか 1 つに属するという結果を与えるものだった．一方で，たとえばさまざまなジャンルの商品に対する売り上げ（特徴量）のパターンに応じて複数の店舗をクラスタリングしたい場合，ある店舗はクラスター 1 とクラスター 2 のいずれの傾向ももつため，複数のクラスターに属してもよいという結果が欲しい場合もある．このような結果を与えるクラスタリング手法は，**ソフトクラスタリング** (soft clustering) とよばれている．これに対して，K-平均法といった，各観測値に対して 1 つだけクラスター番号を割り当てる方法は，**ハードクラスタリング** (hard clustering) とよばれている．ソフトクラスタリングの方法としては，ファジィ c-平均法や，混合分布モデルに基づく方法などが該当する．これらはいずれも，各観測値がどのクラスターに属するのが相応しいかを表した確からしさを，比率として出力する．この確からしさが大きいクラスター（2つ以上の場合もありうる）に，観測値を割り当てればよい．

クラスタリング手法は，一般的に，観測値をグループ分けするものである．これに対して，たとえば前述の店舗のクラスタリングにおいて，「このクラスターにグループ分けされた店舗は，このジャンル（特徴量）の商品が多く売れている（売れていない）」という傾向を知りたいとしよう．このような場合，店舗に対してだけでなく，クラスターの特徴がわかりやすくなるように，商品ジャンルに対してもクラスタリングが行われる．このように，観測個体だけでなく特徴量に対しても同時にクラスタリングを行う方法は，**共クラスタリング** (co-clustering) とよばれている．共クラスタリングを適用することで，たとえば「このクラスターに属している店舗は，生活雑貨関連の売り上げが多い」といったように，クラスターごとに特徴的な傾向をもつ特徴量を浮かび上がらせることができる．

8.7　ウォード法の計算*

ここでは，ウォード法によりクラスター間の距離を求める際に用いられる計算について紹介する．いま，観測値は p 個の特徴量をもっているとし，i 番目の観測値を p 次元ベクトル $\boldsymbol{x}_i = (x_{i1}, \ldots, x_{ip})^\top$ で表す．そして，サイズが m, n である2つのクラスターをそれぞれ

$$\{\boldsymbol{x}_1, \ldots, \boldsymbol{x}_m\}, \quad \{\boldsymbol{x}_{m+1}, \ldots, \boldsymbol{x}_{m+n}\}$$

とおく．このとき，2つのクラスターの標本平均はそれぞれ

$$\overline{\boldsymbol{x}}^{(1)} = \frac{1}{m}\sum_{i=1}^{m}\boldsymbol{x}_i, \quad \overline{\boldsymbol{x}}^{(2)} = \frac{1}{n}\sum_{i=m+1}^{m+n}\boldsymbol{x}_i$$

で表される．また，クラスター内変動をそれぞれ

$$S^{(1)} = \sum_{i=1}^{m}\|\boldsymbol{x}_i - \overline{\boldsymbol{x}}^{(1)}\|^2, \quad S^{(2)} = \sum_{i=m+1}^{m+n}\|\boldsymbol{x}_i - \overline{\boldsymbol{x}}^{(2)}\|^2$$

で与える．

続いて，これら2つのクラスターを結合した1つのクラスターの標本平均は

$$\overline{\boldsymbol{x}} = \frac{1}{m+n}\sum_{i=1}^{m+n}\boldsymbol{x}_i = \frac{m}{m+n}\overline{\boldsymbol{x}}^{(1)} + \frac{n}{m+n}\overline{\boldsymbol{x}}^{(2)}$$

となる．また，このクラスター内変動は次で与えられる．

$$S = \sum_{i=1}^{m+n} \|\boldsymbol{x}_i - \overline{\boldsymbol{x}}\|^2.$$

この S は，さらに次のように計算される．

$$\begin{aligned}
S &= \sum_{i=1}^{m} \|\boldsymbol{x}_i - \overline{\boldsymbol{x}}^{(1)} + \overline{\boldsymbol{x}}^{(1)} - \overline{\boldsymbol{x}}\|^2 + \sum_{i=m+1}^{m+n} \|\boldsymbol{x}_i - \overline{\boldsymbol{x}}^{(2)} + \overline{\boldsymbol{x}}^{(2)} - \overline{\boldsymbol{x}}\|^2 \\
&= S^{(1)} + m\|\overline{\boldsymbol{x}}^{(1)} - \overline{\boldsymbol{x}}\|^2 + S^{(2)} + n\|\overline{\boldsymbol{x}}^{(2)} - \overline{\boldsymbol{x}}\|^2 \\
&= S^{(1)} + m\left\|\overline{\boldsymbol{x}}^{(1)} - \left(\frac{m}{m+n}\overline{\boldsymbol{x}}^{(1)} + \frac{n}{m+n}\overline{\boldsymbol{x}}^{(2)}\right)\right\|^2 \\
&\quad + S^{(2)} + n\left\|\overline{\boldsymbol{x}}^{(2)} - \left(\frac{m}{m+n}\overline{\boldsymbol{x}}^{(1)} + \frac{n}{m+n}\overline{\boldsymbol{x}}^{(2)}\right)\right\|^2 \\
&= S^{(1)} + S^{(2)} + m\left\|\frac{n}{m+n}\left(\overline{\boldsymbol{x}}^{(1)} - \overline{\boldsymbol{x}}^{(2)}\right)\right\|^2 + n\left\|\frac{m}{m+n}\left(\overline{\boldsymbol{x}}^{(2)} - \overline{\boldsymbol{x}}^{(1)}\right)\right\|^2 \\
&= S^{(1)} + S^{(2)} + \frac{mn}{m+n}\left\|\overline{\boldsymbol{x}}^{(1)} - \overline{\boldsymbol{x}}^{(2)}\right\|^2.
\end{aligned}$$

最後の式を見ると，これは結合前の 2 つのクラスター内変動 $S^{(1)}, S^{(2)}$ に，クラスター間変動に対応する項 $\frac{mn}{m+n}\left\|\overline{\boldsymbol{x}}^{(1)} - \overline{\boldsymbol{x}}^{(2)}\right\|^2$ が加わった形になっている．これは，クラスターを結合することで増加する変動を表しており，ウォード法ではこれをクラスター間距離（の 2 乗）として与えている．

章末問題

8-1 クラスター分析についての説明として，適切なものを1つ選べ．

(a) クラスター分析を行う場合は，ラベルに対応するデータが必要である．

(b) クラスター間距離として単連結を用いた場合，完全連結を用いた場合よりも距離は小さくなる．ただしクラスターに含まれる観測値の数は2以上とする．

(c) 階層型クラスタリングを適用する場合は，あらかじめクラスターの数を指定しておく必要がある．

(d) クラスタリングを行う場合は，観測されたデータに対して標準化せずに行うことが望ましい．

8-2 次の2点 $\boldsymbol{x}, \boldsymbol{y}$ に対して，ユークリッド距離とマンハッタン距離をそれぞれ求めよ．また，どちらの距離のほうが小さいか確認せよ．

$$\boldsymbol{x} = (1, 0, -2)^\top, \quad \boldsymbol{y} = (-1, 3, 2)^\top$$

8-3 ［R使用］ `UScities` のデータに対して，クラスター間距離をウォード法として階層型クラスタリングを実行し，デンドログラムを出力せよ．得られたデンドログラムを用いてクラスター数を3としたとき，3つのクラスターをそれぞれ答えよ．

8-4 ［R使用］ 以下のプログラムで得られるオブジェクト `data` を利用して，アヤメのデータに対して階層型クラスタリングを適用し，デンドログラムを描画せよ．クラスター数を3としたとき，品種ごとにクラスタリングできているか確認せよ．

```
# アヤメのデータ（ラベル以外）読み込み
data = iris[, -5]
## ここにプログラムを書く ##
```

8-5 `cluster` パッケージの `ruspini` データ（8.5節参照）に対して，`kmeans` 関数の引数 `nstart` を1として K-平均法を10回繰り返し，`tot.withinss` の値を出力せよ．また，`tot.withinss` の値が最小になる分割を出力せよ．

第 9 章

主成分分析

1変量データの分析では箱ひげ図やヒストグラムを，また2変量データの分析では散布図を利用して可視化することで，データの全体像を容易に捉えることができた．しかし，3変量以上のデータが観測された場合，これらの傾向をそのまま捉えることは困難な場合が多い．主成分分析は，多変量データの情報をできるだけ保ったまま，より低い数の変量（次元）で表現できるよう，データを変換するための方法である．本章では，主成分分析とはどのようなものか，どのような場合に用いられるのかについて紹介する．

9.1　次元の圧縮

1.3節でも述べたように，3変量以上のデータが観測されたとき，このデータ集合の全体的な傾向を捉えることは難しい．そのような場合は，多変量データを低い次元（たとえば1〜3次元）に圧縮し，情報をコンパクトにまとめることが有効であると考えられる．たとえば，身の回りでは次のようなデータに対する次元の圧縮が用いられており，順位付けや指標づくりが行われている．

- あるクラスにおける5科目の試験の合計点（または平均点）は，5次元データを1次元データへ圧縮することで，各学生の総合成績を見ている
- 日経平均株価は，日本を代表する銘柄として選ばれた225の銘柄の株価を平均することで計算される経済指標の1つで，その数値から日本の経済状況を見ている
- 健康診断に訪れた人のBMI（Body Mass Index, 体重 (kg)/身長の2乗

(m^2)) は，2 次元データを 1 次元データへ圧縮することで，その人の肥満の度合いを見ている

当然ながら，データを圧縮することで失われてしまう情報もある．試験の合計点という情報だけでは各科目の得点を知ることはできないし，BMI の数値だけではその人の体重や身長を知ることはできない．また，圧縮の方法についても，どのような方法でもよいわけではなく，圧縮の仕方によってはまったく意味のない情報が得られてしまう可能性もある．たとえば，5 科目の試験の得点のデータを

$$\frac{1}{5}\text{国語} + \frac{1}{5}\text{数学} + \frac{1}{5}\text{英語} + \frac{1}{5}\text{理科} + \frac{1}{5}\text{社会}$$

のように変換すれば平均点になるが，各科目の重みをランダムに設定し

$$\frac{1}{3}\text{国語} - \frac{1}{6}\text{数学} - \frac{1}{6}\text{英語} + \frac{1}{2}\text{理科} + \frac{1}{2}\text{社会}$$

のように変換しても，これにより得られる値が何を意味するかを説明することは難しいだろう．したがって，データが圧縮された後でも有益な「情報」をできるだけ保持した状態であることが望ましい．このとき，考えるべき項目は次の 2 点である．

- 「情報」をどのように定量化するか
- この「情報」に基づき，どのようにデータを圧縮すればよいか

主成分分析では，次節で述べる形で，この 2 点の問題に対してアプローチしている．

9.2 主成分分析とは

9.2.1 データの射影と情報の大きさ

図 9.1 に示す 2 次元データ（$\circ$ で表示）を，1 次元に圧縮する問題を考えてみよう．図 9.1 左では，データをすべて横軸上へ射影することで，1 次元のデータ（$\star$ で表示）を構成している．同様に図 9.1 右では，2 次元データをすべて縦軸上へ射影することで 1 次元データを得ている．このとき，図左と図右で得られた 1 次元データのうち，どちらが元の情報を保持しているといえるだろうか．

図 9.1 左では，射影されたデータは分散が大きく，個体差が明確に表れている．このような場合，射影されたデータは値の大小の比較が容易であり，個体差を調べるための情報が十分に得られていることになる．一方で図右では，射

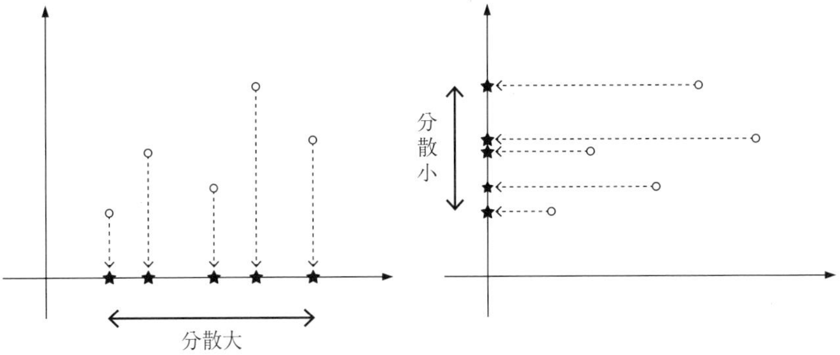

図 9.1 2 次元データの 1 次元データへの圧縮．横軸へ圧縮した場合（左）と，縦軸へ射影した場合（右）．

影されたデータの分散は小さく，すべてのデータが互いに近い値に射影されている．この場合は，データの個体差を評価する情報に乏しいといえる．このことから，圧縮されたデータの「情報」は，そのデータの散らばり具合，すなわち分散を 1 つの指標として測れるものと考えられる．図左の 1 次元データは分散が大きいため，保持されている情報は多く，一方で図右の 1 次元データは分散が小さいため，保持されている情報は少ないと考えられる．

ところで，図 9.1 ではデータを縦軸または横軸に射影したが，データを射影する方向は横軸，縦軸に限る必要はない．たとえば図 9.2 に示す軸のように，あらゆる方向へデータへ射影してもよい．したがって，情報をできるだけ失わずにデータを圧縮するには，図 9.2 左に示す軸 Z_1 のように，「射影されたデータの分散が最大となる方向（軸）」へデータを射影すればよいことになる．また，図 9.2 右に示す軸 Z_2 のような，Z_1 に直交する軸を考える．この軸は，Z_1 軸へデータを射影することで失われる情報，言い換えると，Z_1 軸では捉えきれなかった情報を保持していると考えられる．

このようにして，元のデータの座標系 (X_1, X_2) を，情報を最も多くもつ軸と，残りの情報をもつ軸による新しい座標系 (Z_1, Z_2) へ変換しようというのが，主成分分析の考え方である．

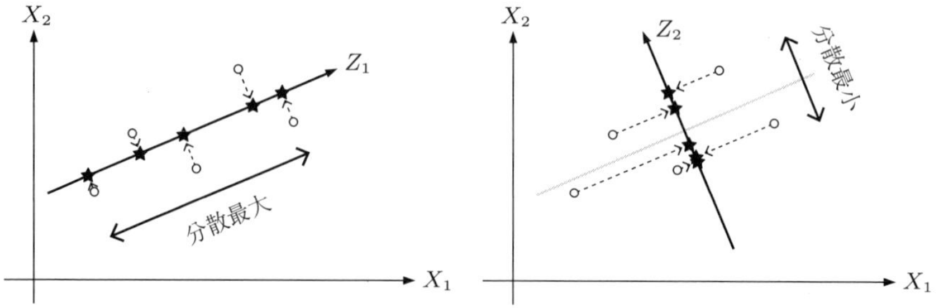

図 9.2　2変量データに対する第1主成分（左）と第2主成分（右）

9.2.2　主成分の定式化：2変量の場合

前項で述べたことを，数式を用いて説明する．いま，2種類の観測変数が与えられているとし，これらを X_1, X_2 とおく．これらの変数について観測されたデータを，1つの直線上に射影することを考える．このとき，データの射影を表す式は，

$$Z_1 = w_{11}X_1 + w_{12}X_2 \tag{9.1}$$

のように，2つの変数 X_1, X_2 の線形結合で表される．ただし，重み w_{11}, w_{12} は ${w_{11}}^2 + {w_{12}}^2 = 1$ を満たすものとする．たとえば，$w_{11} = 1, w_{12} = 0$ の場合は図 9.1 左の射影に対応し，$w_{11} = 0, w_{12} = 1$ の場合は図 9.1 右の射影に対応する．

主成分分析では，「射影されたデータの分散が最大となるような方向」を求めることが目的となる．具体的には，変数 Z_1 の分散が最大となるように (9.1) 式の w_{11}, w_{12} を求める．具体的な計算手順は次節以降で述べるが，この方法によって w_{11}, w_{12} の値が求まり，図 9.2 左のような新たな変数 Z_1 が得られる．この変数 Z_1 を，第1**主成分** (principal component) という．また，(9.1) 式の Z_1 に (X_1, X_2) の観測値を代入して得られる値を，第1**主成分得点** (principal component score) という．

次に，図 9.2 右に示すような，第1主成分を表す軸と直交する軸を考えてみよう．次項で説明するように，この軸は，データを射影したときに分散が最小になる方向に対応する．また，データを第1主成分の軸へ射影したことで失われてしまう情報を表す軸ともみなせる．この軸は Z_1 と同様，X_1, X_2 の線形結合

$$Z_2 = w_{21}X_1 + w_{22}X_2$$

によって表され，その係数 w_{21}, w_{22} を求めることで得られる．この変数 Z_2 を

第 2 主成分とよび，各観測値に対する Z_2 の値を第 2 主成分得点（スコア）という．この変数まで考えることで，観測されたデータは，元の (X_1, X_2) 座標から新しい直交座標系である (Z_1, Z_2) 座標に変換される．

9.2.3 主成分の定式化：3 変量以上の場合

データが 2 変量の場合は，第 1 主成分が求まれば，これに直交する第 2 主成分は（符号を除いて）自動的に 1 つに定まる．これに対してデータが 3 変量の場合，第 1 主成分の軸と直交する軸は無数に存在することになる．そこで，第 2 主成分は，「第 1 主成分と直交するものの中で，射影されたデータの分散が最大となる方向」として構成する．これにより，第 2 主成分は，第 1 主成分の次に多くの情報をもつ変数として得られる．第 1，第 2 主成分で張られる 2 次元平面は，3 次元空間データのもつ情報をできるだけ保持した平面と考えることができる．続けてさらに，「第 1 主成分とも第 2 主成分とも直交する方向」を考えることで，第 1 主成分と第 2 主成分で捉えきれなかった残りの情報を捉える．この方向（軸）のことを，第 3 主成分とよぶ．このように定めることで，元のデータの座標軸を，第 1, 2, 3 主成分という新しい座標軸へ変換できる．

より一般に，p 変量のデータに対しては，p 個の主成分に対応する軸が得られる．このことを定式化してみよう．いま，データが p 変量 $(X_1, \ldots, X_p)$ の観測値として与えられたとする．このとき，第 k 主成分 Z_k $(k = 1, \ldots, p)$ は，次のように $X_1, \ldots, X_p$ の線形結合で表される．

$$Z_k = w_{k1}X_1 + w_{k2}X_2 + \cdots + w_{kp}X_p.$$

このとき，軸 Z_k に対応する第 k 主成分 $(k = 2, ..., p)$ は，「第 $1, \ldots,$ 第 $k-1$ 主成分の軸とそれぞれ直交するという条件の下で，射影されたデータの分散が最大となる軸」を探すことで求めることができる．これにより，データは p 次元の座標系 $(X_1, \ldots, X_p)$ から，新しい座標系 $(Z_1, \ldots, Z_p)$ へ変換されることになる．さらに，$Z_1, Z_2, \ldots$ の順にそれぞれの軸上でデータがもつ情報，すなわち分散が小さくなっていき，最終的に第 p 主成分は，p 変量データを射影したときにその分散が最小となる軸ということになる．このようにして，情報の大きい順に変数を構築し，新しい座標系でデータを解釈する分析を**主成分分析** (Principal Component Analysis; PCA) という．

主成分分析により，元の多変量データは，その情報（=分散）を多くもつ順に変換された新たな変量で表される．情報の大きさは，第1主成分が最大で，最後の主成分が最小となる．したがって，はじめの数個の主成分のみをデータとして用い，残りの主成分を除外することで，些末な情報がデータから取り除かれ，情報を可能な限り保持した状態でデータの次元を削減できる．このことについては，9.4節で改めて述べる．

9.3　主成分分析の詳細

前節では，主成分分析および主成分とはどのようなものかについて，その概要を説明した．本節では，この主成分の求め方について説明する．

9.3.1　主成分の求め方

いま，n 個のうち i 番目の観測値について，p 変量からなるベクトルを $\boldsymbol{x}_i = (x_{i1}, \ldots, x_{ip})^\top$ とおく $(i = 1, \ldots, n)$．このとき，i 番目の観測値の $\boldsymbol{w} = (w_1, \ldots, w_p)^\top$ 方向への射影は

$$z_i = \boldsymbol{w}^\top \boldsymbol{x}_i = w_1 x_{i1} + \cdots + w_p x_{ip} \tag{9.2}$$

である．ここで，$\boldsymbol{w} = (w_1, \ldots, w_p)^\top$ は射影のための方向ベクトルで，大きさは1 $(\|\boldsymbol{w}\| = 1)$ を満たすものとする．

それでは，第1主成分を求めるところから始めよう．前節の説明より，第1主成分は，(9.2) 式の $z_1, \ldots, z_n$ の標本分散

$$\frac{1}{n}\sum_{i=1}^{n}(z_i - \overline{z})^2 \quad \left(\overline{z} = \frac{1}{n}\sum_{i=1}^{n} z_i\right) \tag{9.3}$$

を最大にするようなベクトル $\boldsymbol{w}$ を求めることで得られる．第1主成分を与えるベクトルを $\boldsymbol{w}_1 = (w_{11}, \ldots, w_{1p})^\top$ とおく．続いて，$k \geq 2$ に対する第 k 主成分は，第$1, \ldots,$ 第 $k-1$ 主成分を与える方向とそれぞれ直交するという条件の下で，標本分散 (9.3) 式を最大にするベクトル $\boldsymbol{w}$ を求めることで得られる．このベクトルを $\boldsymbol{w}_k = (w_{k1}, \ldots, w_{kp})^\top$ とおく．実は，この標本分散の（制約付き）最大化問題は，n 個の p 次元観測値ベクトル $\boldsymbol{x}_1, \ldots, \boldsymbol{x}_n$ の標本分散共分散行列

$$S = \frac{1}{n}\sum_{i=1}^{n}(\boldsymbol{x}_i - \overline{\boldsymbol{x}})(\boldsymbol{x}_i - \overline{\boldsymbol{x}})^\top \quad \left(\overline{\boldsymbol{x}} = \frac{1}{n}\sum_{i=1}^{n} \boldsymbol{x}_i\right)$$

の固有値および固有ベクトルを求める問題に帰着されることが，計算により示される．その計算の詳細については，9.6 節で詳しく述べる．

結果として，標本分散共分散行列 S の固有値を λ としたときの固有値問題

$$S\boldsymbol{w} = \lambda \boldsymbol{w}$$

の最大固有値 λ_1 に対応する固有ベクトルが，第 1 主成分を与える方向ベクトル $\boldsymbol{w}_1$，2 番目に大きい固有値 λ_2 に対応する固有ベクトルが，第 2 主成分を与える方向ベクトル $\boldsymbol{w}_2$ となる．最も分散の小さい軸である第 p 主成分は，固有値が最小となる固有ベクトル $\boldsymbol{w}_p$ に対応する．より一般的に，k 番目に大きい固有値 λ_k に対応する固有ベクトルは，第 k 主成分を与える方向ベクトル $\boldsymbol{w}_k$ に対応する．なお，9.6 節に示す計算により，第 k 主成分と第 l 主成分の主成分得点 (z_{ik}, z_{il}) $(i = 1, \ldots, n,\ k \neq l)$ は無相関であることがわかる．

9.3.2 主成分のもつ情報

9.6 節で後述するとおり，主成分得点 $z_{1k}, \ldots, z_{nk}$ の分散は標本分散共分散行列 S の k 番目に大きい固有値 λ_k に一致する．また，標本分散共分散行列は非負値定符号行列であるため，すべての固有値は非負の実数である．したがって，固有値問題を解くことで得られた固有値が，そのまま各主成分がもつ「情報」の大きさを表していると考えることができる．

固有値の性質より，行列 S の固有値の総和は，そのトレース（行列の対角成分の和）に一致する．

$$\lambda_1 + \cdots + \lambda_p = \mathrm{tr}(S)$$

一方，第 j 変数の観測値 $x_{1j}, \ldots, x_{nj}$ に対する標本分散 ${s_j}^2 = \dfrac{1}{n}\sum_{i=1}^{n}(x_{ij} - \overline{x}_j)^2$ $(j = 1, \ldots, p)$ は，標本分散共分散行列 S の対角成分であるため

$${s_1}^2 + \cdots + {s_p}^2 = \mathrm{tr}(S)$$

であることから，固有値の総和と各変数の標本分散の総和は等しいことになる．

このことから，すべての固有値の和に対する第 k 主成分の固有値の割合

$$\frac{\lambda_k}{\lambda_1 + \cdots + \lambda_p}$$

は，p 変数データの各変数における分散の総和に対する第 k 主成分得点の分散

の比率を表している．これは第 k 主成分が，データの全情報の中でどの程度の情報をもっているかを割合として定量化したものといえる．この割合のことを，第 k 主成分の**寄与率** (contribution ratio) という．さらに，第 k 主成分までの寄与率の累積和

$$\frac{\lambda_1 + \cdots + \lambda_k}{\lambda_1 + \cdots + \lambda_p} \tag{9.4}$$

は，第 k 主成分まででデータの全情報のうちどの程度の情報を保持しているかの割合を表している．この値を，第 k 主成分までの**累積寄与率** (cumulative contribution ratio) という．

主成分分析を用いてデータの次元を削減する場合は，主成分の数を選択する必要があるが，その基準としてこの累積寄与率が用いられることが多い．明確な基準はないが，累積寄与率が 90％を超えれば，それまでの数の主成分でデータの情報は十分保持されているとみなすことが多い．

主成分分析で用いられる指標を，もう 1 つ説明する．第 k 主成分の主成分得点 $z_{1k}, \ldots, z_{nk}$ と，第 j 変数の観測値 $x_{1j}, \ldots, x_{nj}$ との相関係数

$$\ell_{kj} = \frac{v_{kj}}{\sqrt{{v_k}^2 {v_j}^2}} \tag{9.5}$$

を，**主成分負荷量** (principal component loading) という．ここで，$v_{kj} = \dfrac{1}{n}\displaystyle\sum_{i=1}^{n}(z_{ik} - \overline{z}_k)(x_{ij} - \overline{x}_j)$, ${v_k}^2 = \dfrac{1}{n}\displaystyle\sum_{i=1}^{n}(z_{ik} - \overline{z}_k)^2$, ${v_j}^2 = \dfrac{1}{n}\displaystyle\sum_{i=1}^{n}(x_{ij} - \overline{x}_j)^2$, $\overline{z}_k = \dfrac{1}{n}\displaystyle\sum_{i=1}^{n} z_{ik}$, $\overline{x}_j = \dfrac{1}{n}\displaystyle\sum_{i=1}^{n} x_{ij}$ とした．主成分負荷量は，各変数が，各主成分にどの程度強く関わっているかを表すものである．

9.3.3　標準化

標本分散共分散行列の固有ベクトルは，各変数のスケールに依存し，分散が大きい変数の影響を受けやすい．例として，複数の物件それぞれに対して家賃（円），駅からの所要時間（分），広さ (m^2) を変数としてまとめたデータを考える．このようなデータに対して主成分分析を行うと，家賃だけ突出して分散が大きいため，第 1 主成分は家賃の情報にほぼ一致してしまい，それ以外の変数の重要な散らばりを見落としてしまう可能性がある．そこで，一般的に主成分分析を行う場合は，あらかじめ標準化を行い，各変数で分散を揃えてから主成分

分分析を行うことが多い．その場合は，分散共分散行列の代わりに相関行列に対して固有値と固有ベクトルを求めることになる．

9.3.4 R による分析

主成分分析を，人工的に発生させたデータに対して適用してみよう．ここでは，図 9.3 左に番号が振られた 2 変量データに対して，第 1 主成分と第 2 主成分を求める．R では，prcomp 関数で主成分分析を実行できる．主成分分析を実行する R プログラムを，ソースコード 9.1 に示す．

ソースコード 9.1 人工データに対する主成分分析

```
library(MASS)

# 人工データ生成
mu = c(0, 0) # 平均ベクトル
Sig = matrix(c(1,0.7,0.7,1), nr=2)  #分散共分散行列設定
x = mvrnorm(30, mu, Sig)  #多変量正規分布に従う乱数よりデータ生成
# データ散布図
plot(x[,1], x[,2] , pch=16, xlab="", ylab="")

# 主成分分析実行
score.pc = prcomp(x, scale.=TRUE)
score.pc   #固有ベクトル表示
summary(score.pc)  #寄与率表示
# データ番号と主成分軸表示
plot(x[,1], x[,2] , type="n", xlab="", ylab="")
text(x[,1], x[,2])
wvec = score.pc$rotation # 主成分負荷量
abline(0, wvec[2,1]/wvec[1,1])  #第 1主成分軸
abline(0, wvec[2,2]/wvec[1,2])  #第 2主成分軸
# バイプロット（上で出力される図のデータ番号と対応）
biplot(score.pc)
```

これにより，図 9.3 左に示す直線の方向に，第 1，第 2 主成分に対応する軸が得られる．さらに，図 9.3 右は，主成分得点と，(9.5) 式で与えられる主成分負荷量からなるベクトル $(\ell_{j1}, \ell_{j2})^\top$ $(j = 1, 2)$ を併記した散布図で，**バイプロット** (biplot) とよばれる．バイプロットに描画されている主成分負荷量からなるベクトルとの偏角が小さい主成分ほど，対応する変数の値が強く影響していることがわかる．図 9.3 右に示されている観測値の番号は，図 9.3 左に示した観測値の番号と対応しているため，どのように変換されたか確認してみよう．なお，

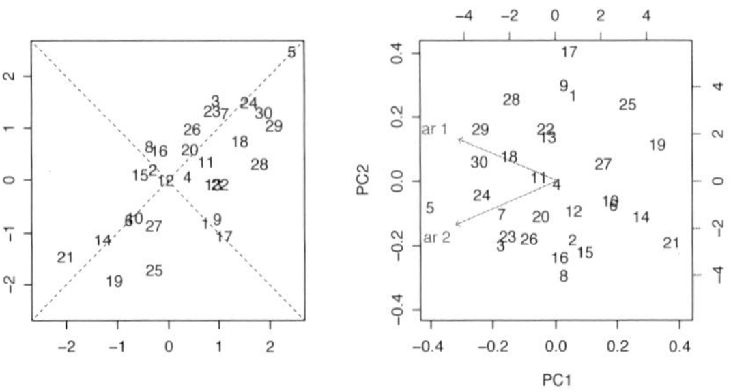

図 9.3　人工データに対する主成分分析の例．左は観測値の番号に主成分の軸を加えた散布図，右はバイプロットを表す．左と右の図の観測値の番号は対応している．

標準化を行ったデータに対して主成分分析を適用したい場合は，prcomp 関数の引数に scale.= TRUE を加えればよい．ここでは，scale.= TRUE としたときの結果を掲載している．

続いて，あるクラスの5科目の試験の得点を想定した架空のデータに主成分分析を適用する．サポートページにあるファイル“score.csv”を読み込むと，plot 関数により描画される図 9.4 左の散布図行列に示すデータが得られる．1章でも述べたように，散布図行列からデータ全体の傾向を把握することは難しい．そこで，このデータに対して主成分分析を実行してみよう．その R プログラムを，ソースコード 9.2 に示す．ここでも，標準化されたデータに対して主成分分析を適用している．

ソースコード 9.2　5科目の試験のデータに対する主成分分析

```
# 5科目試験のデータ
score = read.csv("score.csv")[,2:6]  # score.csvファイル読み込み
plot(score) #散布図行列
# 主成分分析実行
score.pc = prcomp(score, scale.=T)
score.pc
## Standard deviations (1, .., p=5):
## [1] 1.7119543 1.3838830 0.2552835 0.2152603 0.2063332
##
## Rotation (n x k) = (5 x 5):
##              PC1         PC2         PC3         PC4        PC5
## 英語 0.5682923 -0.09718518  0.55482242 -0.06915772 -0.5958088
## 国語 0.5621307 -0.12773597 -0.79211706 -0.10982569 -0.1678733
## 理科 0.1373581  0.69368893  0.05056192 -0.69016682  0.1450575
```

```
15 ## 社会 0.5676662 -0.11632440  0.23642245  0.17321522  0.7604766
16 ## 数学 0.1412115  0.69246145 -0.07918690  0.69052283 -0.1321518
17
18 # 寄与率出力
19 summary(score.pc)
20 ## Importance of components:
21 ##                           PC1    PC2     PC3     PC4     PC5
22 ## Standard deviation     1.7120 1.3839 0.25528 0.21526 0.20633
23 ## Proportion of Variance 0.5862 0.3830 0.01303 0.00927 0.00851
24 ## Cumulative Proportion  0.5862 0.9692 0.98222 0.99149 1.00000
25
26 # バイプロット
27 biplot(score.pc)
```

主成分分析による結果変数 score.pc（6 行目）から，各主成分の方向を表すベクトル $\boldsymbol{w}_1, \ldots, \boldsymbol{w}_5$ が Rotation の項目（10〜16 行目）に出力される．これを見ると，第 1 主成分，第 2 主成分の方向を表すベクトルはそれぞれ

$$\boldsymbol{w}_1 = (0.568, 0.562, 0.137, 0.568, 0.141)^\top$$

$$\boldsymbol{w}_2 = (-0.097, -0.128, 0.694, -0.116, 0.692)^\top$$

で与えられている．ベクトルに対応する科目は，順に英語，国語，理科，社会，数学である．これより，第 1 および第 2 主成分は，次で表される．

$$Z_1 = 0.568\,英語 + 0.562\,国語 + 0.137\,理科 + 0.568\,社会 + 0.141\,数学,$$

$$Z_2 = -0.097\,英語 - 0.128\,国語 + 0.694\,理科 - 0.116\,社会 + 0.692\,数学.$$

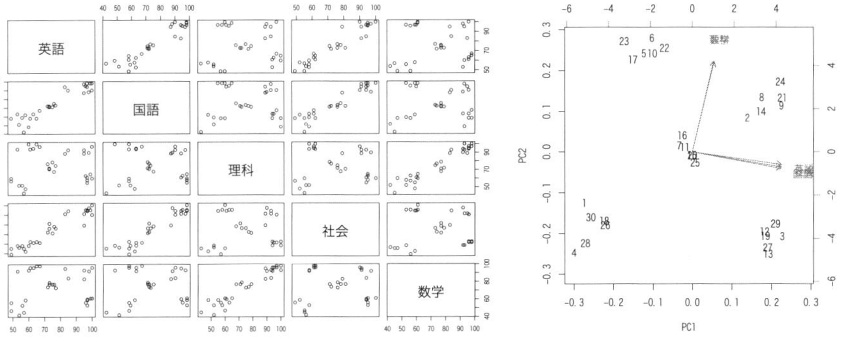

図 9.4　5 科目試験データに対する散布図行列（左）と，主成分分析により得られるバイプロット（右）

第 1 主成分の重みベクトルを見ると，英語，国語，社会の得点により大きな重みが掛かっていることがわかる．これは，文系科目の得点が高い人ほど第 1 主成分得点が大きくなることを意味する．したがって，第 1 主成分は「文系能力」を測る指標とみなすことができる，一方で第 2 主成分は，理科と数学の重みが正で，それ以外の科目の重みは小さな負の値となっている．これは，理系科目の得点が高く，文系科目の得点が低い人ほど第 2 主成分は大きくなることを意味する．つまり，第 2 主成分は，理系科目のみ得意な「理系能力」を測る指標と考えられる．このように，主成分分析により得られる重みベクトルの値から，各主成分が何を表しているかの解釈を与えることができる．なお，重みベクトル（固有ベクトル）はその方向が重要であるため，それ自体を -1 倍しても差し支えない．その場合でも，主成分がもつ本質的な意味は変わらない．

図 9.4 右のバイプロット（27 行目により出力）を見ると，（文字が重なっており見づらいが）数学，理科の 2 科目と，国語，英語，社会の 3 科目の主成分負荷量がそれぞれ同じ方向を向いていることがわかる．このことから，これら 2 科目および 3 科目はそれぞれが互いに似た情報を保持していると考えられる．特に，英語，国語，社会の主成分負荷量は第 1 主成分に近い方向を，理科と数学の主成分負荷量は第 2 主成分に近い方向を向いている．このことからも，第 1 主成分は英語，国語，社会の得点が，第 2 主成分は理科，数学の得点が比較的重要な要素となっていることがわかる．

さらに図 9.4 右のバイプロットを見ると，各観測の第 1，第 2 主成分の主成分得点が 5 つのグループに分かれていることがわかる．実際に，第 1，第 2 主成分の主成分得点という 2 変量データに対して，8 章で紹介したクラスター分析を適用することで，次の 5 つのクラスターに分割できる．

- すべての科目の成績がよいクラスター（右上）
- 文系科目は得意だが，理系科目が苦手なクラスター（右下）
- 理系科目は得意だが，文系科目が苦手なクラスター（左上）
- すべての科目の成績が平均的なクラスター（中央）
- すべての科目の成績が悪いクラスター（左下）

このように，多変量データに対して主成分分析を適用することで次元を削減したデータに対して，他の多変量解析手法を適用することもできる．

9.4　主成分分析の応用

9.3.4 項で紹介した試験データの例のように，主成分分析を行うことで，多変量データを，できるだけその情報を失わずに低次元に変換できる．この性質を利用して，主成分分析はデータ分析においてさまざまな場面へ応用されている．本節では，その一部を紹介する．

9.4.1　データの圧縮と復元

主成分分析による低次元データへの変換は，元のデータを，より小さいサイズへ圧縮することに対応する．たとえば，あるファイルに格納されている 5 変数からなるデータを，第 2 主成分までに変換し保存しなおすことで，ファイルサイズを圧縮できる．このとき，第 3 主成分から第 5 主成分までの情報は失われているため，圧縮されたファイルから元のデータの情報を完全に復元することは不可能だが，第 2 主成分までの情報を利用して．ある程度の復元は可能である．ここでは，その復元の方法と，それによりどの程度の復元が可能かについて説明する．

いま，サンプルサイズ n の p 変量データ $\boldsymbol{x}_i = (x_{i1}, \ldots, x_{ip})^\top$ $(i = 1, \ldots, n)$ が観測されたとする．ただし，ここでは話を簡単にするためにこれらは中心化されているものとする．つまり，各 i に対して $\boldsymbol{x}_i$ から標本平均ベクトル $\overline{\boldsymbol{x}} = \sum_{i=1}^{n} \boldsymbol{x}_i/n$ を引き，標本平均ベクトルが零ベクトルとなるようにしておく．このデータに対して主成分分析を適用することで，p 番目まで主成分の主成分得点 $z_{i1}, \ldots, z_{ip}$ と大きさ 1 の固有ベクトル $\boldsymbol{w}_1 = (w_{11}, \ldots, w_{1p})^\top$, …, $\boldsymbol{w}_p = (w_{p1}, \ldots, w_{pp})^\top$ が得られる．つまり，次のように表される．

$$
\begin{aligned}
&\text{第 1 主成分得点} \quad z_{i1} = w_{11}x_{i1} + w_{12}x_{i2} + \cdots + w_{1p}x_{ip} = {\boldsymbol{w}_1}^\top \boldsymbol{x}_i \\
&\text{第 2 主成分得点} \quad z_{i2} = w_{21}x_{i1} + w_{22}x_{i2} + \cdots + w_{2p}x_{ip} = {\boldsymbol{w}_2}^\top \boldsymbol{x}_i \\
&\qquad\qquad\vdots \\
&\text{第 } p \text{ 主成分得点} \quad z_{ip} = w_{p1}x_{i1} + w_{p2}x_{i2} + \cdots + w_{pp}x_{ip} = {\boldsymbol{w}_p}^\top \boldsymbol{x}_i
\end{aligned}
$$

これは，主成分得点からなる p 次元ベクトルを $\boldsymbol{z}_i = (z_{i1}, \ldots, z_{ip})^\top$，固有ベク

トルを並べた $p\times p$ 行列を $W=(\boldsymbol{w}_1\ \cdots\ \boldsymbol{w}_p)$ とおくことで，

$$\boldsymbol{z}_i=W^\top\boldsymbol{x}_i \tag{9.6}$$

と表すことができる．これにより，元の観測値 $\boldsymbol{x}_i$ が主成分得点 $\boldsymbol{z}_i$ に変換される．たとえば，第1，第2主成分の固有ベクトル $\boldsymbol{w}_1,\boldsymbol{w}_2$ を2列に並べた $p\times 2$ 行列を $W^{(2)}=(\boldsymbol{w}_1\ \boldsymbol{w}_2)$，対応する主成分得点からなるベクトルを $\boldsymbol{z}_i{}^{(2)}=(z_{i1},z_{i2})^\top$ とおくと，

$$\boldsymbol{z}_i{}^{(2)}=W^{(2)}{}^\top\boldsymbol{x}_i$$

は，p 次元ベクトル $\boldsymbol{x}_i$ を2次元ベクトルに圧縮した情報といえる．

一方，$\boldsymbol{w}_1,\ldots,\boldsymbol{w}_p$ はそれぞれ大きさ1で互いに直交するため，行列 W は直交行列，すなわち $WW^\top=I_p$ となる．したがって，(9.6) 式の両辺に左から W を掛けることで

$$W\boldsymbol{z}_i=\boldsymbol{w}_1z_{i1}+\boldsymbol{w}_2z_{i2}+\cdots+\boldsymbol{w}_pz_{ip}=\boldsymbol{x}_i \tag{9.7}$$

となる．これは，第 p 主成分までの主成分得点および固有ベクトルを用いることで，主成分得点 $\boldsymbol{z}_i$ から観測値 $\boldsymbol{x}_i$ を完全に復元できることを意味している．上記の $\boldsymbol{x}_i$ を圧縮した2次元ベクトル $\boldsymbol{z}_i{}^{(2)}$ から $\boldsymbol{x}_i$ を復元するには，(9.7) の第2主成分までの項をとって

$$\boldsymbol{x}_i{}^{(2)}=\boldsymbol{w}_1z_{i1}+\boldsymbol{w}_2z_{i2}=W^{(2)}\boldsymbol{z}_i{}^{(2)} \tag{9.8}$$

とする．$\boldsymbol{x}_i{}^{(2)}$ によって $\boldsymbol{x}_i$ をどの程度復元できたかについては，累積寄与率 (9.4) 式の値を見ればよい．(9.8) 式でデータを復元する場合は，第3主成分以降の情報が失われ，その分完全に $\boldsymbol{x}_i$ を復元することができなくなっている．それでも，第1，第2主成分の情報が十分大きければ，つまり，第2主成分までの累積寄与率が1に近ければ，$\boldsymbol{x}_i$ をよく近似できている．より一般的には，第 k 主成分までの主成分得点を用いてデータを復元する場合は，$p\times k$ 行列 $W^{(k)}=(\boldsymbol{w}_1\ \cdots\ \boldsymbol{w}_k)$，$k$ 次元ベクトル $\boldsymbol{z}_i{}^{(k)}=(z_{i1},\ldots,z_{ik})^\top$ を用いて，$W^{(k)}\boldsymbol{z}_i{}^{(k)}$ によって $\boldsymbol{x}_i$ を復元する．なお，ここまでの説明では，あらかじめデータを中心化していた，つまり，元の観測値ベクトル $\boldsymbol{x}_i$ から標本平均 $\overline{\boldsymbol{x}}$ を引いていた．したがって，復元されたデータを得るには，$W^{(k)}\boldsymbol{z}_i{}^{(k)}+\overline{\boldsymbol{x}}$ とすればよい．

主成分分析以外にも，多変量データを低次元に圧縮する方法としてはさま

ざまなものが提案されており，多次元尺度構成法（本書の第 11 章で紹介）や Isomap（Isometric mapping, 文献 [29]），t-SNE（t-distributed Stochastic Neighbor Embedding, 文献 [32]），UMAP（Uniform Manifold Approximation and Projection, 文献 [27]）などがある．また，主成分分析によるデータの圧縮，復元では，観測されたデータから主成分得点への変換，そして主成分得点から元のデータへの復元に，すべて線形結合を用いていた．これに対して，これらの変換に非線形な変換を用いることで，より効率的な圧縮と復元を行うことができる．このような方法の 1 つである**自己符号化器** (autoencoder) は，計算機を用いて新たなデータを生成するための方法として，広く用いられている．

9.4.2 R による画像圧縮と復元

それでは，主成分分析によるデータの圧縮と復元を，画像データに対して適用してみよう．ここでは，文献 [25] の原著ウェブサイト[1]から取得できる，手書き数字画像のデータを扱う．このデータは，複数名により手書きされた数字を $16 \times 16 = 256$ 画素のデジタル画像として読み込んだもので，各画素の輝度値（画素の明るさ）を 1 変数のデータとしてまとめたものである．すなわち，1 つの画像は 256 次元ベクトルで表されている．ここでは，数字の「0」が書かれた 1194 個の画像データを扱う．つまり，サンプルサイズは $n = 1194$，次元は $p = 256$ の多変量データを扱う．このデータに対して主成分分析を適用し，その結果を用いて 256 次元のデータを低次元のデータ（主成分得点）に圧縮する．そしてそれを元のデータに復元することで，画像がどのようになるのか，また，用いる主成分の個数によってどれだけ精度よく復元されるのかを確認してみよう．

手書き数字画像のうち「0」と書かれたデータを読み込み，主成分分析を適用し，画像を復元するところまでを実行するプログラムを，ソースコード 9.3 に示す．

ソースコード 9.3 手書き数字データの圧縮と復元

```
# 手書き数字データの読み込み
# 下記の URLにアクセスし，"train.0"のリンク先を右クリックし，
#「名前を付けてリンク先を保存」を選択し，ファイルとして保存する．
# https://web.stanford.edu/~hastie/ElemStatLearn/datasets/zip.digits
# 続いて，次の Rプログラムでこのファイルを読み込む．
X = read.csv("train.0", header = F)
```

[1] https://statweb.stanford.edu/~tibs/ElemStatLearn

```
# 手書き数字画像の描画
par(mar=c(0,0,0.5,0.5), mfrow=c(2,2))
for(i in 1:4){ #1枚目から4枚目の画像を描画
  image(-matrix(t(X[i,]),nc=16),col=gray.colors(100),xaxt="n",yaxt="
    n", ylim = c(1,0))
}

# データに対して主成分分析実行
res = prcomp(X)

# 主成分得点の計算
W = as.matrix(res$rotation) # 固有ベクトルからなる行列
xbar = apply(X,2,mean)  # 標本平均ベクトル
Z = (as.matrix(X) - rep(1,nrow(X))%*%t(xbar)) %*% W

# 変数Kで，復元に用いる主成分の番号を指定
K = 1:10  # ここの数値を1:50や1:100などに変える
X_p = Z[, K] %*% t(W[, K])
par(mar=c(0,0,0.5,0.5), mfrow=c(2,2))
for(i in 1:4){ #1枚目から4枚目の画像を描画
  image(-matrix(t(xbar + X_p[i,]),nc=16),col=gray.colors(100),xaxt="
    n",yaxt="n", ylim = c(1,0))
}
```

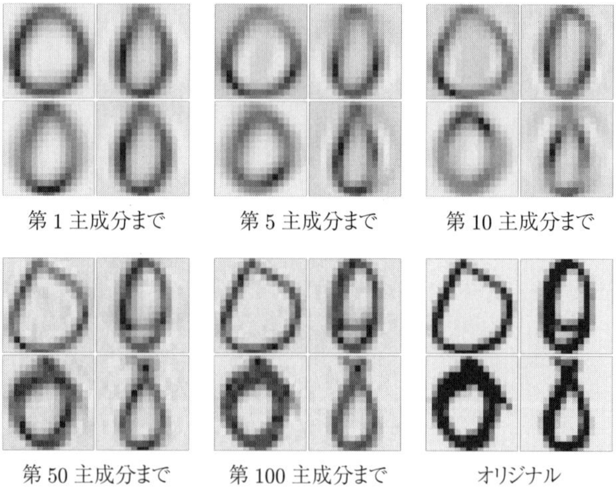

図9.5　4枚の手書き数字画像データに対して主成分分析を適用し画像を復元した結果．左上，中央上，右上，左下，中央下の順にそれぞれ1, 5, 10, 50, 100個までの主成分で復元を行った結果．右下はオリジナル画像．

表 9.1 手書き数字画像データに対して主成分分析を行った結果の累積寄与率

主成分の個数	1	5	10	50	100
累積寄与率 (%)	28.1	61.1	73.9	93.6	97.9

はじめのいくつかの主成分までで画像を復元した結果を，図 9.5 に示す．また，対応する主成分の累積寄与率を表 9.1 に示す．第 1 主成分のみで復元した結果，オリジナル画像と比べると，0 という数字の大まかな輪郭は再現されているが，細部はまったく再現されていない．寄与率も 30 %未満である．第 10 主成分まで用いることで累積寄与率は 73.9 %まで増加するが，再現度はさほど高くない．第 50 主成分まで用いることで累積寄与率は 93.6 %となり，この時点で元の画像をかなり復元できている様子が見て取れる．

9.4.3 主成分回帰

これまでに説明したように，主成分分析はデータの情報をより集約して表現するための多変量解析手法の 1 つである．しかし，主成分分析はその方法を単独で用いるだけではなく，さまざまなデータ分析を行う前の，前処理としての使い道もある．これにより，より少ない数の主成分，つまり，次元が削減されたデータに対して分析を行うことができる．その代表例として，主成分分析により得られた主成分得点を説明変数として扱い回帰分析を行う，**主成分回帰** (Principal Component Regression; PCR) とよばれる方法を紹介する．

主成分回帰について説明する前に，線形重回帰モデル（3 章）についておさらいしておこう．いま，p 変数の説明変数と目的変数に関する観測値が n 組あり，$\{x_{i1}, \ldots, x_{ip}, y_i\}$ $(i = 1, \ldots, n)$ として与えられたとしよう．ただしここでは，説明変数に対応するデータは各変数で標準化されており，さらに目的変数に対応するデータは標本平均が 0 となるよう中心化されているものとする．これにより，ここでは線形回帰モデルの切片 β_0 は 0 となる．このとき，説明変数と目的変数との関係を表す線形重回帰モデルは，次で与えられる．

$$y_i = \beta_1 x_{i1} + \cdots + \beta_p x_{ip} + \varepsilon_i.$$

ここで，$\beta_1, \ldots, \beta_p$ は回帰係数，$\varepsilon_1, \ldots, \varepsilon_n$ は誤差である．

いま，説明変数に関する観測値 $\{x_{i1}, \ldots, x_{ip}\}$ に対して主成分分析を適用し，

得られた第 k 主成分までの主成分得点 $\{z_{i1}, \ldots, z_{ik}\}$ を計算する．そして，これらを改めて説明変数として用いた，次の回帰モデルを考える．

$$y_i = \gamma_1 z_{i1} + \cdots + \gamma_k z_{ik} + e_i. \tag{9.9}$$

ただし，$\gamma_1, \ldots, \gamma_k$ は回帰係数，e_i は誤差とする．

説明変数として，元のデータ $x_{i1}, \ldots, x_{ip}$ の代わりに主成分得点 $z_{i1}, \ldots, z_{ik}$ を用いることで，次のような利点がある．まず，用いる主成分の数は一般的に説明変数の数よりも少ない，すなわち $k < p$ であるため，説明変数の数を削減できる．3章でも述べたとおり，回帰モデルを推定するうえでは，必要以上の数の説明変数を加えるべきではない（オッカムの剃刀）．説明変数として主成分得点を用いれば，k 個の変数の中に重要な情報が集約されているので，（p 個よりも小さい）k 個であっても目的変数の予測性能があまり変わらないものと期待できる．また，9.3節でふれたように，2つの異なる主成分得点は互いに無相関なので，多重共線性の問題を考える必要もない．さらに，3章で紹介した決定係数や自由度調整済み決定係数，AICなどでモデルの評価を行うこともできる．

主成分回帰を用いることによるデメリットもある．3章では，目的変数と関連していると考えられる説明変数の組合せを適切に選ぶ変数選択という問題について述べた．主成分回帰では，この変数選択を行うことが難しい．主成分回帰モデル (9.9) において，説明変数として用いている主成分得点は，(9.2) 式にあるように，1つ1つが p 個の説明変数による線形結合である．したがって，(9.9) 式の $z_{i1}, \ldots, z_{ik}$ に対して変数選択を行っても，説明変数 $X_1, \ldots, X_p$ の選択には直結しない．また，主成分得点は説明変数に対応するデータのみから計算されたもので，目的変数との関係を表すものとして最適なものとは限らない．第 k 主成分までで含まれなかった情報が，実は重要だった可能性もある．目的変数との関係まで考慮に入れたうえで説明変数を変換するための方法として，**部分最小二乗法** (Partial Least Square; PLS) とよばれる方法があるが，本書では割愛する．部分最小二乗法については，たとえば文献 [26] を参照されたい．

9.5　カーネル主成分分析

本節では，カーネル主成分分析の概要と R での実行方法について説明する．カーネル主成分分析の導出の詳細については，文献 [1], [8] などを参照されたい．

9.5.1　非線形な軸を構成する

前節までは，観測変数の線形結合 (9.2) 式に基づいて，図 9.6 左のような直線状の主成分を構成する方法およびその活用方法について述べてきた．しかし，データの情報をよく保持するような主成分が直線とは限らない．たとえば，図 9.6 右のようなデータに対しては，主成分に対応する軸は直線よりも曲線のほうが望ましいと考えられる．それでは，そのような曲線の軸を構築するにはどうすればよいだろうか．そのための方法の 1 つとして，カーネル法が用いられる．カーネル法に基づき非線形な主成分を得ることで情報を圧縮する方法を，**カーネル主成分分析** (Kernel Principal Component Analysis; KPCA) という．これに対して，これまで紹介してきた，カーネル法を用いない主成分分析を線形主成分分析とよび区別する．

カーネル主成分分析では，通常の主成分分析で用いた (9.2) 式の代わりに，$\boldsymbol{x}_i$ を $\boldsymbol{x}_i$ の非線形関数 $\boldsymbol{\phi}(\boldsymbol{x}_i) = (\phi_1(\boldsymbol{x}_i), \ldots, \phi_M(\boldsymbol{x}_i))^\top$ で置き換えた次の線形結合を考える．

$$z_i = w_1\phi_1(\boldsymbol{x}_i) + \cdots + w_M\phi_M(\boldsymbol{x}_i) = \boldsymbol{w}^\top\boldsymbol{\phi}(\boldsymbol{x}_i).$$

ただし，$\boldsymbol{w} = (w_1, \ldots, w_M)^\top$ は M 次元空間上のデータ $\boldsymbol{\phi}(\boldsymbol{x}_1), \ldots, \boldsymbol{\phi}(\boldsymbol{x}_n)$ に対する主成分を構成する重みベクトルである．そして，観測値 $\boldsymbol{x}_i$ をこの式に代入することで得られる $z_1, \ldots, z_n$ の分散が最も大きくなるように，第 1 主成分

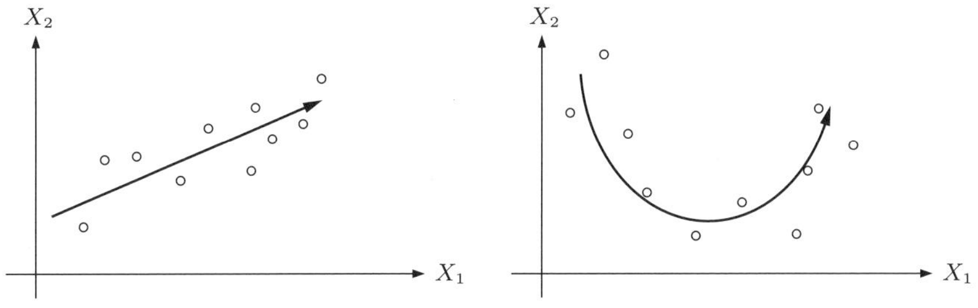

図 9.6　線形主成分分析（左）と，カーネル主成分分析（右）のイメージ

の重みベクトル $\boldsymbol{w}_1$ を求める．この方針は通常の主成分分析と同様である．つまり，元の p 次元データが存在する空間の代わりに，関数 $\boldsymbol{\phi}$ によって変換された M 次元空間上のデータに対して主成分分析を行う．これにより，結果として，元の p 次元空間において，図 9.6 右に示すような，非線形な軸が得られる．

ここで，主成分を導出する過程で出現する内積 $\boldsymbol{\phi}(\boldsymbol{x}_i)^\top \boldsymbol{\phi}(\boldsymbol{x}_j)$ を計算する代わりに，カーネル関数とよばれる関数 $k(\boldsymbol{x}_i, \boldsymbol{x}_j)$ を用いる．この点については，これまでにカーネル法を用いた 5 章，6 章と同様である．カーネル法の詳細については，付録 A.2 を参照されたい．

9.5.2　R による分析

カーネル主成分分析を，R で実行してみよう．以下に示すソースコード 9.4 では，アヤメのデータに対して線形主成分分析とカーネル主成分分析を適用することで得られる第 1，第 2 主成分の主成分得点を散布図として描画する．R では，kernlab パッケージの kpca 関数でカーネル主成分分析を実行できる．kpca 関数の引数 kpar では，付録 A.2 の (A.2) 式で紹介しているカーネル関数に含まれる調整パラメータの値を指定している．調整パラメータの値を変えてみて，そのたびに kpca 関数を実行し，主成分得点の散布図がどのように変わるかを確認してみよう．

ソースコード 9.4　カーネル主成分分析の実行

```
library(kernlab) # kpca関数利用のため（要インストール）

# アヤメのデータ
x = as.matrix(iris[,1:4])
plot(iris[,1:2], col=as.integer(iris[,5]))

# 線形主成分分析
iris.pc = prcomp(x)
plot(iris.pc$x[,1:2], col=as.integer(iris[,5]))

# 線形カーネルに基づくカーネル主成分分析（線形主成分分析と同じ）
iris.kpc.lin = kpca(x, kernel="polydot", kpar=list(degree=1))
plot(rotated(iris.kpc.lin), col=as.integer(iris[,5]))
eigenval = iris.kpc.lin@eig  #固有値
eigenval[1]/sum(eigenval) # 第1主成分の寄与率

# 3次多項式カーネルに基づくカーネル主成分分析
iris.kpc.poly = kpca(x, kernel="polydot", kpar=list(degree=3))
plot(rotated(iris.kpc.poly), col=as.integer(iris[,5]))
```

```
20 eigenval = iris.kpc.poly@eig  #固有値
21 eigenval[1]/sum(eigenval) # 第1主成分の寄与率
22
23 # ガウスカーネルに基づくカーネル主成分分析 (sigma=0.1)
24 iris.kpc.gauss1 = kpca(x, kernel="rbfdot", kpar=list(sigma=0.1))
25 plot(rotated(iris.kpc.gauss1), col=as.integer(iris[,5]))
26 eigenval = iris.kpc.gauss1@eig  #固有値
27 eigenval[1]/sum(eigenval) # 第1主成分の寄与率
28
29 # ガウスカーネルに基づくカーネル主成分分析 (sigma=2)
30 iris.kpc.gauss2 = kpca(x, kernel="rbfdot", kpar=list(sigma=2))
31 plot(rotated(iris.kpc.gauss2), col=as.integer(iris[,5]))
32 eigenval = iris.kpc.gauss2@eig  #固有値
33 eigenval[1]/sum(eigenval) # 第1主成分の寄与率
```

実行結果の一例を, 図9.7に示す. この図から, 線形主成分分析と比べて, また, カーネル関数の違いによっても, 主成分得点が大きく異なっている様子が見て取れる. また, 表9.2に, `kpca`関数による出力のうち`@eig`で出力される固有値(14行目など)をもとに計算した, 第1主成分の寄与率をまとめた. この結果を見ると, 3次多項式カーネルを用いた場合が最も寄与率が大きくなっている. しかし, 図9.7を見ると, 主成分得点の値が非常に大きくなっており, データとしては扱いにくい. また, ガウスカーネルを用いた場合は, 第1主成分の寄与率が線形主成分分析のものよりも小さくなっている. `iris`データに対してはこのような結果になったが, 線形主成分分析とカーネル主成分分析のどちらを用いるべきか, その場合はどのカーネルを選択するべきかを決めることは一般的には難しい. 分析したいデータに対してさまざまな設定で主成分分析を行い, 解釈しやすいものを選ぶのがよいだろう.

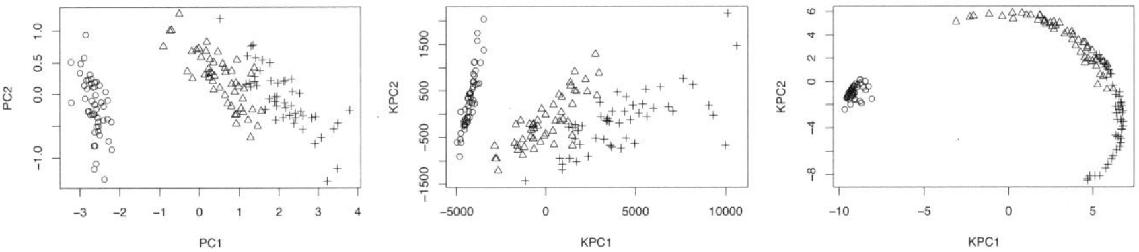

図 9.7 アヤメのデータに対する第1, 第2主成分得点の散布図. 左：主成分分析, 中央：カーネル主成分分析 (多項式カーネル), 右：カーネル主成分分析 (ガウスカーネル).

表 9.2　ソースコード 9.4 で出力される，第 1 主成分の寄与率

線形 PCA	カーネル PCA（3 次多項式）	カーネル PCA（ガウス・`sigma=0.1`）	カーネル PCA（ガウス・`sigma=2`）
0.925	0.956	0.729	0.408

9.6　主成分の導出*

9.3 節では，主成分を導出する問題は，観測値ベクトルの分散共分散行列の固有値問題を解くことに帰着することを説明した．本節では，その計算の詳細について，第 1 主成分から順に説明する．

9.6.1　第 1 主成分の導出

(9.2) 式で与えられる $z_1, \ldots, z_n$ の標本分散を計算してみよう．まず, $z_1, \ldots, z_n$ の標本平均は，次のように表される．

$$\overline{z} = \frac{1}{n}\sum_{i=1}^{n} z_i = \frac{1}{n}\sum_{i=1}^{n} \boldsymbol{w}^\top \boldsymbol{x}_i = \boldsymbol{w}^\top \overline{\boldsymbol{x}}.$$

このことを利用して，$z_1, \ldots, z_n$ の標本分散は

$$\begin{aligned}\frac{1}{n}\sum_{i=1}^{n}(z_i - \overline{z})^2 &= \frac{1}{n}\sum_{i=1}^{n}(\boldsymbol{w}^\top \boldsymbol{x}_i - \boldsymbol{w}^\top \overline{\boldsymbol{x}})^2 \\ &= \frac{1}{n}\sum_{i=1}^{n} \boldsymbol{w}^\top (\boldsymbol{x}_i - \overline{\boldsymbol{x}})(\boldsymbol{x}_i - \overline{\boldsymbol{x}})^\top \boldsymbol{w} \\ &= \boldsymbol{w}^\top \left\{ \frac{1}{n}\sum_{i=1}^{n}(\boldsymbol{x}_i - \overline{\boldsymbol{x}})(\boldsymbol{x}_i - \overline{\boldsymbol{x}})^\top \right\} \boldsymbol{w} \\ &= \boldsymbol{w}^\top S \boldsymbol{w} \qquad (9.10)\end{aligned}$$

と計算できる．つまり，第 1 主成分は $\boldsymbol{w}^\top S\boldsymbol{w}$ を最大にする $\boldsymbol{w}$ を求めればよいことになる．ここで，重みベクトル $\boldsymbol{w}$ は，観測データベクトル $\boldsymbol{x}_i$ から z_i を通る軸上への射影を表すベクトルであることから，その大きさは $\|\boldsymbol{w}\| = 1$，さらにそれを 2 乗して $\|\boldsymbol{w}\|^2 = \boldsymbol{w}^\top \boldsymbol{w} = 1$ である．以上のことから，求めたい重みベクトル $\boldsymbol{w}$ は，次の制約付き最大化問題の解として与えられる．

$$\max_{w} \boldsymbol{w}^\top S \boldsymbol{w} \quad \text{subject to} \quad \boldsymbol{w}^\top \boldsymbol{w} = 1.$$

これを解く問題は，ラグランジュの未定乗数法により，次の関数の停留点を求める問題になる．

$$f(\boldsymbol{w},\lambda)=\boldsymbol{w}^\top S\boldsymbol{w}+\lambda(\boldsymbol{w}^\top\boldsymbol{w}-1). \tag{9.11}$$

ただし，λ はラグランジュ乗数である．

(9.11) 式は $\boldsymbol{w}$ に関する 2 次関数であるので，(9.11) 式を $\boldsymbol{w}$ について偏微分したものを零ベクトルとおいた方程式の解を求めればよい．この方程式は，

$$\frac{\partial f(\boldsymbol{w},\lambda)}{\partial \boldsymbol{w}}=2S\boldsymbol{w}-2\lambda\boldsymbol{w}=\boldsymbol{0},$$

$$S\boldsymbol{w}=\lambda\boldsymbol{w} \tag{9.12}$$

となる．これを満たす $\boldsymbol{w}$ を求める問題は，分散共分散行列 S の大きさ 1 の固有ベクトルを求める問題そのものである．S は非負値定符号実対称行列であるから，固有値はすべて非負の実数である．その固有値を大きい順に $\lambda_1,\ldots,\lambda_p$ とし，対応する固有ベクトルをそれぞれ $\boldsymbol{w}_1,\ldots,\boldsymbol{w}_p$ とする．ラグランジュ未定乗数法により (9.12) 式が得られたということは，$\boldsymbol{w}^\top S\boldsymbol{w}$ は $\boldsymbol{w}$ が S の固有ベクトルのいずれかであるときに最大となることを意味している．特に，${\boldsymbol{w}_k}^\top S\boldsymbol{w}_k=\lambda_k{\boldsymbol{w}_k}^\top\boldsymbol{w}_k=\lambda_k\ (k=1,\ldots,p)$ であることから，$\boldsymbol{w}=\boldsymbol{w}_1$ のとき $\boldsymbol{w}^\top S\boldsymbol{w}$ は最大となる．

9.6.2　第 2 以降の主成分の導出

次に，第 2 主成分得点の重みベクトル $\boldsymbol{w}_2$ を求める問題を考えよう．これも，基本的には第 1 主成分のときと同様だが,「第 1 主成分 $\boldsymbol{w}_1$ と直交する」という条件が新たに加わる．つまり，$\boldsymbol{w}^\top\boldsymbol{w}=1$ に加えて ${\boldsymbol{w}_1}^\top\boldsymbol{w}=0$ という条件の下で，標本分散 $\dfrac{1}{n}\sum_{i=1}^{n}(z_i-\overline{z})^2=\boldsymbol{w}^\top S\boldsymbol{w}$ を最大にする $\boldsymbol{w}$ を求める問題

$$\max_{\boldsymbol{w}}\boldsymbol{w}^\top S\boldsymbol{w}\quad\text{subject to}\quad \boldsymbol{w}^\top\boldsymbol{w}=1,\quad {\boldsymbol{w}_1}^\top\boldsymbol{w}=0$$

を解くことになる．これもラグランジュの未定乗数法を用いると，ラグランジュ乗数 λ,η に対して

$$f(\boldsymbol{w},\lambda,\eta)=\boldsymbol{w}^\top S\boldsymbol{w}+\lambda(1-\boldsymbol{w}^\top\boldsymbol{w})+\eta{\boldsymbol{w}_1}^\top\boldsymbol{w}$$

の停留点を求める問題になる．これを $\boldsymbol{w}$ について偏微分したものを零ベクトルとおいた方程式

$$\frac{\partial f(\boldsymbol{w}, \lambda, \eta)}{\partial \boldsymbol{w}} = 2S\boldsymbol{w} - 2\lambda\boldsymbol{w} + \eta\boldsymbol{w}_1 = \boldsymbol{0} \tag{9.13}$$

を解く．ここで，(9.13) 式に左から $\boldsymbol{w}_1$ を掛けると

$$2\boldsymbol{w}_1{}^\top S\boldsymbol{w} - 2\lambda\boldsymbol{w}_1{}^\top\boldsymbol{w} + \eta\boldsymbol{w}_1{}^\top\boldsymbol{w}_1 = \boldsymbol{0}$$

となるが，この式に対して $S\boldsymbol{w}_1 = \lambda_1\boldsymbol{w}_1$, $\boldsymbol{w}_1{}^\top\boldsymbol{w} = 0$, $\boldsymbol{w}_1{}^\top\boldsymbol{w}_1 = 1$ であることを利用すると，$\eta = 0$ となることがわかる．したがって，(9.13) 式は (9.12) 式と同じになる．このことから，第 2 主成分は，分散共分散行列 S の固有値と固有ベクトルを求めることで得られる．特に，$\boldsymbol{w}_1{}^\top\boldsymbol{w} = 0$ の条件から，$\lambda = \lambda_2$, $\boldsymbol{w} = \boldsymbol{w}_2$，つまり S の 2 番目に大きい固有値と，対応する固有ベクトルとなる．

同様にして，第 3 以降の主成分も，分散共分散行列 S の固有値問題を解くことで求めることができ，第 k 主成分は S の k 番目に大きい固有値 λ_k に対応する固有ベクトル $\boldsymbol{w}_k$ から求められる．

9.6.3　主成分の性質

(9.10) 式と (9.12) 式より，第 k 主成分得点 $z_{1k}, \ldots, z_{nk}$ の標本分散は

$$\begin{aligned}\frac{1}{n}\sum_{i=1}^{n}(z_{ik} - \overline{z}_k)^2 &= \boldsymbol{w}_k{}^\top S\boldsymbol{w}_k \\ &= \lambda_k\boldsymbol{w}_k{}^\top\boldsymbol{w}_k = \lambda_k\end{aligned}$$

となる．ここで，$z_{ik} = \boldsymbol{w}_k{}^\top\boldsymbol{x}_i$ $(i = 1, \ldots, n)$, $\overline{z}_k = \frac{1}{n}\sum_{i=1}^{n} z_{ik}$ である．つまり，標本分散共分散行列 S の k 番目に大きい固有値 λ_k は第 k 主成分得点の標本分散に一致する．

また，2 つの異なる主成分の方向，つまり固有ベクトル $\boldsymbol{w}_k, \boldsymbol{w}_l$ $(k \neq l)$ は互いに直交することから，次の式が成り立つ．

$$\begin{aligned}\frac{1}{n}\sum_{i=1}^{n}(z_{ik} - \overline{z}_k)(z_{il} - \overline{z}_l) &= \frac{1}{n}\sum_{i=1}^{n}(\boldsymbol{w}_k{}^\top\boldsymbol{x}_i - \boldsymbol{w}_k{}^\top\overline{\boldsymbol{x}})(\boldsymbol{x}_i{}^\top\boldsymbol{w}_l - \overline{\boldsymbol{x}}^\top\boldsymbol{w}_l) \\ &= \frac{1}{n}\sum_{i=1}^{n}\boldsymbol{w}_k{}^\top(\boldsymbol{x}_i - \overline{\boldsymbol{x}})(\boldsymbol{x}_i - \overline{\boldsymbol{x}})^\top\boldsymbol{w}_l \\ &= \boldsymbol{w}_k{}^\top S\boldsymbol{w}_l\end{aligned}$$

$$= \lambda_l \boldsymbol{w}_k{}^\top \boldsymbol{w}_l = 0.$$

このことから，第 k 主成分と第 l 主成分の主成分得点 (z_{ik}, z_{il}) $(i = 1, \ldots, n)$ は無相関であることがわかる．

主成分分析は，**特異値分解** (singular value decomposition) によって理解することもできる．中心化された観測値 $\boldsymbol{x}_i$ からなる $n \times p$ 行列を $X = (\boldsymbol{x}_1 \ \cdots \ \boldsymbol{x}_n)^\top$ とする．このデータに対する第 k 主成分の主成分得点からなるベクトルを $\boldsymbol{z}^{(k)} = (z_{1k}, \ldots, z_{nk})^\top$ とおく．直前の議論から，$\boldsymbol{z}^{(k)}$ の分散は λ_k であり，$\boldsymbol{z}^{(k)}$ と $\boldsymbol{z}^{(l)}$ $(k \neq l)$ は無相関であるから，$\widetilde{\boldsymbol{z}}^{(k)} = \dfrac{1}{\sqrt{n\lambda_k}} \boldsymbol{z}^{(k)}$ とおくと，$\widetilde{\boldsymbol{z}}^{(1)}, \ldots, \widetilde{\boldsymbol{z}}^{(p)}$ は正規直交系をなすことがわかる．また，主成分得点の定義より

$$X \boldsymbol{w}_k = \boldsymbol{z}^{(k)} = \sqrt{n\lambda_k}\, \widetilde{\boldsymbol{z}}^{(k)}$$

が得られる．さらに，この式と $\boldsymbol{w}_k$ が $\boldsymbol{x}_1, \ldots, \boldsymbol{x}_n$ の標本分散共分散行列 $S = \dfrac{1}{n} X^\top X$ の固有値 λ_k に対応する固有ベクトルであることを用いると

$$\begin{aligned} X^\top \widetilde{\boldsymbol{z}}^{(k)} &= \frac{1}{\sqrt{n\lambda_k}} X^\top X \boldsymbol{w}_k = \frac{1}{\sqrt{n\lambda_k}} n\lambda_k \boldsymbol{w}_k \\ &= \sqrt{n\lambda_k}\, \boldsymbol{w}_k \end{aligned}$$

を得る．$\boldsymbol{w}_1, \ldots, \boldsymbol{w}_p$ も正規直交系をなすことから，以上のことは，X が特異値 $\sqrt{n\lambda_k}$，右特異ベクトル $\boldsymbol{w}_k$，左特異ベクトル $\widetilde{\boldsymbol{z}}^{(k)}$ $(k = 1, \ldots, p)$ をもつことを示している．よって X を次のように特異値分解できる．

$$X = \widetilde{Z} \varLambda W^\top.$$

ただし，$\widetilde{Z} = (\widetilde{\boldsymbol{z}}^{(1)} \ \cdots \ \widetilde{\boldsymbol{z}}^{(p)})$，$W = (\boldsymbol{w}_1 \ \cdots \ \boldsymbol{w}_p)$, $\varLambda$ は $\sqrt{n\lambda_1}, \ldots, \sqrt{n\lambda_p}$ を対角成分にもつ対角行列である．主成分分析における特異値分解の応用については，文献 [8] を参照されたい．

章末問題

9-1 主成分分析についての説明として，適切なものを2つ選べ．

(a) 主成分分析では，データを1次元に圧縮したときの分散が大きい方向ほど，大きな情報をもっているものとみなす．

(b) 第1主成分得点の平均値が大きいほど，第1主成分の寄与率は大きい．

(c) 主成分の個数を決定する場合の方法の1つとして，寄与率が最大となる主成分を選択する．

(d) 主成分分析は，データを分析する前に行う前処理としても有効な場合がある．

9-2 3変量データの分散共分散行列が次で与えられたとする．このとき，第1主成分と第2主成分の重みベクトルをそれぞれ求めよ．計算にはRなどのソフトウェアを用いてよい．

$$\begin{pmatrix} 3 & 1 & 2 \\ 1 & 2 & 1.5 \\ 2 & 1.5 & 4 \end{pmatrix}$$

9-3 ［R使用］ 下記のプログラムは，ISLRパッケージのHittersデータ（野球選手の成績に関するデータ）から，リーグや年報などの情報を取り除く処理である．これにより得られるオブジェクトDataに対してRで主成分分析を実行し，第1主成分得点と第2主成分得点がどのような意味をもっているか考えよ．変数の意味は，RのHittersのヘルプを参照せよ．

```
library(ISLR)
?Hitters  # Hittersのヘルプ
Data = Hitters[,-c(14,15,19,20)]
```

9-4 ［R使用］ 3章で用いたLongleyのデータに対してEmployedを目的変数，それ以外の変数を説明変数としたとき，主成分の数が1個と2個の場合それぞれでRで主成分回帰を実行し，決定係数を出力せよ．目的変数と説明変数は，それぞれ次のソースコードのy, Xを用いること．

```
y = longley[, 7]  #変数Employedを目的変数に
X = scale(longley[, 1:6]) # その他の変数（標準化）を説明変数に
```

第 10 章

因子分析

回帰分析や判別分析などの教師あり学習は，入力変数を原因，出力変数を結果とみなして，その関係を表現するモデルを推定するものだった．また，主成分分析では，観測されたデータの情報をより多くもつ新しい軸である主成分を結果として得た．これに対して，本章で紹介する因子分析は，観測されているデータが結果であり，その原因となる未観測の要素が存在すると仮定し，原因を浮かび上がらせるために用いられる方法である．これにより，データが発生されたメカニズムに対応するモデルを見出すことが，因子分析の目的である．本章では，因子分析とは何かについて紹介し，因子分析を行うために用いられるモデルとそれを解釈する方法について紹介する．

10.1　因子分析とは

2 章から 4 章で説明した回帰分析は，（原因と結果の関係がわかっているという仮定の下で）説明変数という原因と目的変数という結果との関係を回帰モデルで表現するものだった．判別分析についても同様で，特徴量とラベルをそれぞれ原因，結果とみなして，これらの関係をモデル化するものだった．例として，さまざまな地区の住宅価格と，これに影響を与えていると考えられる犯罪率，大気汚染，部屋数といった情報との関係を表す回帰モデルを考えよう．このとき，これらの関係は図 10.1 左のように，犯罪率などの情報を原因として住宅価格が結果として定まると考える．

また，9 章で述べた主成分分析では，観測されたデータに基づいて，これを低

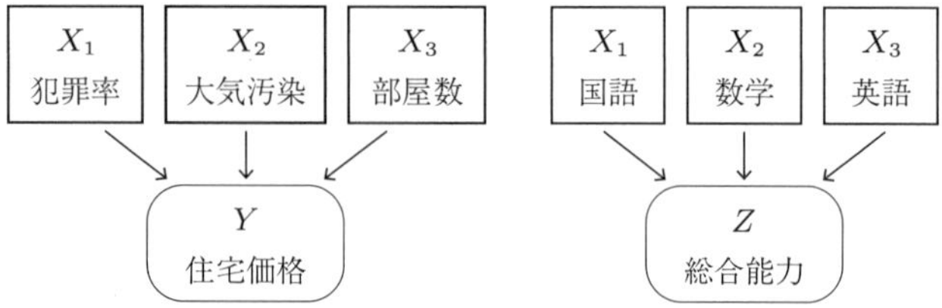

図 10.1　回帰分析（左）と主成分分析（右）における，原因と結果の関係.

次元に圧縮することで，観測データに対する主成分という結果を得た．たとえば，あるクラスの国語，数学，英語の 3 科目のテストの得点のデータが得られたとき，このデータに対して主成分分析を適用する問題を考えてみよう．主成分分析は，3 科目のテストの得点の線形結合の中で，観測されたデータの情報をできるだけ保持したものを主成分として得た．この関係を図示すると，図 10.1 右のように，3 科目の試験の得点という情報から，第 1 主成分の「総合能力」という結果を得ることに対応する．

このように，回帰分析や主成分分析では，それぞれ入力変数のデータや観測データを「原因」とみなし，出力変数のデータや合成した新たな変数を「結果」として扱う．ここで，逆の発想をしてみよう．つまり，現在観測されているデータは，観測されていない何らかの「原因」があって，観測値という「結果」が得られている，という考え方である．**因子分析** (Factor Analysis; FA) は，このような考え方の下で，データが観測された原因の構造をモデル化するための分析である．

3 科目のテストの得点の例に因子分析を当てはめると，図 10.2 左のように，3 科目の得点というデータには共通した要因があり，その結果としてこれらの得点が得られたものと考える．その際，各科目の得点にはその共通要因とは独立した別の要因も含まれていると考える．共通要因は 1 つだけとは限らず，図 10.2 右のように，各変数に対して 2 つ以上の共通要因を仮定する場合もある．

10.2　因子分析モデル

10.2.1　1 因子による因子分析モデル

前節で述べた因子分析の考え方を，国語，数学，英語，理科，社会の 5 科目の試験のデータを例にしてモデル（数式）で表現してみよう．いま，5 科目

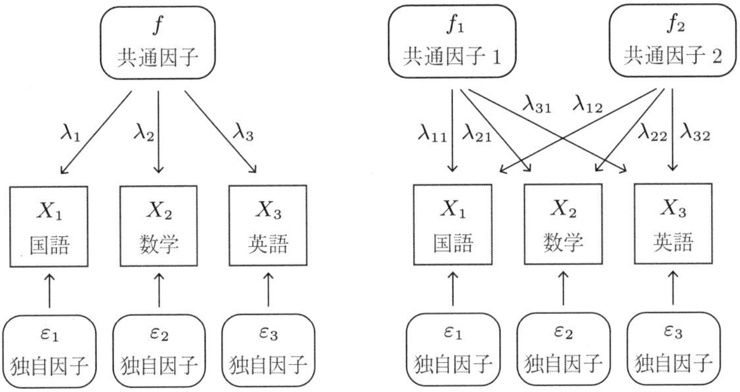

図 10.2 因子分析における関係．共通因子が 1 つの場合（左）と，2 つの場合（右）

の得点に対応する変数を $X_1, \ldots, X_5$ とおく．この変数を要素にもつベクトル $\boldsymbol{X} = (X_1, \ldots, X_5)^\top$ は，期待値が $\mathrm{E}[\boldsymbol{X}] = \boldsymbol{\mu} = (\mu_1, \ldots, \mu_5)^\top$，分散共分散行列が $\mathrm{Var}[\boldsymbol{X}] = \Sigma$ であるとする．このとき，**因子分析モデル** (factor analysis model) は次で表される．

$$X_1 = \mu_1 + \lambda_1 f + \varepsilon_1,$$
$$\vdots$$
$$X_5 = \mu_5 + \lambda_5 f + \varepsilon_5.$$

数式中の f は，各変数で共通の要因を表す未観測の確率変数で，これを**共通因子** (common factor) という．また，共通因子に掛かる各変数への重み $\lambda_1, \ldots, \lambda_5$ を**因子負荷量** (factor loading)，共通因子では説明できない誤差 $\varepsilon_1, \ldots, \varepsilon_5$ を**独自因子** (unique factor) という．因子負荷量は，因子分析モデルにおける未知パラメータである．

10.2.2 2 因子による因子分析モデル

観測変数 $X_1, \ldots, X_5$ に影響を及ぼす共通因子は，1 つとは限らない．図 10.2 右のように，共通因子が 2 つある状況を考えよう．このとき，因子分析モデルは次のように表される．

$$
\begin{aligned}
X_1 &= \mu_1 + \lambda_{11} f_1 + \lambda_{12} f_2 + \varepsilon_1, \\
&\ \ \vdots \\
X_5 &= \mu_5 + \lambda_{51} f_1 + \lambda_{52} f_2 + \varepsilon_5.
\end{aligned} \tag{10.1}
$$

ここで，f_1, f_2 は共通因子，$\lambda_{11}, \ldots, \lambda_{51}, \lambda_{12}, \ldots, \lambda_{52}$ は因子負荷量である．因子分析モデル (10.1) 式は，行列とベクトルを用いることで，次のように表すことができる．

$$\boldsymbol{X} = \boldsymbol{\mu} + \mathit{\Lambda} \boldsymbol{f} + \boldsymbol{\varepsilon},$$

$$\underset{5\times 1}{\boldsymbol{X}} = \begin{pmatrix} X_1 \\ X_2 \\ \vdots \\ X_5 \end{pmatrix}, \quad \underset{5\times 2}{\mathit{\Lambda}} = \begin{pmatrix} \lambda_{11} & \lambda_{12} \\ \lambda_{21} & \lambda_{22} \\ \vdots & \vdots \\ \lambda_{51} & \lambda_{52} \end{pmatrix}, \quad \underset{2\times 1}{\boldsymbol{f}} = \begin{pmatrix} f_1 \\ f_2 \end{pmatrix}, \quad \underset{5\times 1}{\boldsymbol{\varepsilon}} = \begin{pmatrix} \varepsilon_1 \\ \varepsilon_2 \\ \vdots \\ \varepsilon_5 \end{pmatrix}.$$

10.2.3　一般の因子分析モデル

因子分析モデルをさらに一般化してみよう．いま，観測変数が p 個で，共通因子の数が m 個であるとする．ただし，$m \leq p$ とする．このとき，

$$\underset{p\times 1}{\boldsymbol{X}} = \begin{pmatrix} X_1 \\ X_2 \\ \vdots \\ X_p \end{pmatrix}, \quad \underset{p\times m}{\mathit{\Lambda}} = \begin{pmatrix} \lambda_{11} & \lambda_{12} & \cdots & \lambda_{1m} \\ \lambda_{21} & \lambda_{22} & \cdots & \lambda_{2m} \\ \vdots & \vdots & \ddots & \vdots \\ \lambda_{p1} & \lambda_{p2} & \cdots & \lambda_{pm} \end{pmatrix}, \quad \underset{m\times 1}{\boldsymbol{f}} = \begin{pmatrix} f_1 \\ f_2 \\ \vdots \\ f_m \end{pmatrix}, \quad \underset{p\times 1}{\boldsymbol{\varepsilon}} = \begin{pmatrix} \varepsilon_1 \\ \varepsilon_2 \\ \vdots \\ \varepsilon_p \end{pmatrix}$$

とおくと，一般の因子分析モデルは

$$\boldsymbol{X} = \boldsymbol{\mu} + \mathit{\Lambda} \boldsymbol{f} + \boldsymbol{\varepsilon} \tag{10.2}$$

と表される．因子負荷量を要素にもつ行列 $\mathit{\Lambda}$ は，**因子負荷行列** (factor loading matrix) とよばれる．

因子分析モデルに対しては一般的に，次の仮定がおかれる．

$$
\begin{aligned}
&\mathrm{E}[\varepsilon_j] = 0,\ \ \mathrm{Var}[\varepsilon_j] = \sigma_j{}^2\ (j = 1, \ldots, p),\ \ \mathrm{Cov}[\varepsilon_j, \varepsilon_k] = 0\ (j \neq k), \\
&\mathrm{E}[f_l] = 0,\ \ \mathrm{Var}[f_l] = 1\ (l = 1, \ldots, m),\ \ \mathrm{Cov}[f_h, f_l] = 0,\ (h \neq l), \\
&\mathrm{Cov}[\varepsilon_j, f_l] = 0\ \ (j = 1, \ldots, p,\ l = 1, \ldots, m)
\end{aligned} \tag{10.3}
$$

これらの仮定についてそれぞれ説明する．1 行目は，独自因子 ε_j は各変数 j で期待値 0 および分散 ${\sigma_j}^2$ をもち，互いに無相関であることを意味する．ε_j が共通因子とは無関係な，誤差を表す成分であることを考えると，これらの仮定は自然だろう．2 行目は，共通因子 f_l は各因子 l で期待値 0 および分散 1 で統一されており，かつ互いに無相関であることを意味している．この仮定は厳しいように思われるかもしれないが，因子分析モデルの推定の過程により，このようにしても差し支えない．最後の行は，独自因子 ε_j と共通因子 f_l は無相関であることを意味している．これも，独自因子は共通因子では説明できない情報であることを考えると，自然な仮定であると考えられる．

いま，データとして n 組の観測値が得られたとしよう．このとき，観測値からなる行列と，各観測に対応する共通因子からなる行列，そして独自因子からなる行列をそれぞれ

$$\underset{p\times n}{X} = \begin{pmatrix} x_{11} & \cdots & x_{n1} \\ \vdots & \ddots & \vdots \\ x_{1p} & \cdots & x_{np} \end{pmatrix}, \quad \underset{m\times n}{F} = \begin{pmatrix} f_{11} & \cdots & f_{1n} \\ \vdots & \ddots & \vdots \\ f_{m1} & \cdots & f_{mn} \end{pmatrix},$$

$$\underset{p\times n}{E} = \begin{pmatrix} \varepsilon_{11} & \cdots & \varepsilon_{n1} \\ \vdots & \ddots & \vdots \\ \varepsilon_{1p} & \cdots & \varepsilon_{np} \end{pmatrix}$$

とおくと，因子分析モデルは改めて

$$X = \boldsymbol{\mu}\mathbf{1}^\top + \Lambda F + E$$

と表される．ただし，$\mathbf{1}$ はすべての要素が 1 である n 次元列ベクトルとする．行列 X については，線形重回帰モデル (3.6) 式における行列 X と比べて，行と列の役割が入れ替わっていることに注意されたい．

因子分析モデル (10.2) 式には，p 次元平均ベクトル $\boldsymbol{\mu}$，$p \times m$ 因子負荷行列 Λ，誤差 ε_j の分散 ${\sigma_j}^2$ $(j = 1, \ldots, p)$ がパラメータとして含まれる．このうち，$\boldsymbol{\mu}$ については，各変数に対する標本平均で推定することが多い．つまり，$\widehat{\mu}_j = \dfrac{1}{n}\sum_{i=1}^{n} x_{ij}$ で μ_j を推定する．一方で因子負荷行列 Λ については，線形回帰モデルにおける回帰係数と比べて推定することが難しい．なぜなら，このモ

デルでは Λ が未知であることに加えて，共通因子からなる確率変数ベクトル $\boldsymbol{f}$ も未観測だからである．(10.3) 式の仮定を利用すると，観測変数 $\boldsymbol{X}$ の分散共分散行列 $\Sigma = \mathrm{Var}[\boldsymbol{X}]$ は，

$$\begin{aligned}\Sigma &= \mathrm{Var}[\Lambda \boldsymbol{f}] + \mathrm{Var}[\boldsymbol{\varepsilon}] \\ &= \Lambda \mathrm{Var}[\boldsymbol{f}]\Lambda^\top + \Psi \\ &= \Lambda\Lambda^\top + \Psi \qquad (10.4)\end{aligned}$$

となる．ただし，Ψ は ${\sigma_1}^2, \ldots, {\sigma_p}^2$ を対角成分にもつ対角行列である．Λ に対しては，この関係式に基づいて推定が行われることが多い．そのための方法は複雑なものが多いため，本書ではその詳細は避け，10.6 節で概略についてのみ説明する．因子分析モデルの推定法の詳細については，文献 [4] を参照されたい．

因子負荷量 Λ の推定値から，各共通因子が何を意味しているかを考察できるが，その意味については，分析者が考える必要がある．この点は，主成分分析において主成分を分析者が解釈する必要があるのと同様であり，このことからも，因子分析は教師なし学習の 1 つであることがわかる．

10.3　因子分析モデルの扱い

10.3.1　探索的因子分析と検証的因子分析

因子分析を利用する動機は，大きく分けて 2 つある．1 つは，分析の前にあらかじめ共通要因が何であるか仮説を立て，興味の対象となる関係性のみに対して因子分析を適用するものである．これにより，最初の仮説が妥当であったか否かを検証する．このような分析は**検証的因子分析** (confirmatory factor analysis) とよばれる．検証的因子分析は次の手順で行われる．5 科目の得点のデータを例に挙げると，まず「国語・英語・社会に 1 つの共通因子が，数学・理科にもう 1 つの別の共通因子がある」といった仮説を立てる．そのうえで，因子分析モデル (10.1) 式において，仮説に合うように因子負荷量 λ_{jl} のいくつかを 0 と制限する．このように制限された因子分析モデルを推定し，10.3.2 項などで述べる方法によりモデルのよさを評価することで，仮説が妥当であったかの検証を行う．

もう 1 つは，観測されたデータに対して，因子分析モデル (10.1) 式に対して

何の制限もかけずにそのまま適用し，推定された結果から，観測変数と共通要因がどのような関係であるかを探るというものである．このような分析は**探索的因子分析** (exploratory factor analysis) とよばれる．

検証的因子分析では，観測されたデータの変数をすべて用いるのではなく，分析者が想定する因子分析モデルを仮定し，そのモデルを推定することで，その仮定が適切かどうかを検証する．一方で探索的因子分析では，観測されたデータすべてに対して，因子分析モデルの中であらゆる関係性を想定し，その関係性の有無を探索する．因子分析を適用する際は，まずは目的に応じて探索的因子分析を行うか，検証的因子分析を行うかを明確にする必要がある．本書では，探索的因子分析を想定して説明する．

10.3.2　因子分析モデルのもつ情報

因子分析モデルに対しては，推定されたそれぞれの共通因子によって観測データがどの程度説明できているかを評価する指標が用いられる．もし共通因子でデータを説明できていない場合は，各変数はほとんど独自因子 ε で表されることになり，共通因子から考察を得ることに価値がない可能性がある．したがって，この評価を行うことは重要である．

j 番目の観測変数 X_j について，X_j の分散に対する m 個の因子負荷量 $\lambda_{j1},\ldots,\lambda_{jm}$ の 2 乗和の比

$$\frac{{\lambda_{j1}}^2+\cdots+{\lambda_{jm}}^2}{\mathrm{Var}[X_j]} \tag{10.5}$$

を**共通性** (communality) という．共通性は 0 から 1 の範囲の値をとるもので，ある観測変数が，m 個の共通因子によってどの程度説明できているかを定量化したものである．共通性が 1 に近いほど，その観測変数は m 個の共通因子によって十分に説明ができていることを表す．一方で共通性が 0 に近いほど，その観測変数は共通因子で説明できておらず，それ以外の因子，つまり独自因子によって表現されていることになる．また，1 から共通性を引いた値は**独自性** (uniqueness) とよばれ，観測変数が共通因子によって説明できていない度合い，つまり，独自因子による情報量を定量化したものである．共通性が 0 に近い（独自性が 1 に近い）因子分析モデルからは，価値のある情報はあまり得られない．

また，各因子が，すべての共通因子の中で全観測変数にどの程度関連しているかを割合として表したものは，**寄与率** (contribution ratio) とよばれる．具体的に，第 l 因子の寄与率は，次で与えられる．

$$\frac{\sum_{j=1}^{p} {\lambda_{jl}}^2}{\sum_{j=1}^{p} \mathrm{Var}[X_j]}.$$

寄与率は0から1の値をとるもので，第 l 因子の観測変数への寄与が大きいほど1に近くなる．また，第1因子から第 l 因子までの寄与率の累積和をとった

$$\frac{\sum_{h=1}^{l}\sum_{j=1}^{p} {\lambda_{jh}}^2}{\sum_{j=1}^{p} \mathrm{Var}[X_j]}$$

を，第 l 因子までの累積寄与率という．すべての因子（第 m 因子）までの累積寄与率は，共通因子により元のデータの情報をどれだけ捉えているかを表している．ただし，独自性が0でない場合は，第 m 因子までの累積寄与率であっても1とはならないことに注意されたい．

10.3.3　Rによる分析

Rによる因子分析の例を1つ紹介しよう．ここでは，9章の主成分分析でも用いた5科目の得点のデータに対して，共通因子数を2と仮定して因子分析を適用する．Rでは，`factanal` 関数にデータ行列と因子数を代入することで因子分析を実行できる．なお，`factanal` 関数では，共通因子の個数は「p（観測変数の個数）-3」個以下にする必要がある[1)]．`factanal` 関数を実行することで，次のソースコード10.1に示すように，独自性 (`Uniqueness`)，因子負荷量 (`Loadings`) および寄与率 (`Proportion Var`) が得られる．なお，`factanal` 関数は内部で標準化，つまりデータが各変数で平均0，分散1になるよう変換を行っている．そのため，出力される結果は標準化されたデータに対するものであることに注意されたい．

1) 図10.2右では，図をシンプルにするために観測変数3つ，共通因子2つとしたが，実際にこの設定で `factanal` 関数を実行するとエラーになるので，注意されたい．

ソースコード 10.1　因子分析の実行

```
1  # データ読み込み
2  data = read.csv("score.csv")
3  X = data[,2:6]
4
5  # 因子数 2で因子分析実行
6  res1 = factanal(X, 2)
7  res1
8
9  ## Call:
10 ##   factanal(x = X, factors = 2)
11 ##
12 ## Uniquenesses:
13 ##    英語   国語    理科   社会   数学
14 ## 0.052 0.074 0.005 0.035 0.086
15 ##
16 ## Loadings:
17 ##       Factor1 Factor2
18 ## 英語    0.973
19 ## 国語    0.962
20 ## 理科            0.960
21 ## 社会    0.982
22 ## 数学            0.953
23 ##
24 ## Factor1 Factor2
25 ## SS loadings      2.85   1.898   #Factor Logaindsの 2乗和
26 ## Proportion Var   0.57   0.380   #寄与率
27 ## Cumulative Var   0.57   0.950   #累積寄与率
28 ##
29 ## Test of the hypothesis that 2 factors are sufficient.
30 ## The chi square statistic is 0.01 on 1 degree of freedom.
31 ## The p-value is 0.924
```

因子負荷量（16〜22 行目）を見てみると，因子 1 では英語，国語，社会に強い重みが，因子 2 では理科，数学に強い重みが掛かっている．なお，空欄は絶対値が 0.1 未満と推定された箇所であり，`res1$loadings[]` などと入力することで厳密な値を出力できる．この結果を因子分析モデルで表すと，次のようになる．

$$X_{英語} = 0.973f_1 + 0.027f_2 + \varepsilon_{英語},$$
$$X_{国語} = 0.962f_1 - 0.015f_2 + \varepsilon_{国語},$$
$$X_{理科} = 0.074f_1 + 0.995f_2 + \varepsilon_{理科},$$
$$X_{社会} = 0.982f_1 + 0.001f_2 + \varepsilon_{社会},$$
$$X_{数学} = 0.081f_1 + 0.953f_2 + \varepsilon_{数学}.$$

なお，ここでは見やすさのために，科目名を添え字においている．この式の因子負荷量を比較することで，因子1 (f_1) は文系能力を，因子2 (f_2) は理系能力を表すもので，これらの観測されていない潜在的な要因を共通因子として，5科目の得点が得られていると解釈できる．また，因子1，因子2で累積寄与率（27行目）が0.95と1に近く，独自性も0.1未満となっていることから，データはこれら2つの共通因子に由来して観測されたものと解釈できる．

10.4 因子回転

10.6節で紹介する方法により，因子分析モデルに含まれるパラメータΛの推定値が得られる．しかし実は，Λの推定値は1つではなく，無数に存在する．そのどれもが同じモデルを与えるが，共通因子の解釈のしやすさはさまざまである．そこで，因子分析モデルが解釈しやすくなるように，推定値を変換することが望ましいとされている．本節では，その変換の方法として，因子回転について紹介する．

10.4.1 因子負荷量の識別可能性

因子分析モデル (10.2) 式では，右辺に積の形で入っている$\Lambda, \boldsymbol{f}$はいずれも未知である．10.6節で紹介する推定法により，Λの推定値を得ることができるが，最適な$\Lambda, \boldsymbol{f}$の組は無数に存在する．なぜなら，Pを$m \times m$の直交行列とすると，

$$\Lambda \boldsymbol{f} = \Lambda P P^\top \boldsymbol{f} = (\Lambda P)(P^\top \boldsymbol{f})$$

と表すことができ，$\widetilde{\Lambda} = \Lambda P$, $\widetilde{\boldsymbol{f}} = P^\top \boldsymbol{f}$をそれぞれ新たな因子負荷量，共通因子とみなせばよいからである．$\widetilde{\boldsymbol{f}}$は，共通因子に対する仮定 (10.3) 式も満たす．このことは，たとえば掛けると24になる2つの実数の組合せが無数に存在することと同様である．この状態のことを，推定量に**識別可能性** (identifiability) がないという．

では，その中でどのような性質をもつ推定値が望ましいだろうか．因子分析の主な目的は，因子負荷量から各因子がどのような意味をもつのかについて，分析者が解釈を考えるものだったことを考えると，因子負荷量の解釈がより容易なものがよいだろう．

10.4.2 因子負荷量の解釈のしやすさ

表 10.1 は，5 変数からなる架空のデータに対して，因子数を 2 として因子分析を適用することで得られた因子負荷量である．左の表の第 1 因子は，すべての因子負荷量が比較的大きな値になっており，データの総合的な値の大きさを表していると解釈できる．また第 2 因子は，はじめの 2 変数は負の，最後の 2 変数は正の因子負荷量を与えていることから，これら 2 グループの変数は相反する傾向をもっていると考えられる．このとき，パラメータの推定値が代入された，変数 X_1 に対する因子分析モデルは，

$$X_1 \fallingdotseq \widehat{\mu}_1 + \widehat{\lambda}_{11}\widehat{f}_1 + \widehat{\lambda}_{12}\widehat{f}_2$$

と表される．この場合，各変数を因子分析モデルで説明するために，2 つの因子 $\widehat{f}_1, \widehat{f}_2$ が用いられる．

これに対して右の表では，一部の因子負荷量がほぼ 0 と推定されており，第 1 因子が X_3, X_4, X_5 の 3 変数の特徴を，第 2 因子が X_1, X_2, X_3 の 3 変数の特徴を表すものといったように，役割が分かれている．たとえば 1 番目の変数 X_1 を因子分析モデルで表すと，次のように，1 つの因子 $\widehat{f}_2$ だけでほぼ説明できる．

$$X_1 \fallingdotseq \widehat{\mu}_1 + \widehat{\lambda}_{12}\widehat{f}_2.$$

このように，各因子がどの変数を説明した因子であるか，明確に役割分担ができているほうが，解釈が容易になることが多い．

表 10.1 因子回転による因子負荷量の変化．左：因子回転なしの結果．右：因子回転ありの結果．

変数	第 1 因子	第 2 因子
X_1	0.85	−0.52
X_2	0.80	−0.49
X_3	0.60	−0.01
X_4	0.86	0.51
X_5	0.80	0.52

変数	第 1 因子	第 2 因子
X_1	0.00	1.02
X_2	0.01	0.97
X_3	0.34	0.35
X_4	1.01	0.01
X_5	0.97	0.01

10.4.3　因子回転

いま，例として因子数が $m=2$ であるとしよう．次の行列 R を考える．

$$R=\begin{pmatrix}\cos\theta & -\sin\theta\\ \sin\theta & \cos\theta\end{pmatrix}. \tag{10.6}$$

これは，2次元ベクトルを，大きさはそのままに原点を中心として角度 θ だけ回転させる行列である．たとえば，2次元ベクトル $\boldsymbol{x}=(1,1)^\top$ と角度 $\theta=\pi/2$ を考えると，$R\boldsymbol{x}=(-1,1)^\top$ となり，$\boldsymbol{x}$ が $\pi/2=90^\circ$ 回転されていることがわかる．この行列 (10.6) 式を用いて．第 l 因子の因子負荷量からなる2次元ベクトル $\boldsymbol{\lambda}=(\lambda_{1l},\lambda_{2l})^\top$ に対して $\widetilde{\boldsymbol{\lambda}}=R\boldsymbol{\lambda}$ とすることで，ベクトル $\boldsymbol{\lambda}$ を角度 θ だけ回転させたベクトル $\widetilde{\boldsymbol{\lambda}}$ が得られる．

この回転行列 R は直交行列，つまり $R^\top R=RR^\top=I_2$ を満たすことから，因子分析モデル (10.2) は次のように変換できる．

$$\boldsymbol{X}=\boldsymbol{\mu}+(\varLambda R)(R^\top\boldsymbol{f})+\boldsymbol{\varepsilon}=\boldsymbol{\mu}+\widetilde{\varLambda}\widetilde{\boldsymbol{f}}+\boldsymbol{\varepsilon}.$$

ここで，$\widetilde{\varLambda}=\varLambda R$, $\widetilde{\boldsymbol{f}}=R^\top\boldsymbol{f}$ とおいた．$\widetilde{\boldsymbol{f}}$ の分散共分散行列は

$$\mathrm{Var}\big[\widetilde{\boldsymbol{f}}\big]=\mathrm{Var}\big[R^\top\boldsymbol{f}\big]=R\mathrm{Var}[\boldsymbol{f}]R^\top=RR^\top=I=\mathrm{Var}[\boldsymbol{f}]$$

より，$\boldsymbol{f}$ の分散共分散行列と一致する．このことから，行列 R によって回転された $\widetilde{\varLambda}$, $\widetilde{\boldsymbol{f}}$ を改めてそれぞれ因子負荷行列，共通因子とみなすことができる．ここでは例として因子の数が $m=2$ の場合で説明したが，因子数が $m\geq 3$ でも同様のことがいえる．この場合は，行列式が1となる直交行列が回転行列 R として用いられる．このように，因子負荷量を回転行列を用いて回転させる変換を**因子回転** (factor rotation) という．特に，因子回転は解釈が容易な因子負荷量を得るために用いられる．

10.4.4　因子回転の種類

因子回転において，実際にどのように回転を行えばよいだろうか．因子回転の方法には大きく分けて，**直交回転** (orthogonal rotation) と**斜交回転** (oblique rotation) とよばれる2種類がある．

直交回転とは，その名のとおり因子負荷量の各軸（因子負荷行列 $\varLambda$ の各列ベクトル）が直交することを仮定し（制約に入れて），10.4.2項で述べたように，

より多くの因子負荷量を 0 に近づけることで因子負荷量が解釈しやすくなるように回転を行う方法である．直交回転の代表的な方法として，**バリマックス回転** (varimax rotation) が挙げられる．一方で斜交回転は，因子負荷量の軸が直交するという仮定をおかずに，因子負荷量が解釈しやすくなるように回転を行う方法である．斜交回転の方法としては，**プロマックス回転** (promax rotation) が広く用いられている．

直交回転では，(10.6) 式のように，直交行列を用いて因子負荷量のベクトルを回転するのに対して，斜交回転では直交行列でない行列により変換を行う．これにより，直交回転よりも解釈が容易な因子負荷量を得やすくなる．直交回転は斜交回転に比べて数学的導出が容易である一方で，直交性の仮定により柔軟性に欠ける．これに対して斜交回転では，因子負荷量に対する直交性という制約がなくなるためより柔軟に因子回転が行われ，より解釈しやすい因子負荷量を得ることができる．このため，因子負荷量の推定においては，斜交回転，特にプロマックス回転が多く用いられている．

10.5　共通因子の数の選択

ここまでは，共通因子の数を適当に与えた下で，因子負荷量の推定や因子回転を行う流れについて説明した．しかし，共通因子の数が適切でないと，推定結果から各共通因子が何を意味しているかについての解釈を得ることが困難になる場合がある．したがって，共通因子の数の選択は重要な問題である．ここでは，共通因子の数を選択するための方法について説明する．因子数の選択問題は，回帰モデルの変数選択や，主成分分析における主成分の数の選択に類似しており，特定の基準を用いて決定される．

カイザー・ガットマン基準

因子数の選択基準の 1 つである**カイザー・ガットマン基準** (Kaiser-Guttman criterion) は，データの標本相関行列の固有値が 1 以上である個数を因子数として選択するものである．これは，文献 [24] によって証明された，共通因子数はデータの標本相関行列の 1 より大きい固有値の数以上である，という結果に基づいている．カイザー・ガットマン基準は古くから用いられている方法である．

スクリー基準

スクリー基準 (scree criterion) は，データの標本分散共分散行列（標本相関行列でもよい）の固有値を大きい順に並べたとき，隣り合う固有値の差が比較的大きい最後の番号を因子の数とする方法である．これを視覚的に探すために，固有値を大きい順に並べて折れ線グラフで描画した図 10.3 を用いる．この図は**スクリープロット** (scree plot) とよばれる．この図の場合，2 番目から 3 番目で固有値が急激に変化し，以降は 0 に近い値で推移していることから，最適な因子数は 2 と判断される．

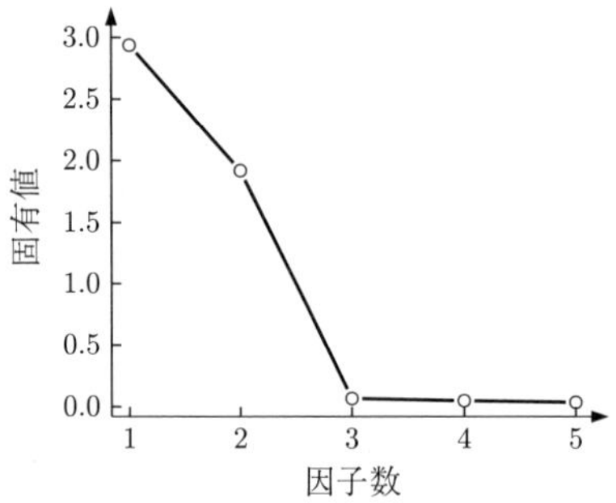

図 10.3　スクリープロット

AIC

因子分析モデルに対しても，3 章や 4 章で用いた AIC や BIC といった情報量規準を用いることで，因子数を選択する方法が用いられている．いま，観測変数 $\boldsymbol{X}$ が平均ベクトル $\boldsymbol{\mu}$，分散共分散行列 Σ の正規分布に従うと仮定する．このとき，因子分析モデルを，10.6 節で述べる最尤法により推定したとしよう．このとき，パラメータ $\boldsymbol{\theta}$ の最尤推定値 $\widehat{\boldsymbol{\theta}}$ を対数尤度関数 $\ell(\boldsymbol{\theta})$ に代入した最大対数尤度 $\ell(\widehat{\boldsymbol{\theta}})$ を用いて，AIC は次で与えられる．

$$\mathrm{AIC} = -2\ell(\widehat{\boldsymbol{\theta}}) + 2r. \tag{10.7}$$

ただし，r は因子分析モデルに含まれるパラメータ数である．具体的な値については，10.6 節を参照されたい．さまざまな因子数に基づく因子分析モデルの候補のうち，対応する AIC が最小となるものを選択する．

10.5.1 R による分析

R を用いて，因子回転と因子数の選択を行ってみよう．ここでは，人工的に生成した 6 変量のデータに対して因子数 3 で因子分析を適用するにあたり，因子回転なし，バリマックス回転，プロマックス回転をそれぞれ行い，因子負荷量を比較する．また，スクリープロットを用いて因子数を選択する．そのプログラムを，ソースコード 10.2 に示す．

ソースコード 10.2 因子回転と因子数の選択

```
1  # 人工データの生成
2  v1 = c(1,1,1,1,1,1,1,1,1,1,3,3,3,3,3,4,5,6)
3  v2 = c(1,2,1,1,1,1,2,1,2,1,3,4,3,3,3,4,6,5)
4  v3 = c(3,3,3,3,3,1,1,1,1,1,1,1,1,1,1,5,4,6)
5  v4 = c(3,3,4,3,3,1,1,2,1,1,1,1,2,1,1,5,6,4)
6  v5 = c(1,1,1,1,1,3,3,3,3,3,1,1,1,1,1,6,4,5)
7  v6 = c(1,1,1,2,1,3,3,3,4,3,1,1,1,2,1,6,5,4)
8  X = cbind(v1,v2,v3,v4,v5,v6)
9
10 # 因子回転なし，バリマックス回転，プロマックス回転でそれぞれ因子分析を実行
11 # (デフォルトではバリマックス回転 (rotation="varimax) となっている)
12 res1 = factanal(X, factors = 3, rotation="none")
13 res2 = factanal(X, factors = 3, rotation = "varimax")
14 res3 = factanal(X, factors = 3, rotation = "promax")
15
16 #因子負荷量出力
17 res1$loadings
18 res2$loadings
19 res3$loadings
20
21 # スクリープロット描画
22 cormat = cor(X)
23 eigenval = eigen(cormat)$values
24 plot(eigenval, type="b", main="Scree plot")
```

因子回転を用いた因子分析を行うには，`factanal` 関数の引数 `rotation` を設定すればよい (12～14 行目)．表 10.2 は，得られた因子負荷量を並べたものである．因子回転なしの場合は，第 1 因子の因子負荷量がすべての変数に対して同等に大きな値となっており，あまり意味のある因子とはいえない．これに対して，バリマックス回転を行うことで得られた因子負荷量は，それぞれの因子において値が大きい変数が一部に偏っており，因子間で役割分担が行われている．プロマックス回転ではその傾向がさらに顕著になり，各因子に対して因子負荷量が 0

表 10.2　人工データに対する因子負荷量

回転なし			バリマックス回転			プロマックス回転		
因子 1	因子 2	因子 3	因子 1	因子 2	因子 3	因子 1	因子 2	因子 3
0.81	−0.39	0.44	0.94	0.18	0.27	−0.05	0.98	0.07
0.75	−0.29	0.50	0.90	0.23	0.16	0.05	0.95	−0.06
0.81	−0.23	−0.53	0.24	0.21	0.95	−0.04	0.03	1.00
0.73	−0.14	−0.47	0.18	0.24	0.83	0.04	−0.02	0.87
0.80	0.52	0.04	0.24	0.88	0.29	0.91	0.03	0.06
0.76	0.64	0.08	0.19	0.96	0.20	1.03	−0.02	−0.05

に近い変数と大きい変数とにはっきり分かれている．これは，各変数がより少ない因子で説明でき，各因子の解釈がより容易になっていることを意味している．

また，プログラムの最後（24 行目）に，スクリープロットを描画する処理を入れている．これにより，図 10.4 に示すスクリープロットが得られる．この結果から，このデータは 3 つの因子で表現することが適切であると考えられる．

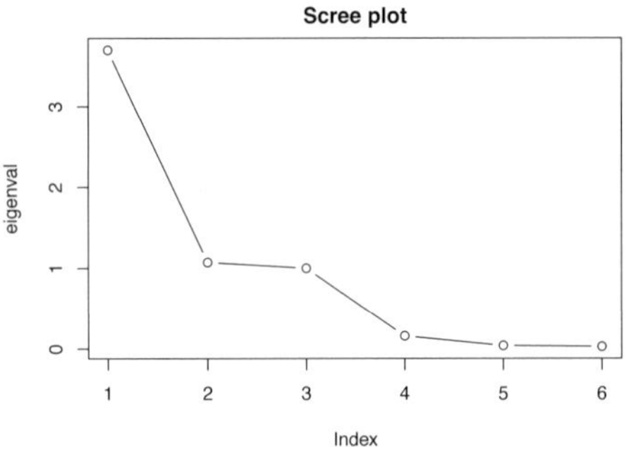

図 10.4　人工データに対するスクリープロット

因子分析の適用例をもう 1 つ紹介しよう．ここでは，`psychTools` パッケージに内蔵されている，自己申告による 25 項目の性格診断のデータ `bfi`（サンプルサイズ 2800）に対して因子分析を行うことで，データの背後に潜む共通因子を浮かび上がらせてみよう．各項目は 1 点から 6 点の 6 段階により評価されており，また，25 の項目は次のように 5 つのカテゴリに分類されている．

- A1〜A5：Agreeableness（同調性）

- C1〜C5：Conscientiousness（誠実性）
- E1〜E5：Extraversion（外向性）
- N1〜N5：Neuroticism（神経症的傾向）
- O1〜O5：Openness（開放性）

このデータに因子分析を適用する R プログラムを，ソースコード 10.3 に示す．

ソースコード 10.3 性格評価データに対する因子分析

```
1 library(psychTools) # bfiデータ利用のため（要インストール）
2 ?bfi  # bfiデータ詳細（ヘルプ）を表示
3
4 # データ読み込み
5 X = bfi[, 1:25]
6 X0 = na.omit(X) # 欠損のある行を除外
7
8 # 因子数 5で因子分析
9 res1 = factanal(X0, 5) # 因子回転なし
10 res1
11 res2 = factanal(X0, 5, rotation="varimax") # バリマックス回転
12 res2
13 res3 = factanal(X0, 5, rotation="promax") # プロマックス回転
14 res3
15
16 # スクリープロット
17 cormat = cor(X0)
18 eigenval = eigen(cormat)$values
19 plot(eigenval, type="b", main="Scree plot")
```

25 の診断項目の詳細については，`bfi` のヘルプを表示することで確認できる（2 行目）．このデータには随所に欠損値があるため，前処理としてはじめに `na.omit` 関数で欠損を含む行（被験者）を除外しておく（6 行目）．結果として，分析に用いるサンプルサイズは 2436 である．そして，欠損値を含まないデータに対して，因子数を 5 として，また因子回転なし，バリマックス回転，プロマックス回転の 3 パターンで因子分析を適用する（9〜14 行目）．

表 10.3 は，`bfi` データに対してプロマックス回転を行うことで得られた因子負荷量の推定値である．値をよく見てみると，項目 A1〜A5 は第 4 因子，項目 C1〜C5 は第 3 因子，E1〜E5 は第 2 因子，N1〜N5 は第 1 因子，O1〜O5 は第 5 因子の重みが比較的大きいことがわかる．つまり，因子分析により，これら 5 つのカテゴリの傾向が潜在的にも関連していることが定量的に明らかになった．

表 10.3　性格診断データに対する因子負荷量（プロマックス回転）

	第 1 因子	第 2 因子	第 3 因子	第 4 因子	第 5 因子
A1	0.22	0.13	0.05	**−0.41**	−0.03
A2	−0.03	0.08	0.06	**0.60**	0.01
A3	−0.03	0.18	0.00	**0.66**	0.02
A4	−0.06	0.10	0.19	**0.45**	−0.17
A5	−0.14	0.27	−0.05	**0.55**	0.05
C1	0.07	−0.06	**0.55**	0.00	0.16
C2	0.13	−0.12	**0.67**	0.08	0.06
C3	0.03	−0.09	**0.59**	0.09	−0.08
C4	0.10	0.02	**−0.68**	0.06	−0.01
C5	0.13	−0.12	**−0.58**	0.03	0.11
E1	−0.13	**−0.64**	0.15	−0.06	−0.08
E2	0.03	**−0.71**	0.02	−0.06	−0.05
E3	0.09	**0.46**	−0.06	0.25	0.31
E4	0.02	**0.62**	−0.04	0.31	−0.06
E5	0.22	**0.46**	0.23	0.04	0.21
N1	**0.91**	0.17	0.02	−0.15	−0.06
N2	**0.86**	0.10	0.04	−0.14	0.00
N3	**0.68**	−0.07	−0.03	0.06	0.01
N4	**0.40**	−0.39	−0.13	0.09	0.09
N5	**0.44**	−0.20	0.00	0.20	−0.14
O1	−0.00	0.12	0.03	0.01	**0.53**
O2	0.16	0.05	−0.09	0.17	**−0.46**
O3	0.03	0.21	−0.04	0.07	**0.63**
O4	0.06	−0.31	−0.04	0.16	**0.37**
O5	0.11	0.06	−0.04	0.08	**−0.52**

10.6　因子分析モデルの計算*

本節では，因子分析モデルの推定法および因子回転について，その流れの概略を説明する．本節では，因子分析モデルの推定法として用いられている主因子法と最尤法の 2 種類の方法について，概略を紹介する．なお，前節の R による実装で用いた `factanal` 関数では，パラメータの推定に最尤法が用いられている．また，因子回転の方法として，バリマックス回転とプロマックス回転の計算について紹介する．

10.6.1　主因子法

主因子法 (principal factor method) は，データの標本分散共分散行列の固有値・固有ベクトルを利用して，因子負荷量を反復的に推定する方法である．主因子法では，独自因子の分散共分散行列 Ψ の初期値を与え，それをもとに因子

負荷行列 Λ の値を求め，それを用いて Ψ を更新する，という処理を繰り返すことで Λ, Ψ の推定値を得る．

分散共分散行列 Σ の推定値として，標本分散共分散行列 S を用いることを考える．これをもとにして，(10.4) 式から Λ を推定する．そのためにまず，Ψ の対角成分に適当な値を初期値として与え，これを $\widetilde{\Psi}$ とおく．これにより，$S-\widetilde{\Psi}$ を $\Lambda\Lambda^\top$ の推定値とみなす．いま，$S-\widetilde{\Psi}$ が正の固有値を q 個 $(q \geq m)$ もつとし，大きさの順に並べた m 個の固有値と対応する大きさ 1 の固有ベクトルをそれぞれ $\eta_j, \boldsymbol{u}_j$ $(j=1,\ldots,m)$ とする．このとき，$S-\widetilde{\Psi}$ は，$\boldsymbol{u}_j$ を列にもつ $p \times m$ 行列 $U=(\boldsymbol{u}_1 \cdots \boldsymbol{u}_m)$ を用いて，次のように対角化できる．

$$U^\top(S-\widetilde{\Psi})U = \mathrm{diag}\{\eta_1,\ldots,\eta_m\}.$$

この行列を H とおく．ここで，$\mathrm{diag}\{\eta_1,\ldots,\eta_m\}$ は $\eta_1,\ldots,\eta_m$ を対角成分とする $m \times m$ の対角行列とする．この式の両辺に左と右からそれぞれ U と $U^\top$ を掛けると，$UU^\top = I_p$ であることから，

$$\begin{aligned} S-\widetilde{\Psi} &= UHU^\top \\ &= UH^{1/2}H^{1/2}U^\top \\ &= (UH^{1/2})(UH^{1/2})^\top \end{aligned}$$

と表すことができる．なお，対角成分に $\sqrt{\eta_1},\ldots,\sqrt{\eta_m}$ をもつ対角行列を，便宜上 $H^{1/2}$ とおいた．そして，$p \times m$ 行列 $\widetilde{\Lambda} = UH^{1/2} = (\sqrt{\eta_1}\boldsymbol{u}_1 \cdots \sqrt{\eta_m}\boldsymbol{u}_m)$ を，Λ の推定値とする．そして，(10.4) 式より $S-\widetilde{\Lambda}\widetilde{\Lambda}^\top$ によって Ψ を更新する．ただし，$S-\widetilde{\Lambda}\widetilde{\Lambda}^\top$ は一般的には対角行列とは限らないので，$S-\widetilde{\Lambda}\widetilde{\Lambda}^\top$ の対角成分を Ψ の対角成分の更新値とする．このようにして，Ψ から Λ を推定し，Λ から Ψ を更新するという処理を，収束するまで繰り返すことで，Λ と Ψ の推定値を得る方法が，主因子法である．

以上をまとめると，主因子法の流れは，次のとおりである．

[1] Ψ の対角成分 ${\sigma_1}^2,\ldots,{\sigma_p}^2$ の初期値を決める．

[2] データの標本分散共分散行列 S と Ψ との差 $S-\Psi$ に対して対角化を行うことで，Λ の近似値 $\widetilde{\Lambda}$ を求める．

[3] $S-\widetilde{\Lambda}\widetilde{\Lambda}^\top$ の対角成分を Ψ の更新値とする．

[4] [2], [3] を収束するまで繰り返し，最終的な Ψ と $\widetilde{\Lambda}$ を推定値とする．

10.6.2　最尤法

因子分析モデルを最尤法で推定するときは，独自因子からなるベクトル $\boldsymbol{\varepsilon}$ が特定の確率分布に従うと仮定し，そこから導出される尤度関数を最大化することで因子負荷量を推定する．最も標準的な仮定は，$\boldsymbol{\varepsilon}$ が平均ベクトル $\mathbf{0}$，分散共分散行列 Ψ の多変量正規分布に従うとするものである．加えて，共通因子ベクトル $\boldsymbol{f}$ も，平均ベクトル $\mathbf{0}$，分散共分散行列が単位行列の多変量正規分布に従うとする．このとき，観測変数ベクトル $\boldsymbol{X}$ は平均ベクトル $\boldsymbol{\mu}$，分散共分散行列 $\Sigma = \Lambda\Lambda^\top + \Psi$ の正規分布に従う．つまり，因子分析モデルに含まれる未知パラメータ $(\boldsymbol{\mu}, \Sigma, \Lambda)$ をすべてまとめたベクトルを $\boldsymbol{\theta}$ とおくと，$\boldsymbol{X}$ の確率密度関数 $f(\boldsymbol{x};\boldsymbol{\theta})$ は，次で与えられる．

$$f(\boldsymbol{x};\boldsymbol{\theta}) = \frac{1}{(2\pi)^{p/2}|\Sigma|^{1/2}} \exp\left\{-\frac{1}{2}(\boldsymbol{x}-\boldsymbol{\mu})^\top \Sigma^{-1}(\boldsymbol{x}-\boldsymbol{\mu})\right\}.$$

そして，第 i 番目の観測値ベクトル $\boldsymbol{x}_i$ をこの式に代入することで得られる対数尤度関数

$$\ell(\boldsymbol{\theta}) = \sum_{i=1}^{n} \log f(\boldsymbol{x}_i;\boldsymbol{\theta})$$

を最大化するパラメータ $\boldsymbol{\theta}$ の値を，最尤推定値として求める．ただし，$\boldsymbol{\theta}$ の推定量を解析的に求めることは複雑かつ困難であり，反復的に推定値を得る方法が用いられるが，本書ではその詳細は割愛する．

なお，最尤法による推定においては，（一般的に成立するわけではないが）$\Lambda^\top\Psi^{-1}\Lambda$ は対角行列であるという制約をおく．このことから，ベクトル $\boldsymbol{\mu}$ と行列 Λ の要素数の和 $p + pm$ から，上記の制約により，対称行列の成分のうち 0 とされる非対角成分の数である $m(m-1)/2$ を引いた $r = p(m+1) - m(m-1)/2$ が，パラメータ数となる．10.5 節で紹介した AIC (10.7) 式の第 2 項にある r は，この値で与えられる．

10.6.3　因子回転の計算

本項では，10.4 節で述べた因子回転のための方法について，その計算方法の概要を述べる．

バリマックス回転

直交回転の代表的な方法であるバリマックス回転は，因子負荷行列 Λ の各列ベクトルについて，その分散（の 2 乗）が最大となるようにベクトルを回転する方法である．これにより，表 10.1 左の第 1 因子負荷量のように分散が小さいものではなく，右の因子負荷量のように，分散が大きい方向に回転され各観測変数に対してより少ない因子数で因子負荷量を表現しやすくなる．

プロマックス回転

斜交回転の方法の 1 つであるプロマックス回転は，はじめにバリマックス回転により得られた因子負荷行列に対して，それがデータをわかりやすく説明できるような行列（これを仮説行列とよぶ）へさらに変換するものである．プロマックス回転は，次の流れで行われる．はじめに，先に紹介したバリマックス回転を行い，因子負荷行列の推定値 $\widetilde{\Lambda}$ と共通因子 $\widetilde{\boldsymbol{f}}$ を得る．

続いて，目標とする仮説行列 H として，$\widetilde{\Lambda}$ の各要素のべき乗を計算したものとする．用いられるべき乗としては 4 乗が一般的だが，2 乗，3 乗が用いられる場合もある．これにより，値の大きい，または小さい因子負荷量がより強調されるようになる．そして，因子負荷行列 $\widetilde{\Lambda}$ が仮説行列 H をよく近似するような変換行列を求める，つまり，$H \approx \widetilde{\Lambda}Q$ となるような Q を求める．このような回転は**プロクラステス回転** (procrustes rotation) とよばれる．つまり，プロマックス回転はバリマックス回転を実行して得られた因子負荷行列に対して，さらにプロクラス回転を実行したものである．

Q を推定する 1 つの方法として，最小二乗法を用いるものがある．上の近似式を 3 章で述べた線形重回帰モデルと同様に扱うことで，$Q = (\widetilde{\Lambda}^\top \widetilde{\Lambda})^{-1} \widetilde{\Lambda}^\top H$ のように求めることができる．共通因子については，$\widehat{\boldsymbol{f}} = Q^{-1}\widetilde{\boldsymbol{f}}$ とすればよい．ただし，上の Q の推定方法だと，$\widehat{\boldsymbol{f}}$ の各要素の分散が 1 とは限らなくなってしまう．そのため，分散が 1 となるよう補正を行う．

章末問題

10-1　因子分析についての説明として，最も適切なものを 1 つ選べ.

(a) 探索的因子分析では，共通因子の数を 1 つのみに固定して分析を行う.

(b) 因子分析モデルでは，因子負荷量も共通因子も未知である.

(c) 因子負荷量は，第 1 因子に大きい値が集中しているほうが望ましい.

(d) 因子回転は，独自因子の値を減らすために用いられる.

10-2　(10.4) 式および共通性の式 (10.5) より，独自性は独自因子の分散 ${\sigma_j}^2$ を用いて $\dfrac{{\sigma_j}^2}{\mathrm{Var}[X_j]}$ で与えられることを示せ.

10-3［R 使用］ R の `factoextra` パッケージに内蔵されている `decathlon2` は，複数の選手によるデカスロン（10 種競技）の成績などからなるデータである．このデータのデカスロンの記録を 10 変数のデータとして因子数 3 で因子分析を適用した結果，次の表に示す因子負荷量が得られた．この結果から，各共通因子が何を意味しているか解釈を与えよ.

	因子 1	因子 2	因子 3
100 m	0.912	0.007	−0.038
走り幅跳び	−0.781	0.073	0.139
砲丸投げ	0.064	1.061	0.128
走り高跳び	−0.070	0.452	−0.468
400 m	0.694	0.108	0.095
110 m ハードル	0.780	0.081	0.094
円盤投げ	−0.136	0.643	−0.134
棒高跳び	−0.029	0.136	1.036
やり投げ	0.015	0.538	0.239
1500 m	−0.196	−0.003	0.330

10-4［R 使用］ 5 科目の試験のデータ（サポートページの “`score.csv`” ファイル）において，因子数 1, 2, 3 それぞれの場合で因子分析を適用した結果に対する寄与率を計算せよ.

10-5［R 使用］ 10.5 節で用いた `bfi` データに対して，因子回転しない場合とした場合とで，共通性の値を確認せよ.

第 11 章 その他の多変量解析手法

本章では，これまでに説明されなかった多変量解析手法として，多次元尺度構成法，正準相関分析，対応分析，構造方程式モデルの概要と R での実行方法を紹介する．

11.1 多次元尺度構成法

11.1.1 観測値間の距離を可視化する

表 11.1 は，日本の各都道府県庁所在地間の距離を行列形式でまとめたものである．このような行列を**距離行列** (distance matrix) とよぶ．表 11.1 の場合，47×47 の正方行列になる．図 11.1 は，このデータに対して，本節で紹介する多次元尺度構成法を適用することで得られる散布図である．用いたデータは各 2 都市間の距離のみであり，その都市の位置（緯度，経度）の情報は用いていない．それにもかかわらず，図 11.1 では，各都市の位置関係を表した日本地図がほぼ復元されていることが確認できる．

表 11.1 都道府県庁所在地間の距離行列

	北海道	青森	岩手	宮城	秋田	⋯
北海道	0					
青森	253.80	0				
岩手	373.60	129.30	0			
宮城	534.00	284.00	161.10	0		
秋田	385.90	134.20	90.10	174.20	0	
⋮	⋮	⋮	⋮	⋮	⋮	⋱

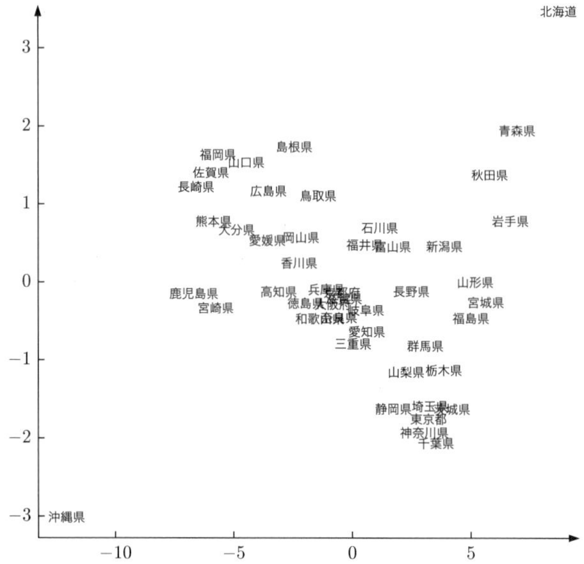

図 11.1　都道府県間の距離データに対して多次元尺度構成法を適用することで得られる 2 次元のデータを，散布図に表示したもの．

多次元尺度構成法 (Multi-Dimensional Scaling; MDS) は，多変量データを互いの距離関係をできるだけ保持した状態で低次元ベクトルへ変換（圧縮）するための方法である．平面座標のような 2 変量のデータに対しては，これから距離行列を求めたものに対して多次元尺度構成法を適用しても，図 11.1 のように，元のデータの位置関係が復元されるだけである．一方で，データが 4 変量以上になるとそれ自身を可視化することは困難となるが，多次元尺度構成法を用いることで，多変量データに対しても，近似的にではあるが互いの位置関係を可視化できる．

9 章で紹介した主成分分析も，多変量データを 2 つ，あるいは 3 つまでの主成分で圧縮することで可視化することができたが，多次元尺度構成法とはデータの圧縮の目的が異なる．主成分分析では，データの分散が最も大きくなる方向へ新しい軸を構成し，それに基づいてデータを低次元に圧縮した．これに対して多次元尺度構成法は，観測値間の類似性という情報から低次元データを再構成するものである．この性質から，たとえば多次元尺度構成法を適用した後で，8 章で述べたクラスター分析を適用するという選択肢もある．つまり，観測された多変量データに対して直接クラスタリングを行うのではなく，その距離関係を保持した低次元データでクラスタリングを行うというものである．これにより，データがどのようにクラスタリングされたのかを視覚化しやすくなるうえ，余分な次元を削減することで，直接クラスタリングを行う場合よりもクラスタリングの精度が改善される場合がある．

なお，多次元尺度構成法では，軸そのものに主成分分析のときのような意味付けをすることは難しい．この点は，主成分（ベクトル）の方向と主成分得点の大きさ（小ささ）から主成分の解釈を得ていた主成分分析とは異なる．

多次元尺度構成法の詳細については，文献 [2] などを参照されたい．

11.1.2　R による分析

都道府県間の距離データに対して多次元尺度構成法を適用したプログラムをソースコード 11.1 に示す．

ソースコード 11.1　多次元尺度構成法の実行

```
1  # 緯度・経度のデータから計算
2  Jpdata = read.csv("Japandist.csv")
3  # 距離行列計算
4  D = dist(Jpdata[,-1])
5  pref = Jpdata[,1]
6  
7  # 多次元尺度構成法適用
8  res = cmdscale(D, 2)
9  # 出力結果 plot
10 plot(-res, type="n", xlab="", ylab=""); text(-res, pref)
11 
12 # アヤメのデータ分析
13 X = iris[,-5]  # 品種以外のデータ使用
14 D = dist(X)
15 
16 # 多次元尺度構成法適用
17 res = cmdscale(D, 2)
18 # 出力結果描画
19 plot(X) # 参考までに散布図行列描画
20 plot(res, col=iris[,5], xlab="", ylab="")
```

ここでは，各都道府県庁所在地の緯度，経度からなるデータファイル Japandist.csv（本書サポートページから取得）を読み込み，このデータに対して dist 関数を適用して距離行列を求めている（4 行目）．そしてこの距離行列に対して，多次

元尺度構成法を適用する．R では，cmdscale 関数により多次元尺度構成法を実行できる（8 行目）．この関数を適用するにあたり，元のデータ Jpdata（緯度，経度）自身は用いていないことに注意されたい．また，12 行目以降に，アヤメのデータに対して多次元尺度構成法を適用し，4 次元データを 2 次元に圧縮するためのプログラムも併せて示している．図 11.2 左に示す散布図行列は，4 つの変数のうちいずれか 2 つのみで描画される散布図が並べられている．一方で，図 11.2 右は多次元尺度構成法により観測値間の距離の関係をできるだけ保持するように，2 次元に圧縮されたアヤメのデータの散布図である．これにより，散布図行列では捉えにくかった，4 変量データとしての観測値間の距離の関係が 1 つの図でわかりやすく可視化されている．

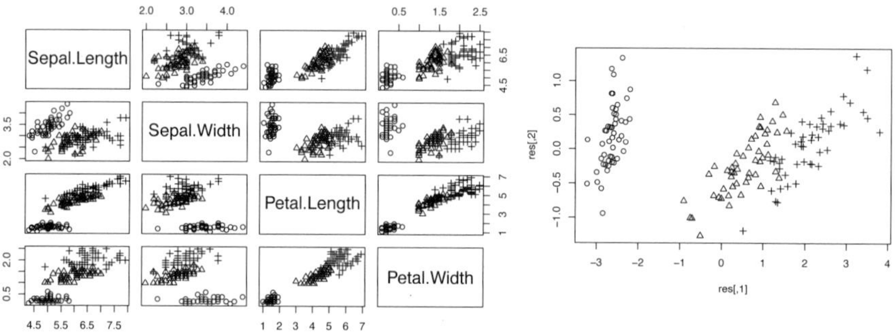

図 11.2　アヤメのデータに対する散布図行列（左）と，多次元尺度法により 2 次元に圧縮した結果（右）．3 品種を ∘, +, △ で表している．

11.1.3　多次元尺度構成法の導出*

ここでは，多次元尺度構成法によりデータを低次元へ圧縮するための方法について説明する．多次元尺度構成法では，観測データそのものではなく，それから計算される距離行列に基づいて，距離関係をできるだけ保持した低次元ベクトルを構成する．

いま，$n \times n$ の距離行列を D とし，その (i, j) 要素を d_{ij} とする．これは，対角要素（(i, i) 要素）が 0 の対称行列である．ここでの目的は，第 i 観測と第 j 観測間の距離として

$$d_{ij} = \|\boldsymbol{z}_i - \boldsymbol{z}_j\| \tag{11.1}$$

となるような k 次元ベクトル $\boldsymbol{z}_i = (z_{i1}, \ldots, z_{ik})^\top$ $(i = 1, \ldots, n)$ を求めることである．しかし一般に，$k \geq n$ であれば上の等式を満たすような $\boldsymbol{z}_i$ を求めることができるが，いま関心のある $k < n$ の場合，そのような $\boldsymbol{z}_i$ は存在するとは限らない．そのため，(11.1) 式を緩めて $d_{ij} \approx \|\widetilde{\boldsymbol{z}}_i - \widetilde{\boldsymbol{z}}_j\|$ となる $\widetilde{\boldsymbol{z}}_i$ $(i = 1, \ldots, n)$ を求めることを目標とする．以下で説明するように，まずは $k = n$ として (11.1) 式を満たす $\boldsymbol{z}_i$ を求め，それから $k < n$ の場合の $\widetilde{\boldsymbol{z}}_i$ を構成する．

ここで，1 点注意すべきことがある．定数を要素にもつベクトル $\boldsymbol{c} = (c_1, \ldots, c_k)^\top$ に対して $\boldsymbol{z'}_i = \boldsymbol{z}_i + \boldsymbol{c}$ $(i = 1, \ldots, n)$ とおくと，

$$\|\boldsymbol{z'}_i - \boldsymbol{z'}_j\| = \|(\boldsymbol{z}_i + \boldsymbol{c}) - (\boldsymbol{z}_j + \boldsymbol{c})\| = \|\boldsymbol{z}_i - \boldsymbol{z}_j\|$$

となり，D を近似するものとしては，$\boldsymbol{z}_1, \ldots, \boldsymbol{z}_n$ とそれを平行移動させた $\boldsymbol{z'}_1, \ldots, \boldsymbol{z'}_n$ のどちらでもよいことになる．このような解の不定性を取り除くために，$\boldsymbol{z}_i$ の i についての総和は零ベクトル，つまり

$$\sum_{i=1}^{n} \boldsymbol{z}_i = \boldsymbol{0} \tag{11.2}$$

という制約をおく．

この $\boldsymbol{z}_i$ を第 i 行にもつ $n \times k$ 行列を $Z = (\boldsymbol{z}_1 \cdots \boldsymbol{z}_n)^\top$ とおく．多次元尺度構成法では，以下に示すように，まず $B = ZZ^\top$ なる $n \times n$ 行列 $B = (b_{ij})$ を距離行列 D から求め，そこから行列 Z を導出するという流れになる．

いま，$d_{ij} = \|\boldsymbol{z}_i - \boldsymbol{z}_j\|$ $(i, j = 1, \ldots, n)$ を満たすような，$k = n$ 次元ベクトル $\boldsymbol{z}_i$ を考える．距離の 2 乗 ${d_{ij}}^2$ を計算すると，

$${d_{ij}}^2 = \|\boldsymbol{z}_i - \boldsymbol{z}_j\|^2 = {\boldsymbol{z}_i}^\top \boldsymbol{z}_i + {\boldsymbol{z}_j}^\top \boldsymbol{z}_j - 2{\boldsymbol{z}_i}^\top \boldsymbol{z}_j$$

であることと，$b_{ij} = {\boldsymbol{z}_i}^\top \boldsymbol{z}_j$ であることを用いると，B の成分と D の成分の間には次の関係が成り立つ．

$${d_{ij}}^2 = b_{ii} + b_{jj} - 2b_{ij}. \tag{11.3}$$

また，(11.2) 式の制約より，$b_{ij} = {\boldsymbol{z}_i}^\top \boldsymbol{z}_j$ の両辺に $i = 1, \ldots, n$ について総和をとると，

$$\sum_{i=1}^{n} b_{ij} = \sum_{i=1}^{n} {\boldsymbol{z}_i}^\top \boldsymbol{z}_j = \left(\sum_{i=1}^{n} \boldsymbol{z}_i\right)^\top \boldsymbol{z}_j = 0$$

となる．このことと $\sum_{i=1}^{n} b_{ii} = \mathrm{tr}(B)$ であることから，(11.3) 式の両辺に i について，または i と j の両方について総和をとることで，それぞれ次が成り立つ．

$$\sum_{i=1}^{n} {d_{ij}}^2 = \mathrm{tr}(B) + nb_{jj}, \quad \sum_{i=1}^{n}\sum_{j=1}^{n} {d_{ij}}^2 = 2n\,\mathrm{tr}(B). \tag{11.4}$$

(11.3) 式の b_{ii}, b_{jj} に (11.4) 式の結果を代入することで，B の (i,j) 要素 b_{ij} は次のように求めることができる．

$$b_{ij} = -\frac{1}{2}\left({d_{ij}}^2 - \sum_{i=1}^{n} {d_{ij}}^2 - \sum_{j=1}^{n} {d_{ij}}^2 + \sum_{i=1}^{n}\sum_{j=1}^{n} {d_{ij}}^2\right).$$

これを行列で表すと，

$$B = -\frac{1}{2} J D^{(2)} J \tag{11.5}$$

となる．ただし，$D^{(2)}$ は距離行列 D の各要素の 2 乗 ${d_{ij}}^2$ を (i,j) 要素にもつ行列である（$D^{(2)} = DD$ ではないことに注意）．また，J は $J = I_n - \frac{1}{n}\mathbf{1}_n{\mathbf{1}_n}^\top$ であり，これは中心化行列とよばれる．

(11.5) 式により，B を求めることができた．次は，$B = ZZ^\top$ となるような行列 Z を求める．行列 B は対称行列かつ非負値定符号行列である．したがって，大きい順に並べた n 個の B の固有値 $\lambda_1 \geq \lambda_2 \geq \cdots \geq \lambda_n \geq 0$ と，対応する大きさ 1 の固有ベクトル $\boldsymbol{w}_1, \boldsymbol{w}_2, \ldots, \boldsymbol{w}_n$ を用いて，次のように表すことができる．

$$B = \lambda_1 \boldsymbol{w}_1{\boldsymbol{w}_1}^\top + \cdots \lambda_n \boldsymbol{w}_n{\boldsymbol{w}_n}^\top = W\Lambda W^\top.$$

ここで, $W = (\boldsymbol{w}_1 \cdots \boldsymbol{w}_n)$ は固有ベクトルを並べた $n\times n$ 行列, $\Lambda = \mathrm{diag}\{\lambda_1, \ldots, \lambda_n\}$ は固有値を対角成分にもつ $n \times n$ 対角行列である．これは，行列 B の対角化そのものである．さらに，B は次のように表される．

$$B = W\Lambda W^\top = (W\Lambda^{1/2})(W\Lambda^{1/2})^\top$$

ただし，$\Lambda^{1/2}$ は $\sqrt{\lambda_1}, \ldots, \sqrt{\lambda_n}$ を対角要素とする対角行列とする．ここで，$Z = W\Lambda^{1/2}$ とおけば，$B = ZZ^\top$ となるような $n \times n$ 行列 $Z = (\boldsymbol{z}_1 \cdots \boldsymbol{z}_n)^\top$ を求めることができる．

ここで，n 個よりも少ない数の固有値，たとえば 2 番目まで大きい固有値と，対応する固有ベクトルを用いて，$n \times 2$ 行列 $\widetilde{W} = (\boldsymbol{w}_1\ \boldsymbol{w}_2)$，$2 \times 2$ 行列 $\widetilde{\Lambda}^{1/2} = \mathrm{diag}\{\sqrt{\lambda_1}, \sqrt{\lambda_2}\}$ とおくと，$B = ZZ^\top$ を近似する $n \times 2$ 行列

$\widetilde{Z} = (\widetilde{\boldsymbol{z}}_1 \ \cdots \ \widetilde{\boldsymbol{z}}_n)^\top = \widetilde{W}\widetilde{\Lambda}^{1/2}$ を得ることができる．ただし，$\widetilde{\boldsymbol{z}}_i = (\widetilde{z}_{i1}, \widetilde{z}_{i2})^\top$ $(i = 1, \ldots, n)$ は 2 次元ベクトルである．この $\widetilde{\boldsymbol{z}}_1, \ldots, \widetilde{\boldsymbol{z}}_n$ を散布図に描画することで，2 次元平面上に元のデータの距離関係を近似的に保持した 2 変量データを視覚的に表示できる．$k\,(< n)$ 次元にデータを縮約する場合も同様である．

11.2 正準相関分析

11.2.1 2 つの変数群の関係を調べる

いま，運動能力と体格の間にどのような関係があるかを知りたいとしよう．そのために，表 11.2 に示すような，運動能力と体格それぞれについて，複数の項目からなる特徴量に対するデータを得たとする．このとき，運動能力と体格という 2 つの変数群の関係を，どのように分析すればよいだろうか．

観測されているデータは，運動能力と体格という 2 つの変数群それぞれが 5 個，4 個と複数の変数からなる点に注意が必要である．もし体格と運動能力の両方，またはいずれかの項目が 1 つだけであれば，3 章で述べた線形回帰モデルを適用することでその関係を表現できる．あるいは，運動能力のみ，または体格のみのグループであれば，9 章で述べた主成分分析を適用することで，データの特徴を浮かび上がらせることができる．これらに対して，表 11.2 の項目をすべて利用して，より柔軟に体格と運動能力との関係を知りたい場合に用いられる多変量解析手法の 1 つが，本節で紹介する**正準相関分析** (Canonical Correlation Analysis; CCA) である．

正準相関分析では，表 11.2 のような 2 つの変数群からなるデータに対して，変数群間の関係性を最もよく表すような表現を探す．ここでいう「関係性を最もよく表す」とは，図 11.3 のように，両変数群をそれぞれ 1 つの新たな変数に圧縮したとき，2 つの変数間の相関係数が高くなることを意味する．ここで得られる相関係数のことを，**正準相関係数** (canonical correlation coefficient) とい

表 11.2 運動能力と体格に関するデータ項目（括弧内は単位）

変数群 1	50 m 走 [秒]	走り幅跳び [m]	ボール投げ [m]	懸垂 [回]	持久走 [秒]
変数群 2	身長 [cm]	体重 [kg]	胸囲 [cm]	座高 [cm]	

う．なお，線形重回帰モデルも，説明変数の線形結合を考えることで 1 つの新たな変数に圧縮しているとみなすことができる．一方で目的変数に対しては圧縮をせず，各変数を独立に扱う．この意味で，正準相関分析は回帰分析を拡張したものとみなすことができる．

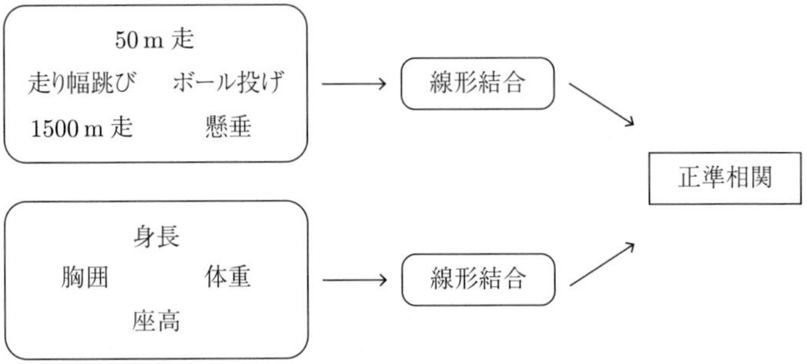

図 11.3　正準相関分析のイメージ

11.2.2　正準相関分析

変数群を 1 つの変数へ圧縮する最も基本的な方法は，主成分分析でもあったように，変数の線形結合を用いることである．1 つ目の変数群の変数を $X_1, \ldots, X_p$，2 つ目の変数群の変数を $Y_1, \ldots, Y_q$ とし，それらをまとめて $\boldsymbol{X} = (X_1, \ldots, X_p)^\top$，$\boldsymbol{Y} = (Y_1, \ldots, Y_q)^\top$ と表すとする．これらの変数に対してそれぞれサンプルサイズ n のデータ $(\boldsymbol{x}_i, \boldsymbol{y}_i)$ $(i = 1, \ldots, n)$ が得られているとする．ここで，$\boldsymbol{x}_i = (x_{i1}, \ldots, x_{ip})^\top$，$\boldsymbol{y}_i = (y_{i1}, \ldots, y_{iq})^\top$ である．簡単のためこれらは中心化されているとする．すなわち，$\sum_{i=1}^{n} \boldsymbol{x}_i = \boldsymbol{0}$，$\sum_{i=1}^{n} \boldsymbol{y}_i = \boldsymbol{0}$ とする．そして，$\boldsymbol{x}_i, \boldsymbol{y}_i$ に対して，次のようにそれぞれ重みベクトル $\boldsymbol{a} = (a_1, \ldots, a_p)^\top$，$\boldsymbol{b} = (b_1, \ldots, b_q)^\top$ を用いた線形結合を考える．

$$\boldsymbol{a}^\top \boldsymbol{x}_i = a_1 x_{i1} + \cdots + a_p x_{ip},$$

$$\boldsymbol{b}^\top \boldsymbol{y}_i = b_1 y_{i1} + \cdots + b_q y_{iq}.$$

重みベクトル $\boldsymbol{a}, \boldsymbol{b}$ は正準係数または正準負荷量などとよばれる．ここで，$\boldsymbol{a}^\top \boldsymbol{x}_i$，$\boldsymbol{b}^\top \boldsymbol{y}_i$ $(i = 1, \ldots, n)$ それぞれの標本分散およびこれらの標本共分散は，次で与

えられる．

$$\frac{1}{n}\sum_{i=1}^{n}(\boldsymbol{a}^\top \boldsymbol{x}_i)^2 = \boldsymbol{a}^\top S_{XX}\boldsymbol{a}, \quad \frac{1}{n}\sum_{i=1}^{n}(\boldsymbol{b}^\top \boldsymbol{y}_i)^2 = \boldsymbol{b}^\top S_{YY}\boldsymbol{b},$$

$$\frac{1}{n}\sum_{i=1}^{n}(\boldsymbol{a}^\top \boldsymbol{x}_i)(\boldsymbol{b}^\top \boldsymbol{y}_i) = \boldsymbol{a}^\top S_{XY}\boldsymbol{b}.$$

ただし，$S_{XX} = \frac{1}{n}\sum_{i=1}^{n}\boldsymbol{x}_i\boldsymbol{x}_i^\top$, $S_{YY} = \frac{1}{n}\sum_{i=1}^{n}\boldsymbol{y}_i\boldsymbol{y}_i^\top$, $S_{XY} = \frac{1}{n}\sum_{i=1}^{n}\boldsymbol{x}_i\boldsymbol{y}_i^\top$ で，S_{XX}, S_{YY} は正定値行列とする．これより，$\boldsymbol{a}^\top\boldsymbol{x}_i, \boldsymbol{b}^\top\boldsymbol{y}_i$ $(i = 1, \ldots, n)$ の相関係数は次で与えられる．

$$\rho(\boldsymbol{a}, \boldsymbol{b}) = \frac{\boldsymbol{a}^\top S_{XY}\boldsymbol{b}}{\sqrt{\boldsymbol{a}^\top S_{XX}\boldsymbol{a}}\sqrt{\boldsymbol{b}^\top S_{YY}\boldsymbol{b}}}. \tag{11.6}$$

正準相関分析では，(11.6) 式が最大になるような $\boldsymbol{a}$, $\boldsymbol{b}$ を求めることが目標となる．この計算手順については，11.2.4 項で述べる．

(11.6) 式の相関係数 $\rho(\boldsymbol{a}, \boldsymbol{b})$ が最大となる係数 $\boldsymbol{a}$, $\boldsymbol{b}$ の組を第 1 **正準重み** (canonical weight) ベクトルといい，対応する相関係数を第 1 正準相関係数という．さらに，第 1 正準重みベクトルと直交するという条件の下で $\rho(\boldsymbol{a}, \boldsymbol{b})$ を最大にする正準係数 $\boldsymbol{a}$, $\boldsymbol{b}$ の組を第 2 正準重みベクトル，対応する相関係数を第 2 正準相関係数という．このように，正準相関分析では主成分分析と同様の流れで，直交性の条件の下で相関係数 $\rho(\boldsymbol{a}, \boldsymbol{b})$ を最大にする正準係数を求めていく．一般的に，正準相関は p と q の小さいほうの数だけ存在する．

続いて，正準相関分析を行うことで，どのようなことがわかるかについて説明する．たとえば，表 11.2 に示す変数をもつ運動能力と体格に関するデータに対して，第 1 正準ベクトルが得られ，各変数群の線形結合が次のように与えられたとしよう．ただし，ここでは説明のために，架空の結果を掲載している．

変数群 1： $-\,0.50 \times$ (50 m 走) $+\,0.40 \times$ (走り幅跳び)
$+\,0.05 \times$ (ハンドボール投げ) $-\,0.05 \times$ (懸垂) $-\,0.30 \times$ (1500 m 走),

変数群 2：$0.90 \times$ (身長) $+\,0.40 \times$ (体重) $+\,0.40 \times$ (胸囲) $+\,0.70 \times$ (座高).

各変数に対する重みを見てみると，まず変数群 1（運動能力）については，50 m 走（タイム）の重みが負の方向に大きく，走り幅跳び（飛距離）の重みが正の方向に大きい．また，変数群 2（体格）については，すべての変数に正の重みが掛かっている．このことから，体格のよい人ほど，短距離走が速く，かつ走り幅跳びでより遠くに飛ぶ，つまり，瞬発力の能力が高いという関係性が，この 2 変数群の関係を最もよく表していると考えられる．このように，正準重みベクトルの値を見ることで，正準相関を高くするような各変数の関係を考察できる．線形重回帰モデルでは，どちらか 1 つの変数群に対して重みを求めることはできるが，もう一方の変数群に対して同時に重みを求めることはできない点で，正準相関分析とは異なる．

11.2.3　R による分析

R では，正準相関分析を行う関数 cancor が標準で実装されている．ここでは，cancor 関数を用いて，こちらも標準で実装されている LifeCycleSavings データに対して正準相関分析を適用する．このデータは，1960 年から 1970 年の間の 50 か国それぞれに対して次の 5 変数のデータを計測したものである．

- 総貯蓄率 (sr)
- 15 歳未満の人口比率 (pop15)
- 75 歳以上の人口比率 (pop75)
- 実質個人可処分所得 (dpi)
- 可処分所得の成長率 (ddpi)

このデータから，「人口構成」と「家計（貯蓄率および可処分所得）」との関係を調べたい．そのために，「人口比率」の 2 変数を 1 つ目の変数群 X，「家計」に関する 3 変数を 2 つ目の変数群 Y として正準相関分析を行う．ソースコード 11.2 に，実行プログラムを示す．

ソースコード 11.2　正準相関分析の実行

```
# 変数群 1
X = LifeCycleSavings[, 2:3]
# 変数群 2
Y = LifeCycleSavings[, -(2:3)]

# 正準相関分析実行
res = cancor(X, Y)
# 第 1, 第 2正準相関係数
res$cor
## [1] 0.8247966 0.3652762

# 変数群 1の第 1, 第 2正準ベクトル
```

```
13 res$xcoef
14 ##                [,1]         [,2]
15 ## pop15 -0.009110856 -0.03622206
16 ## pop75  0.048647514 -0.26031158
17 ##
18
19 # 変数群 2の第 1, 第 2, 第 3正準ベクトル
20 res$ycoef
21 ##               [,1]          [,2]          [,3]
22 ## sr   0.0084710221  3.337936e-02 -5.157130e-03
23 ## dpi  0.0001307398 -7.588232e-05  4.543705e-06
24 ## ddpi 0.0041706000 -1.226790e-02  5.188324e-02
```

cancor 関数を適用した結果，第 1 正準相関係数は 0.825 と，かなり強い正準相関があることがわかる（10 行目）．また，第 1 正準重みベクトル（14～16 行目，21～24 行目の [, 1] の列）を見てみると，変数群 2 はすべての変数に対して正の重みが掛かっている一方，変数群 1 は pop15 にやや負の重みが掛かっていることがわかる．これは，15 歳未満の人口比率が低く，75 歳以上の人口比率が高い国ほど家計が豊かである（貯蓄率，可処分所得ともに高い）ことを表している．なお，この結果からいえることはあくまで相関までであり，因果関係を示すものではない．正準相関分析については，文献 [20] に丁寧な説明がある．

11.2.4 正準相関分析の計算*

本項では，相関係数 (11.6) 式を最大にする $\boldsymbol{a}, \boldsymbol{b}$ を求める方法について紹介する．(11.6) 式を $\boldsymbol{a}, \boldsymbol{b}$ について最大化する問題は，$\boldsymbol{a}, \boldsymbol{b}$ の解の不定性（解を定数倍したものもまた解になる）を取り除くため，$\boldsymbol{a}^\top S_{XX}\boldsymbol{a} = \boldsymbol{b}^\top S_{YY}\boldsymbol{b} = 1$ という制約の下で分子を最大化する問題に置き換えることができる．この問題は，ラグランジュの未定乗数法で解くことができる．つまり，ラグランジュ乗数を λ_a, λ_b とおいたラグランジュ関数

$$L(\boldsymbol{a}, \boldsymbol{b}, \lambda_a, \lambda_b) = \boldsymbol{a}^\top S_{XY}\boldsymbol{b} + \lambda_a(\boldsymbol{a}^\top S_{XX}\boldsymbol{a} - 1) + \lambda_b(\boldsymbol{b}^\top S_{YY}\boldsymbol{b} - 1) \tag{11.7}$$

の停留点を求めればよい．この問題の解は，このラグランジュ関数 (11.7) 式を $\boldsymbol{a}, \boldsymbol{b}$ について偏微分したものを零ベクトルとした方程式

$$\begin{aligned} \frac{\partial L}{\partial \boldsymbol{a}} &= S_{XY}\boldsymbol{b} - 2\lambda_a S_{XX}\boldsymbol{a} = \boldsymbol{0}, \\ \frac{\partial L}{\partial \boldsymbol{b}} &= S_{YX}\boldsymbol{a} - 2\lambda_b S_{YY}\boldsymbol{b} = \boldsymbol{0} \end{aligned} \tag{11.8}$$

を解くことで得られる．この 2 つの式に左からそれぞれ $\boldsymbol{a}^\top$, $\boldsymbol{b}^\top$ を掛けると，$\boldsymbol{a}^\top S_{XX}\boldsymbol{a} = 1$, $\boldsymbol{b}^\top S_{YY}\boldsymbol{b} = 1$ という制約より

$$\boldsymbol{a}^\top S_{XY}\boldsymbol{b} = 2\lambda_a,$$
$$\boldsymbol{b}^\top S_{YX}\boldsymbol{a} = 2\lambda_b$$

となる．$S_{XY} = {S_{YX}}^\top$ より，この 2 つの式の左辺は互いに等しいので，$\lambda_a = \lambda_b$ となることがわかる．改めて，$\lambda = 2\lambda_a = 2\lambda_b$ となるように λ をおきなおすと，(11.6) 式と $\boldsymbol{a}^\top S_{XX}\boldsymbol{a} = \boldsymbol{b}^\top S_{YY}\boldsymbol{b} = 1$ という制約より，λ は正準相関係数に一致する．このことを踏まえると，(11.8) 式は次のように行列を使って表すことができる．

$$\begin{pmatrix} O & S_{XY} \\ S_{YX} & O \end{pmatrix}\begin{pmatrix} \boldsymbol{a} \\ \boldsymbol{b} \end{pmatrix} = \lambda\begin{pmatrix} S_{XX} & O \\ O & S_{YY} \end{pmatrix}\begin{pmatrix} \boldsymbol{a} \\ \boldsymbol{b} \end{pmatrix}.$$

この方程式は，$({S_{XX}}^{1/2})^2 = S_{XX}$, $({S_{YY}}^{1/2})^2 = S_{YY}$ をみたす正定値行列 ${S_{XX}}^{1/2}, {S_{YY}}^{1/2}$ [1] とそれぞれの逆行列 ${S_{XX}}^{-1/2}$, ${S_{YY}}^{-1/2}$ を用いて，次のように書き換えることができる．

$$\begin{pmatrix} {S_{XX}}^{-1/2} & O \\ O & {S_{YY}}^{-1/2} \end{pmatrix}\begin{pmatrix} O & S_{XY} \\ S_{YX} & O \end{pmatrix}\begin{pmatrix} {S_{XX}}^{-1/2} & O \\ O & {S_{YY}}^{-1/2} \end{pmatrix}\begin{pmatrix} {S_{XX}}^{1/2}\boldsymbol{a} \\ {S_{YY}}^{1/2}\boldsymbol{b} \end{pmatrix}$$
$$= \lambda\begin{pmatrix} {S_{XX}}^{1/2}\boldsymbol{a} \\ {S_{YY}}^{1/2}\boldsymbol{b} \end{pmatrix}.$$

これは対称行列 $\begin{pmatrix} {S_{XX}}^{-1/2} & O \\ O & {S_{YY}}^{-1/2} \end{pmatrix}\begin{pmatrix} O & S_{XY} \\ S_{YX} & O \end{pmatrix}\begin{pmatrix} {S_{XX}}^{-1/2} & O \\ O & {S_{YY}}^{-1/2} \end{pmatrix}$ の固有値問題である．この固有値問題の最大固有値が第 1 正準相関係数であり，対応する固有ベクトル $(\boldsymbol{a}^\top, \boldsymbol{b}^\top)^\top$ が第 1 正準重みベクトルとなる．以降，k 番目に大きい固有値とそれに対応する固有ベクトル（$k-1$ 番目までの固有値に対応する固有ベクトルと直交する）が，それぞれ第 k 正準相関係数，第 k 正準重みベクトルとなる．

11.3　対応分析

11.3.1　対応分析とは

表 11.3 左は，好きな書籍のジャンル（ビジネス，漫画，ノンフィクション．趣味）についてアンケートをとり，最も好きと答えた人数をジャンル別，年代別に

[1] 正定値行列 A に対して，$B^2 = A$ を満たす正定値行列 B はただ 1 つ存在する．

表 11.3 年代別の書籍のジャンルの好みに関する分割表．左は集計されたデータ，右は対応分析の結果に応じて行と列を並べ替えたもの．

	ビジ	漫画	ノン	趣味
20 代	8	29	9	17
30 代	17	19	11	24
40 代	22	12	25	22
50 代	27	4	13	25

	ビジ	ノン	趣味	漫画
50 代	27	13	25	4
40 代	22	25	22	12
30 代	17	11	24	19
20 代	8	9	17	29

集計した架空のデータである．このような表は**分割表** (contingency table) または**クロス集計表** (cross-tabulation table) とよばれる．このデータから，「若年層はどのジャンルの本が好みか」といった，年代ごとの好みの傾向を捉えたいという問題を考える．しかし，表 11.3 左の分割表を見ただけでは，その傾向を明確に捉えにくい．**対応分析** (Correspondence Analysis; CA) は，この問題を解決するために，分割表の傾向をわかりやすく視覚化するために用いられる方法である．

まずは，対応分析を実行することでどのような結果が得られ，どのような考察が得られるかについて，表 11.3 左の分割表を例に説明する．表 11.3 左のデータに対して対応分析を適用することで，図 11.4 のような散布図が得られる．この図では，行と列の変数のうち関連が強いものほど，偏角が近い点となる．この図の縦軸と横軸が何かについては，11.3.3 項で改めて述べる．たとえば 20 代は漫画を読む人が多く，他の 3 つのジャンルはいずれもあまり読んでいないという傾向がみられる．30 代はどのジャンルとも特に強い関連はないが，強いていえば趣味や漫画を好む傾向がある．さらに，40 代はノンフィクション，50 代はビジネス書を読む傾向が強いことが，この結果から見て取れる．この結果を，おすすめする書籍を年代別で変更するといったマーケティング戦略などに利用できる．

また，表 11.3 右は，図 11.4 の横軸の値の順に行，列を並べ替えたものである．この並び替えでは，分割表の対角線上の値が大きくなる傾向になる．そのため，年齢層と書籍のジャンルの順序が，そのまま好みと回答した人数が多い項目に対応しており，好みの傾向を捉えやすくなる．なお，今回の例では年代と書籍のジャンルの項目数は同じ 4 つであるが，行と列の項目の数は異なっていてもよい．対応分析のより詳細については，文献 [20] などを参照されたい．

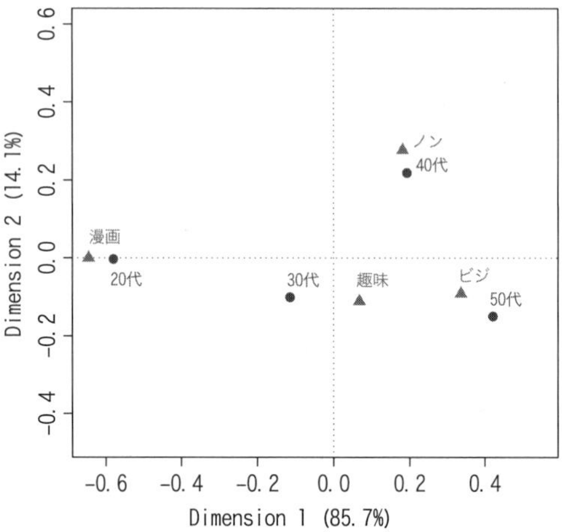

図 11.4　対応分析により得られる散布図

11.3.2　R による分析

R では，ca ライブラリの ca 関数を適用することで，対応分析を実行できる．クロス集計表のデータからなる行列に対して，ca 関数を適用する．ソースコード 11.3 に，表 11.3 のデータ（“cadata.csv” ファイル）に対して対応分析を適用し，図 11.4 を描画するプログラムを示す．

ソースコード 11.3　対応分析の実行

```
library(ca) # ca関数利用のため（要インストール）

# 分割表データ読み込み
N = read.csv("cadata.csv", header = T,row.names = 1)
# 対応分析実行
res = ca(N)
# 重みベクトル（u, v)描画
plot(res)
```

11.3.3　対応分析の導出*

表 11.4 に示すような分割表のデータが得られたとする．分割表のデータに対応する $p \times q$ 行列を N とおき，N の (j,k) 要素を n_{jk} とする．また，各行，各列の総

表 11.4 分割表を一般化して表記したもの．一番下の行と一番右の列は，それぞれ列と行についての周辺和に対応する．

	1	2	$\cdots$	q	和
1	n_{11}	n_{12}	$\cdots$	n_{1q}	$n_{1\bullet}$
2	n_{21}	n_{22}	$\cdots$	n_{2q}	$n_{2\bullet}$
$\vdots$	$\vdots$	$\ddots$	$\vdots$	$\vdots$	
p	n_{p1}	n_{p2}	$\cdots$	n_{pq}	$n_{p\bullet}$
和	$n_{\bullet 1}$	$n_{\bullet 2}$	$\cdots$	$n_{\bullet q}$	n

和（これらを周辺和とよぶ），および分割表全体の総和をそれぞれ次のように表す．

$$n_{j\bullet} = \sum_{k=1}^{q} n_{jk}, \quad n_{\bullet k} = \sum_{j=1}^{p} n_{jk}, \quad n = \sum_{j=1}^{p}\sum_{k=1}^{q} n_{jk}.$$

ここでは，自然な仮定として，すべての j,k で $n_{j\bullet} \neq 0$, $n_{\bullet k} \neq 0$ とする[2)]．

この分割表の表側（行）のカテゴリに対応する p 個のダミー変数を $X_1,\ldots,X_p$，表頭（列）のカテゴリに対応する q 個のダミー変数を $Y_1,\ldots,Y_q$ とする．対応分析は，このようなカテゴリ変数に対応したダミー変数からなる変数群 $\{X_1,\ldots,X_p\}$ と $\{Y_1,\ldots,Y_q\}$ のデータに対して正準相関分析を適用するものである．ただし，前節の正準相関分析の計算とは一部相違があるため，大枠は繰り返しとなるが，その導出について説明する．

まず，分割表 11.4 のデータを表 11.5 の形式で書き表す．これは，n 行あるうちの n_{jk} 個の行が $x_{ij}=1, x_{il}=0\,(j \neq l), y_{ik}=1, y_{im}=0\,(k \neq m)$ に対応する観測値になるようにしてつくられる．逆にこの表 11.5 を集計して分割表にすると，表 11.4 が得られる[3)]．これを $p+q$ 個の変量 $X_1,\ldots,X_p,Y_1,\ldots,Y_q$ のサンプルサイズ n のデータとみなして，変数群 $\{X_1,\ldots,X_p\}$ と $\{Y_1,\ldots,Y_q\}$ に

2) もし $n_{j\bullet}=0$ または $n_{\bullet k}=0$ となるようなカテゴリがあれば，そのカテゴリを除外して分析すればよい．

3) 表 11.5 は，分割表 11.4 のもととなった“生データ”と同じになるとは限らないことに注意．表 11.3 の好きな書籍のジャンルについてのアンケートの場合，このアンケートでは，好きなジャンルを複数回答可としているかもしれない．たとえば，40 代のある人が「漫画」と「趣味」のジャンルが好きと答えた場合，それは元のデータでは“1 行分”の観測値にあたるが，表 11.5 においては『40 代で「漫画」好き』と『40 代で「趣味」好き』の 2 行分に対応することになる．これは分割表の集計によって“生データ”の情報が一部失われることに起因するが，対応分析の目的は分割表の表側と表頭に対応するカテゴリの関係性を見いだすことであり，それは表 11.5 を分析することでも達成されるため問題ない．

表 11.5　分割表の元となるデータ．x_{ij}, y_{ik} $(i=1,\ldots,n,\ j=1,\ldots,p,\ k=1,\ldots,q)$ はすべて 2 値とする．

	X_1	$\cdots$	X_p	Y_1	$\cdots$	Y_q
1	x_{11}	$\cdots$	x_{1p}	y_{11}	$\cdots$	y_{1q}
$\vdots$	$\vdots$	$\ddots$	$\vdots$	$\vdots$	$\ddots$	$\vdots$
n	x_{n1}	$\cdots$	x_{np}	y_{n1}	$\cdots$	y_{nq}

ついて正準相関分析を適用する．

前節と同様に $\boldsymbol{X}=(X_1,\ldots,X_p)^\top$, $\boldsymbol{Y}=(Y_1,\ldots,Y_q)^\top$ それぞれについての i 番目の観測値ベクトルを $\boldsymbol{x}_i=(x_{i1},\ldots,x_{ip})^\top$, $\boldsymbol{y}_i=(y_{i1},\ldots,y_{iq})^\top$ とし，それぞれの重みベクトルを $\boldsymbol{a}=(a_1,\ldots,a_p)^\top$, $\boldsymbol{b}=(b_1,\ldots,b_q)^\top$ として線形結合 $\boldsymbol{a}^\top\boldsymbol{x}_i, \boldsymbol{b}^\top\boldsymbol{y}_i$ を考える．ただし，重みベクトル $\boldsymbol{a},\boldsymbol{b}$ は $\boldsymbol{a}^\top\boldsymbol{x}_i, \boldsymbol{b}^\top\boldsymbol{y}_i$ $(i=1,\ldots,n)$ の標本平均がそれぞれ 0 になるようにとるものとする[4]．すなわち，

$$\frac{1}{n}\sum_{i=1}^{n}\boldsymbol{a}^\top\boldsymbol{x}_i=\frac{1}{n}\sum_{j=1}^{p}n_{j\bullet}a_j={\boldsymbol{n}_r}^\top\boldsymbol{a}=0,$$

$$\frac{1}{n}\sum_{i=1}^{n}\boldsymbol{b}^\top\boldsymbol{y}_i=\frac{1}{n}\sum_{k=1}^{q}n_{\bullet k}b_k={\boldsymbol{n}_c}^\top\boldsymbol{b}=0$$

という制約を課す．ただし $\boldsymbol{n}_r=(n_{1\bullet},\ldots,n_{p\bullet})^\top$, $\boldsymbol{n}_c=(n_{\bullet 1},\ldots,n_{\bullet q})^\top$ である．

次に，$\boldsymbol{a}^\top\boldsymbol{x}_i, \boldsymbol{b}^\top\boldsymbol{y}_i$ $(i=1,\ldots,n)$ の標本分散をそれぞれ ${s_a}^2, {s_b}^2$，標本共分散を s_{ab} で表すと，これらは次のようになる．

$$\begin{aligned}
{s_a}^2&=\frac{1}{n}\sum_{i=1}^{n}(\boldsymbol{a}^\top\boldsymbol{x}_i)^2=\frac{1}{n}\sum_{j=1}^{p}n_{j\bullet}{a_j}^2=\frac{1}{n}\boldsymbol{a}^\top D_r\boldsymbol{a},\\
{s_b}^2&=\frac{1}{n}\sum_{i=1}^{n}(\boldsymbol{b}^\top\boldsymbol{y}_i)^2=\frac{1}{n}\sum_{k=1}^{q}n_{\bullet k}{b_k}^2=\frac{1}{n}\boldsymbol{b}^\top D_c\boldsymbol{b},\\
s_{ab}&=\frac{1}{n}\sum_{i=1}^{n}(\boldsymbol{a}^\top\boldsymbol{x}_i)(\boldsymbol{b}^\top\boldsymbol{y}_i)=\frac{1}{n}\sum_{j=1}^{p}\sum_{k=1}^{q}n_{jk}a_jb_k=\frac{1}{n}\boldsymbol{a}^\top N\boldsymbol{b}.
\end{aligned}\tag{11.9}$$

ここで，D_r は $n_{1\bullet},\ldots,n_{p\bullet}$ を対角成分にもつ $p\times p$ の対角行列，D_c は $n_{\bullet 1},\ldots,n_{\bullet q}$ を対角成分にもつ $q\times q$ の対角行列とする．これらを用いて計算される相関係数

$$\rho=\frac{s_{ab}}{\sqrt{{s_a}^2}\sqrt{{s_b}^2}}\tag{11.10}$$

---

4) この制約をおかずに，前節の正準相関分析と同様に，データを中心化してから線形結合を考えても，最終的に得られる結果は同じである．しかし，その方針では式が比較的煩雑になるため，ここではこのような制約を課す方法をとる．

が大きくなるような $\boldsymbol{a}, \boldsymbol{b}$ を求めることで，分割表の行と列とでともに値が大きくなる項目のペアを浮かび上がらせることができる．そこで，(11.10) 式の $\boldsymbol{a}, \boldsymbol{b}$ による最適化問題を考える．

(11.9) 式より，定数 c_a, c_b を掛けた $c_a\boldsymbol{a}$, $c_b\boldsymbol{b}$ を (11.10) 式に代入しても，分母と分子で同じ値が掛けられるだけなので，$\boldsymbol{a}, \boldsymbol{b}$ を代入した場合とで相関係数の値は変わらない．つまり，相関係数の値は分散や共分散の定数倍に依存しないので，この最大化問題においては，${s_a}^2$ および ${s_b}^2$ は 1 という制約をおく．また，${\boldsymbol{n}_r}^\top\boldsymbol{a} = {\boldsymbol{n}_c}^\top\boldsymbol{b} = 0$ という制約もあるため，この制約付き最適化問題は，ラグランジュの未定乗数法より

$$L(\boldsymbol{a}, \boldsymbol{b}, \lambda, \mu, \nu, \xi) = s_{ab} - \lambda({s_a}^2 - 1) - \mu({s_b}^2 - 1) - \nu{\boldsymbol{n}_r}^\top\boldsymbol{a} - \xi{\boldsymbol{n}_c}^\top\boldsymbol{b} \quad (11.11)$$

の停留点を求める問題になる．ただし，λ, μ, ν, ξ はラグランジュ乗数である．(11.11) 式を $\boldsymbol{a}, \boldsymbol{b}$ で偏微分したものを零ベクトルとおいた次の方程式を解く．

$$\frac{\partial L}{\partial \boldsymbol{a}} = \frac{1}{n}N\boldsymbol{b} - \frac{2}{n}\lambda D_r\boldsymbol{a} - \nu\boldsymbol{n}_r = \boldsymbol{0}, \quad (11.12)$$

$$\frac{\partial L}{\partial \boldsymbol{b}} = \frac{1}{n}N^\top\boldsymbol{a} - \frac{2}{n}\mu D_c\boldsymbol{b} - \xi\boldsymbol{n}_c = \boldsymbol{0}. \quad (11.13)$$

(11.12), (11.13) 式にそれぞれ左から $\boldsymbol{a}^\top$, $\boldsymbol{b}^\top$ を掛ければ，${s_a}^2 = {s_b}^2 = 1$, ${\boldsymbol{n}_r}^\top\boldsymbol{a} = {\boldsymbol{n}_c}^\top\boldsymbol{b} = 0$ という制約をおいていることから，(11.9) 式より

$$\rho = s_{ab} = 2\lambda = 2\mu$$

となることがわかる．さらに，すべての要素が 1 の p 次元ベクトル ${\boldsymbol{1}_p}^\top = (1, \ldots, 1)$ を (11.12) 式に左から掛けると，${\boldsymbol{1}_p}^\top N = {\boldsymbol{n}_c}^\top$, ${\boldsymbol{1}_p}^\top D_r = {\boldsymbol{n}_r}^\top$, ${\boldsymbol{1}_p}^\top \boldsymbol{n}_r = n$ より

$$\frac{1}{n}{\boldsymbol{n}_c}^\top\boldsymbol{b} - \frac{1}{n}\rho{\boldsymbol{n}_r}^\top\boldsymbol{a} - \nu n = 0$$

となり，${\boldsymbol{n}_r}^\top\boldsymbol{a} = {\boldsymbol{n}_c}^\top\boldsymbol{b} = 0$ の制約から $\nu = 0$ を得る．さらに，(11.13) に対しても同様の計算を行うことで，$\xi = 0$ を得る．よって，(11.12) 式，(11.13) 式をまとめて，次のようになる．

$$\begin{pmatrix} O & N \\ N^\top & O \end{pmatrix}\begin{pmatrix} \boldsymbol{a} \\ \boldsymbol{b} \end{pmatrix} - \rho\begin{pmatrix} D_r & O \\ O & D_c \end{pmatrix}\begin{pmatrix} \boldsymbol{a} \\ \boldsymbol{b} \end{pmatrix} = 0. \quad (11.14)$$

この式はさらに，次のように書くことができる．

$$\begin{pmatrix} D_r^{-1/2} & O \\ O & D_c^{-1/2} \end{pmatrix}\begin{pmatrix} O & N \\ N^\top & O \end{pmatrix}\begin{pmatrix} D_r^{-1/2} & O \\ O & D_c^{-1/2} \end{pmatrix}\begin{pmatrix} D_r^{1/2}\boldsymbol{a} \\ D_c^{1/2}\boldsymbol{b} \end{pmatrix} = \rho\begin{pmatrix} D_r^{1/2}\boldsymbol{a} \\ D_c^{1/2}\boldsymbol{b} \end{pmatrix}.$$

これは，対称行列 $\begin{pmatrix} D_r^{-1/2} & O \\ O & D_c^{-1/2} \end{pmatrix}\begin{pmatrix} O & N \\ N^\top & O \end{pmatrix}\begin{pmatrix} D_r^{-1/2} & O \\ O & D_c^{-1/2} \end{pmatrix}$ の固有値問題である．ただし，$D_r^{1/2}$ は $\sqrt{n_{1\boldsymbol{\cdot}}}, \ldots, \sqrt{n_{p\boldsymbol{\cdot}}}$ を対角成分とする対角行列，$D_c^{1/2}$ は $\sqrt{n_{\boldsymbol{\cdot}1}}, \ldots, \sqrt{n_{\boldsymbol{\cdot}q}}$ を対角成分とする対角行列である．また，$D_r^{-1/2}, D_c^{-1/2}$ はそれぞれ $D_r^{1/2}, D_c^{1/2}$ の逆行列とする．

いま，k 番目に大きい固有値 ρ_k に対応する固有ベクトルから求められる $\boldsymbol{a}, \boldsymbol{b}$ をそれぞれ $\boldsymbol{a}_k = (a_{k1}, \ldots, a_{kp})^\top$, $\boldsymbol{b}_k = (b_{k1}, \ldots, b_{kq})^\top$ とおく．(11.14) 式から，ベクトル $\boldsymbol{a}, \boldsymbol{b}$ の要素がすべて等しいときに固有値 1 を得ることが確認できる．固有値 ρ は相関係数でもあるため，これが最大固有値 ρ_1 であり，対応する固有ベクトルが $\boldsymbol{a}_1, \boldsymbol{b}_1$ となる．しかし，これは $\boldsymbol{n}_r{}^\top\boldsymbol{a} = \boldsymbol{n}_c{}^\top\boldsymbol{b} = 0$ の制約を満たさないため[5)]，$\boldsymbol{a}, \boldsymbol{b}$ の解としては不適である．$k \geq 2$ に対しては，対称行列の固有ベクトルの性質より $\begin{pmatrix} D_r^{1/2}\boldsymbol{a}_1 \\ D_c^{1/2}\boldsymbol{b}_1 \end{pmatrix}$ と $\begin{pmatrix} D_r^{1/2}\boldsymbol{a}_k \\ D_c^{1/2}\boldsymbol{b}_k \end{pmatrix}$ が直交することから，$\boldsymbol{a}_k, \boldsymbol{b}_k$ は $\boldsymbol{n}_r{}^\top\boldsymbol{a} = \boldsymbol{n}_c{}^\top\boldsymbol{b} = 0$ を満たすことがわかる．

2 番目，3 番目に大きい固有値から得られるベクトル $\boldsymbol{a}_2, \boldsymbol{a}_3, \boldsymbol{b}_2, \boldsymbol{b}_3$ を用いて，2 次元ベクトル $(a_{21}, a_{31})^\top, \ldots, (a_{2p}, a_{3p})^\top$, $(b_{21}, b_{31})^\top, \ldots, (b_{2q}, b_{3q})^\top$ を散布図に描画したものが，図 11.4 である．つまり，図 11.4 のベクトルの方向は，分割表の行と列の項目の相関が強くなるような両者の重みを表しており，この例であれば，年齢層と書籍の嗜好で観測数が多い項目ほど，互いのベクトルが近い傾向になる．なお，$\boldsymbol{a}, \boldsymbol{b}$ の各要素は固有ベクトルから得られていることから，その値の大きさ自体にはあまり意味はなく，その方向に意味がある．したがって，図 11.4 では，点の近さというよりは，偏角の近さでその関連の強さを評価する．

---

5) このため，正確には ρ_1 は $\{(\boldsymbol{a}_1{}^\top\boldsymbol{x}_i, \boldsymbol{b}_1{}^\top\boldsymbol{y}_i)\}$ の相関係数ではない（このとき，各成分の標準偏差が 0 のため相関係数は存在しない）が，$\rho_k\ (k \geq 2)$ は相関係数を表すため，$\rho_1 = 1$ が最大固有値であるという結論に変わりはない．

11.4 構造方程式モデル

3章で紹介した線形重回帰モデルは，説明変数が目的変数と関連しているという仮定の下で，これらの関係をモデル化したものだった．また，10章で紹介した因子分析モデルは，共通因子という未観測の変数と，観測変数との関係をモデル化した．本節で紹介する**構造方程式モデル** (structural equation model)[6]は，線形回帰モデルや因子分析モデルを包括したもので，観測された変数や，観測することのできない潜在的な変数間の複雑な関係を表現するために用いられるものである．構造方程式モデルについての詳細については，文献 [15], [2], [6] などを参照されたい．

11.4.1 構造方程式モデルとは

図 11.5 は，「食品購入時に何を意識するか」に関するアンケートで得られた回答から，これらが潜在的にもつ共通因子との関係性を表したものである．なお，この図の事例については，文献 [6] のものを参照している．このような変数間の関係性を図で表したものは**パス図** (path diagram) とよばれる．長方形で囲まれた変数（ここではアンケート項目）は，実際に観測されている変数を，楕円で囲まれた変数（ここでは買物に対する意識）は，観測することができない変数を表す．観測されている変数は**観測変数** (observed variable)，観測されていない変数は**潜在変数** (latent variable) とよばれる．図 11.5 の $d_2, e_1, \ldots, e_4$ のような，何も囲まれていない変数は，誤差変数を表す．また，矢印は根本から先端への因果関係を表す．図中の数値は，矢印の根本から先端への影響度を定量化したもので，**パス係数** (path coefficient) とよばれる．この図では，観測変数「添加物」「バランス」は潜在変数「食物意識」に起因し，観測変数「購買額」「購買

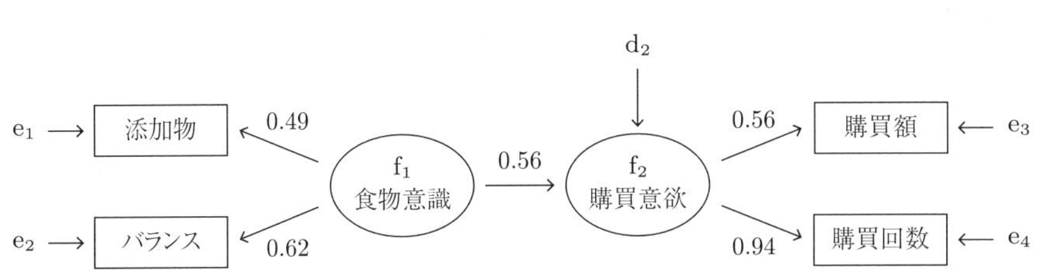

図 11.5 「食品購入時に何を意識するか」のアンケートに対するパス図

6) 以前は共分散構造分析ともよばれていたが，構造方程式モデルという表現が用いられるようになってきた．

回数」は潜在変数「購買意欲」に起因していると読み取れる．さらに，「購買意欲」は「食物意識」に起因していると解釈できる．

このような関係性は，回帰モデルや因子分析モデル単独では表現できず，構造方程式モデルが用いられる．構造方程式モデリングでは，はじめに分析者が想定した関係の仮説を図 11.5 のように設計し，これを構造方程式モデルで表現する．そして，このモデルに含まれるパス係数の推定値を得ることで，モデルの仮説に対する妥当性を検証したり，より適当と思われる関係性の構築に利用したりする．

11.4.2　モデル

構造方程式モデルを表す方法としては，これまでにさまざまなものが提案されてきた．ここではその 1 つである **Reticular Action Model** (RAM) を紹介する．

まず，m 個の潜在変数からなるベクトル $\boldsymbol{f}$, p 個の観測変数からなるベクトル $\boldsymbol{X}$, そしてこの 2 つのベクトルをまとめたベクトル $\boldsymbol{t}$ をそれぞれ次のように用意する．

$$\boldsymbol{f} = \begin{pmatrix} f_1 \\ \vdots \\ f_m \end{pmatrix}, \quad \boldsymbol{X} = \begin{pmatrix} X_1 \\ \vdots \\ X_p \end{pmatrix}, \quad \boldsymbol{t} = \begin{pmatrix} \boldsymbol{f} \\ \boldsymbol{X} \end{pmatrix}.$$

$\boldsymbol{t}$ は構造変数とよばれるもので，期待値が零ベクトル，つまり $\mathrm{E}[\boldsymbol{t}] = \boldsymbol{0}$ であると仮定する．このとき，RAM は次で与えられる．

$$\boldsymbol{t} = A\boldsymbol{t} + \boldsymbol{u}. \tag{11.15}$$

ここで，

$$A = \begin{pmatrix} A_a & A_c \\ A_b & A_d \end{pmatrix}, \quad \boldsymbol{u} = \begin{pmatrix} \boldsymbol{d} \\ \boldsymbol{e} \end{pmatrix}$$

はそれぞれ未知の係数からなる行列，誤差ベクトルである．行列 A は，$m \times m$ 行列 A_a, $p \times m$ 行列 A_b, $m \times p$ 行列 A_c, $p \times p$ 行列 A_a で構成する．また，ベクトル $\boldsymbol{u}$ に含まれる m 次元ベクトル $\boldsymbol{d}$, p 次元ベクトル $\boldsymbol{e}$ は，それぞれ独自因子，誤差を表すベクトルとする．パス図におけるパス係数は，A の要素に対応しており，(11.15) 式の右辺から左辺への方向の関係性が，パス図における矢印の方向に対応する．また，あらかじめ仮説として設定したモデルにおいて，関連がない，つまり，パス図において矢印が引かれていない変数間の係数（A の要素）は 0 とする．係数行列 A の各要素を推定することで，仮定したモデルの妥当性や，変数間の関連の強さを評価できる．たとえば，仮定したモデルでは矢印が引かれていたにもかかわらず，対応する A の要素の推定値が 0 に近い場合は，仮定したモデルが誤りで，実際は矢印は引かれないかもしれない．

RAM は，線形回帰モデルや因子分析モデルを一般化したものとみなすことができる．たとえば，$A_a = A_c = A_d = O$ とおけば，RAM は因子分析モデル (10.2) に一致する．また，$A_a = A_b = A_c = O$ とおき，さらに A_d として特定の行列をおけば，RAM は線形重回帰モデル (3.6) に一致する．RAM は一見すると線形回帰モデルと類似した形をしているが，説明変数と目的変数に対応する変数ベクトルが共通のものであったり，この中に潜在変数が含まれたりしていることから，線形回帰モデルと同じように推定することは一般には困難である．推定方法については本書では割愛する．詳しくは文献 [15] などを参照されたい．

図 11.5 のパス図を RAM で表すと，次のようになる．

$$\begin{pmatrix} \text{食物意識} \\ \text{購買意欲} \\ \text{添加物} \\ \text{バランス} \\ \text{購買額} \\ \text{購買回数} \end{pmatrix} = \begin{pmatrix} 0 & 0 & 0 & 0 & 0 & 0 \\ 0.56 & 0 & 0 & 0 & 0 & 0 \\ 0.49 & 0 & 0 & 0 & 0 & 0 \\ 0.62 & 0 & 0 & 0 & 0 & 0 \\ 0 & 0.56 & 0 & 0 & 0 & 0 \\ 0 & 0.94 & 0 & 0 & 0 & 0 \end{pmatrix} \begin{pmatrix} \text{食物意識} \\ \text{購買意欲} \\ \text{添加物} \\ \text{バランス} \\ \text{購買額} \\ \text{購買回数} \end{pmatrix} + \begin{pmatrix} \text{食物意識} \\ \mathrm{d}_2 \\ \mathrm{e}_1 \\ \mathrm{e}_2 \\ \mathrm{e}_3 \\ \mathrm{e}_4 \end{pmatrix}. \tag{11.16}$$

前述のとおり，パスが引かれていない変数間については，行列 A の要素が 0 になっており，非ゼロの部分は RAM を推定することで得られる値である．

11.4.3 R による分析

R では，パッケージ `sem` を用いることで構造方程式モデリングを実行できる．ここでは，R パッケージ `sem` の `Bollen` データセットに対して `sem` 関数を適用する．また，このデータに対する構造方程式モデルの仮定については，文献 [22] のものを参考にした．このデータセットは，次の観測変数からなる．

- `x1`：1960 年の一人当たり GNP
- `x2`：1960 年の一人当たりエネルギー消費量
- `x3`：1960 年の産業労働力比率

- y1：1960 年の報道の自由度
- y2：1960 年の政治的敵対勢力の自由度
- y3：1960 年の選挙の公平性
- y4：1960 年の当選議員の効果
- y5：1965 年の報道の自由度
- y6：1965 年の政治的敵対勢力の自由度
- y7：1965 年の選挙の公平性
- y8：1965 年の当選議員の効果

ここでは，x1, x2, x3 と，y1, y2, y3, y4 と，y5, y6, y7, y8 の 3 つの変数群に対して，それぞれ 1 つ共通因子があるものと仮定し，対応する潜在変数をそれぞれ f1, f2, f3 とする．また，経済状況は社会情勢に影響を及ぼすと考えられるため，f1 から f2，f3 へ，また時系列的関係から f2 から f3 へのパスがあると仮定する．加えて，社会情勢に関する変数は互いに関連があると仮定する．以上の仮説による変数間の関係は，下記に示すソースコード 11.4 の変数 model（7～28 行目）に格納されている．

このようにして得られる構造方程式モデルに対して，sem 関数で推定を行い，semPath 関数によってパス図を描画したものが，図 11.6 である．潜在変数から観測変数へのパス係数はいずれも値が大きいため，これらの潜在変数は「f1：1960 年の経済状況」，「f2：1960 年の社会情勢」，「f3：1965 年の社会情勢」を表していると考えられる．また，f2 から f3 へのパス係数も大きく，時代の流れによる影響も捉えられている様子が見て取れる．

ソースコード 11.4　構造方程式モデルの推定

```
1  library(sem) # sem関数利用のため（要インストール）
2  library(semPlot) # semPath関数利用のため（要インストール）
3
4  # Bollenデータ読み込み
5  data("Bollen")
6  # 構造方程式モデル構築
7  model.bollen = specifyModel()
8    Demo60 -> y1, NA, 1
9    Demo60 -> y2, lam2,
10   Demo60 -> y3, lam3,
11   Demo60 -> y4, lam4,
```

```
  Demo65 -> y5, NA, 1
  Demo65 -> y6, lam2,
  Demo65 -> y7, lam3,
  Demo65 -> y8, lam4,
  Indust -> x1, NA, 1
  Indust -> x2, lam6,
  Indust -> x3, lam7,
  y1 <-> y5, theta15
  y2 <-> y4, theta24
  y2 <-> y6, theta26
  y3 <-> y7, theta37
  y4 <-> y8, theta48
  y6 <-> y8, theta68
  Indust -> Demo60, gamma11,
  Indust -> Demo65, gamma21,
  Demo60 -> Demo65, beta21,
  Indust <-> Indust, phi

# 構造方程式モデル推定
fit = sem(model.bollen, data = Bollen)
# 推定値出力
summary(fit, fit.measures = TRUE, standardized = TRUE)
# パス図描画
semPaths(fit, "par", fade=F, style = "ram", rotation = 2,
         layoutSplit = T, edge.label.cex = 1.0, theme="gray")
```

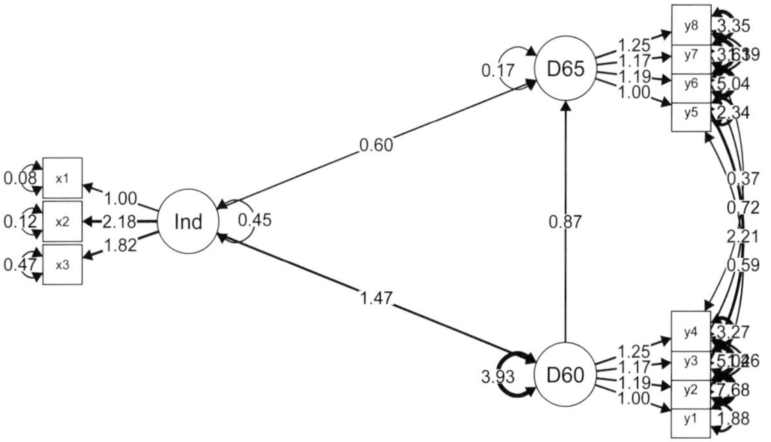

図 11.6 Bollen データに対して構造方程式モデルを適用することで得られるパス図

章末問題

11-1　本章で述べた多変量解析手法についての説明として，適切でないものを1つ選べ．

(a) 多次元尺度構成法の実行に必要なデータは，距離行列のデータのみである．

(b) 対応分析の実行に必要なデータは，クロス集計表のデータのみである．

(c) 正準相関分析では，分析に用いたすべての変数の数だけ正準相関係数が得られる．

(d) 線形重回帰モデルは，構造方程式モデルの1種とみなせる．

11-2［R使用］Rの関数 `cmdscale` 関数で出力される値は，多次元尺度構成法により圧縮された2次元のデータに対応する．都道府県庁所在地の座標からなる2次元データに対して `dist` 関数を使って距離行列を計算し，元の距離行列と値を比較せよ．

11-3［R使用］Rの `MASS` ライブラリに内蔵されている `caith` データは，スコットランドのある地方の住人に対して，髪の色と目の色を分割表にまとめたものである（詳しくは `caith` のヘルプ参照）．このデータに対して対応分析を適用し，関連の強い髪の色と目の色について検討せよ．

11-4［R使用］アヤメのデータ `iris` に対して，第1変数群をがく片の長さと幅，第2変数群を花弁の長さと幅として正準相関分析を適用し，第1正準重みベクトルと第2正準重みベクトルについて考察せよ．

11-5　図11.6に示すパス図および `sem` 関数の出力結果から，(11.16)式に示すようなRAMを書け．

付　　録

A.1　検証データによるモデルの評価

A.1.1　教師あり学習における調整パラメータ

本書で述べた多変量解析手法のうち，2 章から 7 章までで扱った方法（回帰モデルと分類モデル）は，教師あり学習という枠組みに含まれる．1 章でも述べたように，教師あり学習では，学習データに対してだけではなく，モデルの推定には用いていないテストデータに対しても適切に当てはまるようなモデルを構築することが望ましい．

この，モデルに対する「テストデータへの当てはまりのよさ」は，そのモデルに含まれる調整パラメータとよばれる値に応じて変わることが多い．調整パラメータは，本書で述べた多変量解析手法では，たとえば次に対応する．

- 線形重回帰モデル (3.2) 式における説明変数の数やその組合せ
- 決定木における分割の数
- ソフトマージン SVM における最適化問題 (6.8) 式における調整パラメータ
- カーネル法で用いるカーネル関数に含まれる調整パラメータ

カーネル関数については，A.2 節で具体例を紹介する．これらの値を変えることで，それぞれ異なるモデルパラメータ（回帰モデルの回帰係数や決定木の条件分岐など）が推定され，学習データに対する誤差（学習誤差）もテストデータに対する誤差（テスト誤差）も変わる．教師あり学習では，テスト誤差が小さくなるような調整パラメータの値を決めることが重要である．

A.1.2　検証データとホールドアウト法

「テスト誤差が小さくなるような調整パラメータの値を決める」ことが目的なのであれば，テストデータに対して当てはまりがよいような調整パラメータを探せばよいのではないかと思うかもしれない．しかし，実際の現場では，テストデータはモデルを推定する段階では観測されていないことが多い．たとえば，製造現場においてこれまでに実施した設計温度における製品の不良率のデータ（学習データ）を用いて，新しい設計温度での製品の不良率（テストデータ）を予測したい，という状況である．新しい設計温度に対する不良率のデータを得た後でそれを予測しても，意味がない．したがって，テストデータをもとに調整パラメータの値を選択することはできない．

そこで，学習データの一部を抜き取り，抜き取ったデータを擬似的にテストデータとして，残ったデータを改めて学習データとして扱う．この擬似的なテストデータは**検証データ** (validation data) とよばれる．つまり，観測データから検証データを除いたデータに対してモデルを推定し，検証データに対してそのモデルを当てはめることで，検証データに対する誤差を求める．この誤差のことを**検証誤差** (validation error) という．この検証誤差が，テスト誤差をよく近似しているものと期待する．このように，観測データの一部を検証データとして抜き取ることで検証誤差を計算する方法は，**ホールドアウト法** (hold-out method) とよばれる．

学習データから検証データを抜き取る際は，ランダムに抽出する必要がある．特定の偏ったデータ（たとえば，ある説明変数の値が大きいものや，目的変数の値が大きいもの）のみを検証データとして取り出してしまうと，検証データを精度よく予測できるモデルが構築されないだろう．また，学習データのうち何割を検証データとして抜き取るかについては，明確なルールはない．抜き取る検証データのサイズが大きすぎると，モデルの推定に用いる学習データのサンプルサイズが小さくなってしまい，十分な推定精度が得られなくなる可能性がある．逆に検証データのサイズが小さすぎると，検証データがテストデータの傾向を反映しないものになってしまう可能性が高くなる．この場合，検証誤差を小さくするモデルがテスト誤差を小さくするとは限らなくなる．参考までに，プログラミング言語 Python の機械学習ライブラリ `scikit-learn` には，データを学習データとテストデータに分割する関数 `train-test-split` が搭載されており，初期設定では学習データ 75％，テストデータ 25％に分割する．

ホールドアウト法は，テストデータに対する予測を行うという目的に合った適切な方法であるが，問題点もある．その 1 つに，検証データをランダムに取り出す場合，どの観測値を取り出すかによって検証誤差が大きく変わってしまいかねないという点がある．この場合，検証データの取り方によって最適な調整パラメータの値が変わってしまうような，不安定な結果をもたらしてしまう．この問題に対処するための方法の 1 つが，次に紹介する交差検証法である．

A.1.3　交差検証法

交差検証法 (Cross-Validation; CV) は，ホールドアウト法のように検証データを取り出し検証誤差を計算するという処理を，学習データと検証データを入れ替えて繰り返し行うものである．より具体的には，次のようにデータを分割することにより検証誤差を求める．データの分割の流れについては，図 A.1 を参照されたい．

いま，p 変数の説明変数（または特徴量）と 1 つの目的変数（またはラベル）につ

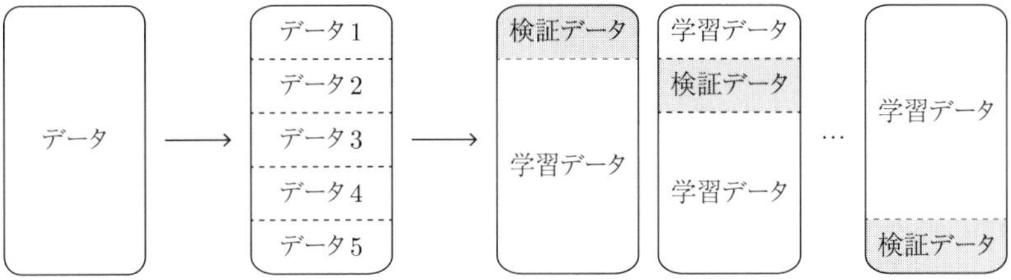

図 A.1　交差検証法におけるデータ分割（$K = 5$ の場合）

いて，n 組のデータ $\{(\boldsymbol{x}_1, y_1), \ldots, (\boldsymbol{x}_n, y_n)\}$ が観測されたとする．このサンプルサイズ n のデータを，K $(\leq n)$ 個のデータ集合 $D_1, \ldots, D_K$ に分割する．それぞれのサンプルサイズは $n_1, \ldots, n_K$ とする．つまり，$n_1 + \cdots + n_K = n$ である．続いて，k 番目 $(k = 1, \ldots, K)$ のデータ集合 D_k のみを除いた，サイズ $n - n_k$ のデータ集合 $D_1 \cup \cdots \cup D_{k-1} \cup D_{k+1} \cup \cdots \cup D_K$ を学習データとして用いて，モデルを推定する．そして，推定されたモデルを，モデルの推定に用いなかった残りの n_k 個からなるデータ D_k の予測に用いる．これにより得られる，目的変数に対応する i 番目のデータ y_i の予測値を $\widehat{y}_i^{(-k)}$ とおく．y_i と $\widehat{y}_i^{(-k)}$ との誤差としては，回帰の場合と分類の場合，それぞれ次のようなものが用いられる．

$$\text{回帰}：\frac{1}{n_k} \sum_{i \in D_k} \left(y_i - \widehat{y}_i^{(-k)} \right)^2, \qquad \text{分類}：\frac{1}{n_k} \sum_{i \in D_k} I(y_i \neq \widehat{y}_i^{(-k)}).$$

ただし $I(y_i \neq \widehat{y}_i^{(-k)})$ は，$y_i \neq \widehat{y}_i^{(-k)}$ であれば 1，そうでなければ 0 を与えるものとする．この計算により，D_k を検証データ，それ以外を学習データとした検証誤差を求めていることになる．この計算を，抜き取るデータ集合の番号 k を変えて繰り返すことで，K 個の検証誤差が得られる．交差検証法では，これらの標本平均をとった

$$\text{回帰}：\mathrm{CV} = \frac{1}{K} \sum_{k=1}^{K} \frac{1}{n_k} \sum_{i \in D_k} \left(y_i - \widehat{y}_i^{(-k)} \right)^2$$

$$\text{分類}：\mathrm{CV} = \frac{1}{K} \sum_{k=1}^{K} \frac{1}{n_k} \sum_{i \in D_k} I\left(y_i \neq \widehat{y}_i^{(-k)} \right)$$

を検証誤差として扱う．データから検証データを抜き出すという処理を，抜き出すデータを入れ替えて複数回繰り返すため，これを 1 度だけ行うホールドアウト法よりも安定した検証誤差が得られると考えられる．

最後に，データの分割数 K について補足しておく．分割数 K として，適切な数は何かという疑問があるかもしれないが，これに対する答えはない．実際には K の値として 5, 10, n が用いられることが多い．特に，$K = n$ とした場合，つまり，検証データを観測値 1 つのみとし，残る $n - 1$ 個からなるデータを学習データとして用いたものは，

一個抜き交差検証法 (Leave-One-Out Cross-Validation; LOOCV) とよばれている．一個抜き交差検証法は，学習データのサイズは大きいためモデルの推定性能は上がるかもしれないが，検証データのサイズはたった 1 であるため，データによってはテストデータの傾向をうまく捉えられない可能性がある．また，基本的には n 個のモデル推定を繰り返す必要があるため，計算コストが大きくなる傾向にある．交差検証法の詳細については，たとえば文献 [9]（発展的な内容として文献 [33]）を参照されたい．

A.1.4　調整パラメータの選択

ホールドアウト法や交差検証法といった，検証誤差を用いた当てはまりの評価により，さまざまな教師あり学習手法に含まれる調整パラメータの値を選択することができる．これにより得られたモデルを最適なモデルとみなす．その流れは次のとおりである．

[1] 調整パラメータの値の候補を複数挙げる．

[2] 候補値の中から調整パラメータの値を 1 つ定め，その下でモデルを推定する．

[3] [2] で得られたモデルを用いて，検証誤差を計算する．

[4] [2], [3] を調整パラメータの候補値を変えて繰り返し，調整パラメータの候補の数だけ検証誤差を計算する．

[5] 調整パラメータの候補値に対応する検証誤差の中で，最も小さいものを最適な調整パラメータとして選択する．

そして，選択された調整パラメータに対応するモデルをテストデータに当てはめる．

たとえば，説明変数の数が $p = 3$ 個の線形重回帰モデルに対して，最適な説明変数の組合せをホールドアウト法で選択したいとしよう．説明変数の組合せを総当たり法で探す場合は，$2^3 - 1 = 7$ 通りの線形回帰モデルを考えることになる．これらのそれぞれに対して，ホールドアウト法により検証誤差を計算する．これにより，7 つの検証誤差が得られることになる．この中で検証誤差を最小にするモデル（説明変数の組合せ）を，最適なモデルとみなす．このように，ホールドアウト法や交差検証法は，線形重回帰モデルに対しては，自由度調整済み決定係数や情報量規準 AIC と同じように，モデル選択基準として用いることができる．また，AIC は尤度関数が求められるモデルに対して用いられるものだったが，ホールドアウト法や交差検証法はサポートベクターマシンや決定木など，出力変数に確率分布を仮定しない教師あり学習の方法に対しても幅広く用いられる．

A.2　カーネル法

本書で紹介したフィッシャーの判別分析やサポートベクターマシンでは，基本的には線形の決定境界を構築するものだった．また，主成分分析では，特徴量に関して直線の主成分（軸）を構築する方法だった．しかし，データの構造によっては，決定境界や主成分を線形関数で表すことは適切ではなく，より柔軟な，非線形なものが必要になることがある．そのような場合は，カーネル法を用いることで，非線形な決定境界や主成分を構築できることを紹介した．この他にも，本書ではふれていないが，回帰分析や正準相関分析など，さまざまな多変量解析手法に対してもカーネル法を適用することができ，より柔軟なモデルを得ることができる．

ここでは，多変量解析においてカーネル法が多く用いられている理由となる理論について簡潔に紹介する．ただし，カーネル法にまつわる厳密な理論については，本書を読むにあたり想定している数学の知識を大きく超えるので，本書では割愛する．カーネル法の詳細については，文献 [1] や [12]，[18] を参照されたい．なお，ここではサポートベクターマシン (SVM) に対してカーネル法を適用することを想定して説明する．しかし，他の多変量解析手法に対しても，基本的な考え方は同様である．

いま，図 A.2 左の 2 次元データ $\boldsymbol{x} = (x_1, x_2)^\top$ を，$\circ$ と $\times$ の 2 群に分類する問題を考えてみよう．$\circ$ のデータと $\times$ のデータはそれぞれ，原点に近いものと遠いものとで 2 群に分かれており，その決定境界は円形状のものが適当と考えられる．しかし，6.1 節で述べた（線形）SVM では，曲線の決定境界を構築できない．そこで，ベクトル $\boldsymbol{x}$ の代わりに，$\boldsymbol{x}$ の要素からなる高次元のベクトル $\boldsymbol{\phi}(\boldsymbol{x}) = (\phi_1(\boldsymbol{x}), \ldots, \phi_M(\boldsymbol{x}))$ を用いる．例として，

$$\boldsymbol{\phi}(\boldsymbol{x}) = (x_1, x_2, {x_1}^2 + {x_2}^2)^\top \tag{A.1}$$

という 3 次元ベクトルを考えてみよう．$\boldsymbol{\phi}(\boldsymbol{x})$ に i 番目の観測値 $\boldsymbol{x}_i$ を代入することで得られる 3 次元ベクトルを散布図で示すと，図 A.2 右のようになる．これにより，元は 2 次元であったデータが 3 次元空間上で表現されることになる．そしてこの図をよく見ると，(x_1, x_2) 平面に平行な平面を決定境界として，2 群のデータを $\circ$ と $\times$ に完全に分類できそうである．つまり，元のデータ集合 $\{\boldsymbol{x}_1, \ldots, \boldsymbol{x}_n\}$ は線形分離可能でないが，これを関数 $\boldsymbol{\phi}$ によって変換したデータ集合 $\{\boldsymbol{\phi}(\boldsymbol{x}_1), \ldots, \boldsymbol{\phi}(\boldsymbol{x}_n)\}$ は，線形分離可能となる．$\boldsymbol{\phi}(\boldsymbol{x})$ によって変換される先の（一般的には）高次元の空間を，**特徴空間** (feature space) という．非線形関数 $\boldsymbol{\phi}$ によって変換された（特徴空間上の）データに対して線形 SVM を適用することで，結果として，元の空間での決定境界は非線形になる．図 A.2 左の例では，円形の決定境界が得られることになる．

図 A.2 のデータでは，(A.1) 式により 3 次元へ変換すれば線形分離可能になったが，一般的にはより高次元への変換が必要になることが多い．では，どのようにすれば，データが線形分離可能になるような高次元空間を見つけられるだろうか．一般的には，元のデータの次元が高いほど，より高い次元の特徴空間が必要になる．しかし，高次元データに対しては特徴空間上での内積の計算コストが問題になる．フィッシャーの判別分析やサポートベクターマシン，主成分分析といった方法でカーネル法を適用する場合は，内積 $\boldsymbol{\phi}(\boldsymbol{x})^\top \boldsymbol{\phi}(\boldsymbol{y})$ の計算が必要となる．しかし，$\boldsymbol{\phi}(\boldsymbol{x})$ が非常に高次元の場合，この計算コストが無視できなくなる．たとえば，2 次元のデータ $\boldsymbol{x} = (x_1, x_2)^\top$ を 3 次までの項す

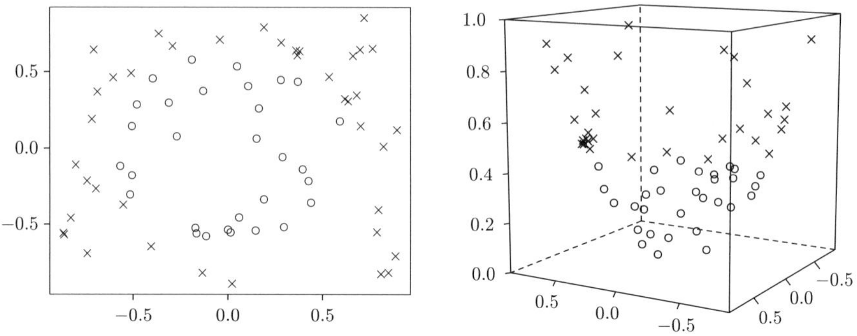

図 A.2　決定境界が非線形となるような 2 次元データ（左）と，これを 3 次元空間へ変換したデータ（右）

べてを用いて表したベクトルは，

$$\boldsymbol{\phi}(\boldsymbol{x}) = (x_1^3, x_2^3, x_1^2 x_2, x_1 x_2^2, x_1^2, x_2^2, x_1 x_2, x_1, x_2)^\top$$

のように 9 次元ベクトルとなる．同様にして，200 次元のデータを 3 次までの項すべてで表現すると，特徴空間の次元，つまりベクトル $\boldsymbol{\phi}(\boldsymbol{x})$ の次元は 100 万を超え，現実的な時間で内積 $\boldsymbol{\phi}(\boldsymbol{x})^\top \boldsymbol{\phi}(\boldsymbol{y})$ を計算することが困難となる可能性がある．しかし実は，次に述べるように，内積の計算を避けてモデルを推定できることが知られている．

前述のとおり，高次元特徴空間で多変量解析手法をそのまま適用する場合，$\boldsymbol{\phi}(\boldsymbol{x})$ を用いた計算はすべて内積 $\boldsymbol{\phi}(\boldsymbol{x})^\top \boldsymbol{\phi}(\boldsymbol{y})$ の形のみで現れるように定式化できる場合が多い．そこで，はじめに $\boldsymbol{\phi}(\boldsymbol{x})$ を (A.1) 式のように具体的に与えるのではなく，上記の定式化における内積 $\boldsymbol{\phi}(\boldsymbol{x})^\top \boldsymbol{\phi}(\boldsymbol{y})$ を，ある特定の条件を満たす**カーネル関数** (kernel function) とよばれる特定の関数 $k(\boldsymbol{x}, \boldsymbol{y})$ で置き換えることで，多変量解析手法を実行するのである．この方法を正当化するためには，$\boldsymbol{\phi}(\boldsymbol{x})^\top \boldsymbol{\phi}(\boldsymbol{y}) = k(\boldsymbol{x}, \boldsymbol{y})$ を満たす $\boldsymbol{\phi}(\boldsymbol{x})$ が存在することが必要だが，それは次の**マーサーの定理** (Mercer's theorem) によって保証されている．

マーサーの定理

連続な 2 変数関数 $k(\boldsymbol{x}, \boldsymbol{y})$ が非負値定符号かつ対称である，つまり，

- 任意の連続関数 $f(\boldsymbol{x})$ に対して，$\displaystyle\iint f(\boldsymbol{x}) f(\boldsymbol{y}) k(\boldsymbol{x}, \boldsymbol{y})\, d\boldsymbol{x} d\boldsymbol{y} \geq 0$,
- すべての p 次元ベクトル $\boldsymbol{x}, \boldsymbol{y}$ に対して，$k(\boldsymbol{x}, \boldsymbol{y}) = k(\boldsymbol{y}, \boldsymbol{x})$

が成り立つことと，次を満たすベクトル $\boldsymbol{\phi}(\boldsymbol{x})$（次元を M とする）が存在すること[6]は，

6) 一般的には，$\boldsymbol{\phi}(\boldsymbol{x})$ は無限次元空間への写像 ($M = \infty$) である．

同値である.

$$k(\boldsymbol{x},\boldsymbol{y}) = \sum_{i=1}^{M} \phi_i(\boldsymbol{x})\phi_i(\boldsymbol{y}).$$

カーネル関数 $k(\boldsymbol{x},\boldsymbol{y})$ を用いることで，内積 $\boldsymbol{\phi}(\boldsymbol{x})^\top\boldsymbol{\phi}(\boldsymbol{y})$ を直接計算する必要がなくなる．それだけでなく，$\boldsymbol{\phi}(\boldsymbol{x})$ の要素を具体的に決める必要もないため，計算手順も容易である．このように，高次元データの内積をカーネル関数で置き換え，計算を簡略化する方法は**カーネルトリック** (kernel trick) とよばれている．

カーネル関数の代表例として，次が挙げられる．

$$\begin{aligned} &\textbf{線形カーネル}\ (\text{linear kernel}): k(\boldsymbol{x},\boldsymbol{y}) = \boldsymbol{x}^\top\boldsymbol{y} \\ &\textbf{多項式カーネル}\ (\text{polynomial kernel}): k(\boldsymbol{x},\boldsymbol{y}) = \left(\boldsymbol{x}^\top\boldsymbol{y} + c\right)^d \qquad \text{(A.2)} \\ &\textbf{ガウスカーネル}\ (\text{Gaussian kernel}): k(\boldsymbol{x},\boldsymbol{y}) = \exp\left\{-\frac{\|\boldsymbol{x}-\boldsymbol{y}\|^2}{2\sigma^2}\right\} \end{aligned}$$

線形カーネルは，観測データの内積そのものである．つまり，線形カーネルを用いた多変量解析手法は，カーネル法を用いない通常の（線形の）多変量解析手法と同じである．多項式カーネルは，多項式の次数 d の値の大きさによって，より複雑な特徴空間を表現できる．ガウスカーネルはその名のとおり，ガウス分布（正規分布）のような形状をしたカーネル関数で，2 つの点 $\boldsymbol{x}$ と $\boldsymbol{y}$ が近いほど値が大きくなる．

ここで，カーネル関数に含まれる c, d, σ^2 は，これらのカーネルの形状を規定する調整パラメータである．たとえば d は多項式カーネルの次数を，σ^2 はガウスカーネルの広がりを調整する．推定されるモデルは，これら調整パラメータの値に大きく依存する．たとえばサポートベクターマシンの場合，調整パラメータの値を変えると決定境界も大きく変わってくる．したがって，調整パラメータの値は慎重に選ばなければならない．これらの値については，付録 A.1 で紹介した交差検証法などを用いて決定することが多い．なお，教師なし学習であるカーネル主成分分析においては，カーネル関数に含まれる調整パラメータを選択することは難しい．その方法について興味がある読者は，たとえば文献 [21] を参照されたい．

A.3 数量化法

数量化法 (Hayashi's quantification methods) は，統計学者である林知己夫により開発された多変量データを分析するための方法の総称である．数量化理論ともよばれることも多いが，理論というよりも方法を指すものであるため，ここでは数量化法とよぶ．数量化法は，分析の目的に応じて I 類から VI 類に区分されている．これらのうち本書では，I 類から IV 類までについて簡単に紹介するが，以下に述べるように，本書で紹介している多変量解析手法と密接に関連している．

数量化 I 類

数量化 I 類は，説明変数がカテゴリ変数として与えられた線形重回帰モデルに基づく分析に対応する．説明変数に対して，4.1 節で述べたダミー変数による数値化を行えば，あとは 3 章で説明した方法で回帰係数を推定したり，変数選択を行ったりする．

数量化 II 類

数量化 II 類は，特徴量がカテゴリ変数として与えられた場合の判別分析に対応する．こちらもやはり，特徴量に対応する変数をダミー変数により数値化する．そして，5.4 節で説明したマハラノビス距離を用いて判別を行う．

数量化 III 類

数量化 III 類は，表 A.1 のように複数の項目 X, Y, Z それぞれについて複数のカテゴリをもつとき，各観測が該当するものをダミー変数として表したデータの分析に用いられる方法である．このようなデータに対して，複数の項目間の関連が強いカテゴリを浮かび上がらせる．11.3 節で紹介した対応分析は項目の数が 2 つの場合を想定したが，数量化 III 類は，それ以上の項目数も想定している．

表 A.1　3 つのカテゴリからなるデータ．x_{ij}, y_{ik}, z_{il} $(i = 1, \ldots, n,\ j = 1, \ldots, p,\ k = 1, \ldots, q,\ l = 1, \ldots, r)$ はすべて 2 値とする．

	X_1	$\cdots$	X_p	Y_1	$\cdots$	Y_q	Z_1	$\cdots$	Z_r
1	x_{11}	$\cdots$	x_{1p}	y_{11}	$\cdots$	y_{1q}	z_{11}	$\cdots$	z_{1r}
$\vdots$	$\vdots$	$\ddots$	$\vdots$	$\vdots$	$\ddots$	$\vdots$	$\vdots$	$\ddots$	$\vdots$
n	x_{n1}	$\cdots$	x_{np}	y_{n1}	$\cdots$	y_{nq}	z_{n1}	$\cdots$	z_{nr}

数量化 IV 類

数量化 IV 類は，順序尺度のデータが与えられたとき，観測値間の類似度が大きいほど近くなるようにデータを低次元に圧縮するための方法である．これはつまり，順序尺度のデータに対して，11.1 節で紹介した多次元尺度構成法を適用するものである．

参考文献

[1] 赤穂昭太郎 著『カーネル多変量解析—非線形データ解析の新しい展開（確率と情報の科学）』岩波書店，2008
[2] 足立浩平 著『多変量データ解析法—心理・教育・社会系のための入門』ナカニシヤ出版，2006
[3] 石井健一郎・上田修功 著『続・わかりやすいパターン認識』オーム社，2014
[4] 市川雅教 著『因子分析（シリーズ〈行動計量の科学〉）』朝倉書店，2010
[5] 今泉允聡 著『深層学習の原理に迫る：数学の挑戦』岩波書店，2021
[6] 狩野裕・三浦麻子 著『新装版 AMOS, EQS, CALIS によるグラフィカル多変量解析 —目で見る共分散構造分析』現代数学社，2020
[7] 川野秀一・松井秀俊・廣瀬慧 著『スパース推定法による統計モデリング（統計学 One Point）』共立出版，2018
[8] 小西貞則 著『多変量解析入門—線形から非線形へ』岩波書店，2010
[9] 小西貞則・北川源四郎 著『情報量規準（シリーズ・予測と発見の科学）』朝倉書店，2004
[10] 佐和隆光 著『回帰分析（新装版）』朝倉書店，2020
[11] 椎名洋・姫野哲人・保科架風 著『データサイエンスのための数学（データサイエンス入門シリーズ）』講談社サイエンティフィク，2019
[12] 鈴木讓 著『機械学習のためのカーネル 100 問 with R（機械学習の数理 100 問シリーズ）』共立出版，2021
[13] 竹内一郎・烏山昌幸 著『サポートベクトルマシン（機械学習プロフェッショナルシリーズ）』講談社サイエンティフィク，2015
[14] 竹村彰通・姫野哲人・高田聖治 編，和泉志津恵・市川治・梅津高朗・北廣和雄・齋藤邦彦・佐藤智和・白井剛・高田聖治・竹村彰通・田中琢真・姫野哲人・槙田直木・松井秀俊 著『データサイエンス入門 第 2 版（データサイエンス大系）』学術図書出版社，2021
[15] 豊田秀樹 著『共分散構造分析［入門編］—構造方程式モデリング（統計ライブラリー）』朝倉書店，1998
[16] 林賢一 著『R で学ぶ統計的データ解析（データサイエンス入門シリーズ）』講談社サイエンティフィク，2020

[17] 平井有三 著『はじめてのパターン認識』森北出版，2012
[18] 福水健次 著『カーネル法入門—正定値カーネルによるデータ解析（シリーズ 多変量データの統計科学)』朝倉書店，2010
[19] 松井秀俊・小泉和之 著『統計モデルと推測（データサイエンス入門シリーズ)』講談社サイエンティフィク，2019
[20] 柳井晴夫 著『多変量データ解析法—理論と応用』朝倉書店，1994
[21] Alam, M. A. and Fukumizu, K. (2014). Hyperparameter selection in kernel principal component analysis. *Journal of Computer Science* **10**, 1139–1150.
[22] Bollen, K. A. (1989). *Structural Equations with Latent Variables.* John Wiley & Sons.
[23] Efron, B. (2020). Prediction, Estimation, and Attribution. *Journal of the American Statistical Association* **115**(530), 636—655.
[24] Guttman, L. (1954). Some necessary conditions for common-factor analysis. *Psychometrika* **19**, 149–160.
[25] Hastie, T., Tibshirani, R. and Friedman, J., *The Elements of Statistical Learning: Data Mining, Inference, and Prediction*, Springer, 2009.
（杉山将・井出剛・神嶌敏弘・栗田多喜夫・前田英作 監訳『統計的学習の基礎：データマイニング・推論・予測』共立出版，2014）
[26] James, G., Witten, D., Hastie T., and Tibshirani R., *An Introduction to Statistical Learning: with Applications in R*, Springer, 2013.
（落海浩・首藤信通 訳『R による統計的学習入門』朝倉書店，2018）
[27] McInnes, L., Healy, J., and Melville, J. (2018). Umap: Uniform manifold approximation and projection for dimension reduction, *arXiv preprint*, arXiv:1802.03426.
[28] Quinlan, J. R. (2014). *C4. 5: Programs for Machine Learning*. Elsevier.
[29] Roweis, Sam T. and Saul, Lawrence K. (2000). Nonlinear dimensionality reduction by locally linear embedding, *Science* **290**, 2323–2326.
[30] Schubert, Erich. (2022). Stop using the elbow criterion for k-means and how to choose the number of clusters instead. *arXiv preprint*, arXiv:2212.12189.
[31] Tibshirani, R., Walther, G., and Hastie, T. (2001). Estimating the number of clusters in a data set via the gap statistic. *Journal of the Royal Statistical Society: Series B (Statistical Methodology)* **63**(2), 411-423.
[32] van der Maaten, L. and Hinton, G. (2008). Visualizing data using t-SNE. *Journal of machine learning research* **9**, 2579–2605.
[33] Zhang, Y. and Yang, Y. (2015). Cross-validation for selecting a model selection procedure. *Journal of Econometrics* **187**, 95–112.

索引

さ行

た行

著者紹介

松井 秀俊（まつい　ひでとし）

2009 年　九州大学大学院数理学府博士後期課程修了
博士（機能数理学）
株式会社ニコンシステム
2012 年　九州大学大学院数理学研究院 助教
2017 年　滋賀大学データサイエンス学部 准教授
現在に至る

データサイエンス大系

多変量解析（たへんりょうかいせき）

2023 年 3 月 10 日　第 1 版　第 1 刷　印刷
2023 年 3 月 30 日　第 1 版　第 1 刷　発行

著　者　松 井 秀 俊
発行者　発 田 和 子
発行所　株式会社 学術図書出版社

〒113−0033　東京都文京区本郷 5 丁目 4 の 6
TEL 03−3811−0889　振替 00110−4−28454
印刷　三美印刷（株）

定価はカバーに表示してあります.

ISBN978−4−7806−0707−9　C3041